山东省优质高等职业院校建设工程课程改革教材

高等职业教育水利类"十三五"系列教材

水利工程经济

主 编 肖 汉
主 审 芦晓峰

中国水利水电出版社
www.waterpub.com.cn
·北京·

内 容 提 要

本书为山东省优质高等职业院校建设工程重点建设专业——水利工程专业、水利水电工程管理专业和水利水电建筑工程专业课程改革系列教材之一，是本着高职教育的特色，依据"高等职业教育创新发展行动计划（2015—2018 年）实施方案"和"山东省优质高等职业院校建设方案"要求进行编写的。全书共分 2 个领域、6 个学习项目和 4 个综合训练项目，主要讲述水利工程经济学的基本理论和方法。

本书主要供高职水利工程专业、水利水电工程管理专业、水利水电建筑工程专业教学使用，也可作为其他水利类专业教学参考用书。

本书配套电子课件，可从中国水利水电出版社免费下载，网址为 http：//www. waterpub. com. cn/softdown/。

图书在版编目（CIP）数据

水利工程经济 / 肖汉主编. -- 北京 : 中国水利水
电出版社，2017.8（2018.8重印）
 山东省优质高等职业院校建设工程课程改革教材　高
等职业教育水利类"十三五"系列教材
 ISBN 978-7-5170-5739-0

Ⅰ．①水… Ⅱ．①肖… Ⅲ．①水利工程－工程经济学
－高等职业教育－教材　Ⅳ．①F407.937

中国版本图书馆CIP数据核字(2017)第188440号

书　　名	山东省优质高等职业院校建设工程课程改革教材 高 等 职 业 教 育 水 利 类 "十 三 五" 系 列 教 材 **水利工程经济** SHUILI GONGCHENG JINGJI
作　　者	主 编　肖 汉　　主 审　芦晓峰
出版发行	中国水利水电出版社 （北京市海淀区玉渊潭南路 1 号 D 座　100038） 网址：www. waterpub. com. cn E - mail：sales@ waterpub. com. cn 电话：（010）68367658（营销中心）
经　　售	北京科水图书销售中心（零售） 电话：（010）88383994、63202643、68545874 全国各地新华书店和相关出版物销售网点
排　　版	中国水利水电出版社微机排版中心
印　　刷	北京瑞斯通印务发展有限公司
规　　格	184mm×260mm　16 开本　12.5 印张　296 千字
版　　次	2017 年 8 月第 1 版　2018 年 8 月第 2 次印刷
印　　数	2001—4000 册
定　　价	**35.00 元**

前　言

本书是根据教育部《关于加强高职高专教育人才培养工作意见》和《教育部关于全面提高高等职业教育教学质量的若干意见》等文件精神，以及山东省优质高等职业院校建设工程重点建设专业——水利工程专业、水利水电工程管理专业和水利水电建筑工程专业人才培养方案和课程建设目标要求，由山东水利职业学院和朝阳市水利水电建筑工程有限责任公司、辽宁省防汛抗旱指挥部等单位合作编写的一本水利水电类校企合作教材。

全书编写过程中紧密联系工程实际，突出了实用性、针对性和创新性。强调对学生的能力培养。全书共分基本知识学习和综合训练两个领域。共分6个基本知识学习项目和4个综合训练项目。主要讲述水利工程经济等值原理、水利建设项目的费用和效益、水利建设项目经济评价、水利建设项目社会评价、综合利用水利工程的投资费用分摊及典型水利工程经济分析等内容。

本书在吸收有关教材精华的基础上，一方面充实了新思想、新理论、新方法和新技术；另一方面不过分苛求学科的系统性和完整性，强调理论联系实际，突出应用性。

全书编写分工如下：山东水利职业学院肖汉、朝阳市水利水电建筑工程有限责任公司朱海峰合作编写学习项目1、学习项目4；山东水利职业学院吕贵梅、辽宁省防汛抗旱指挥部刘卓也合作编写学习项目2、学习项目3；山东水利职业学院邓婷婷、刘卓也合作编写学习项目5、学习项目6；肖汉、朱海峰合作编写综合训练领域。本书由肖汉担任主编，并负责全书统稿；由朱海峰、刘卓也、吕贵梅和邓婷婷担任副主编；由沈阳农业大学芦晓峰担任主审。

本书在编写过程中还参考了有关院校编写的教材和生产科研单位的技术文献资料，除部分已经列出外，其余未能一一注明，特此一并致谢。

由于作者水平有限，不足之处在所难免，我们恳切地希望各校师生及其他读者对本教材存在的缺点和错误提出批评和指正。

作　者

2017 年 4 月

目录

第 2 部分 综 合 训 练 领 域

第1部分

基础知识学习领域

学习项目 1 水利工程经济概况

学习单元 1.1 工程技术与经济

1.1.1 学习目标

（1）了解工程经济学概念。

（2）理解工程技术与经济的关系。

1.1.2 学习内容

（1）工程经济学的概念。

（2）工程技术与经济的关系。

1.1.3 任务实施

1.1.3.1 工程经济学的概念

现代科学技术的发展有两个特点：一是向纵深发展，形成许多分支科学；二是向广度进军，形成许多边缘学科。工程经济学（engineering economics）也称技术经济学（technical economics），是介于自然科学和社会科学之间、工程技术学科与经济学科之间的边缘科学，是应用经济学的一个分支。它是根据现代科学技术和社会经济发展的需要，从经济角度解决技术方案的选择问题，这是工程经济学区别于其他经济学的显著标志。因此，工程经济学是一门应用经济学的基本原理，研究工程技术领域经济问题和经济规律，研究如何对项目进行经济分析与评价，研究工程领域内资源的最佳配置，为正确的投资决策提供科学依据的应用性经济学科。在这门学科中，工程技术是基础，经济则处于支配地位。

1.1.3.2 工程技术与经济的关系

1. 工程技术的概念

这里的工程技术是广义的，是指把科学知识、技术能力和物质手段等要素结合起来所形成的一个能够利用和改造自然的有机整体系统。它不仅包含劳动者的技艺，还包括部分取代这些技艺的各种生产工具、装备等手段。因此，工程技术是包括劳动工具、劳动对象等一切劳动的物质手段（硬技术）和体现为工艺、方法、程序、信息、经验、技巧和管理能力的非物质手段（软技术）。从另一个角度来分，又可将技术分为自然技术和社会技术。自然技术是根据生产实践和自然科学原理发展形成的各种工艺操作方法、技能和相应的生产工具及其他物质装备。社会技术是指组织生产及流通等的技术。

综上所述，工程技术是实现投资目标的系统的物质形态技术、社会形态技术和组织形态技术等，这里不仅包括相应的生产工具和物资设备，还包括生产的工艺过程或作业程序及方法，以及在劳动生产方面的经验、知识、能力和技巧。

2. 经济的概念

工程经济学中的"经济"主要是指在项目的生命周期内为实现投资目标或获得单位效用而对投入资源的节约。

在生产实践中，人们越来越体会到工程经济的重要性。因为很多重大工程技术的失误不是由于科学技术上的原因，而是由于经济分析上的失算，如英法两国联合试制的"协和号"超音速客机在技术上完全达到了原来的设计要求，是世界上最先进的客机，但是由于其耗油量太多，噪声太大，尽管速度快，却不能吸引足够的客商，由此蒙受了极大的经济损失。这是国际上公认的重大工程技术失误的一个案例。因此，一个良好的工程师不仅要对他所提出的方案的技术可能性负责，也必须对其经济合理性负责。

3. 工程技术和经济的关系

工程技术的实践活动常常要面临两个彼此相关且至关重要的环境，一个是技术环境，另一个是经济环境。技术和经济在人类进行物质生产、交换活动中始终并存，它们相互依存、协调发展，是不可分割的两个方面，两者相互促进又相互制约。技术具有强烈的应用性和明显的经济目的性，没有应用价值和经济效益的技术是没有生命力的；而经济的发展必须依赖一定的技术手段，世界上不存在没有技术基础的经济发展，同时，任何新技术的产生与应用都需要经济的支持，受到经济的制约。技术与经济的这种特性使得它们之间有着紧密而不可分割的联系。

综观世界各国，凡是科技领先的国家和产品科技含量高的企业，无一不对研发进行高投入。美国、日本、德国、英国、法国等国家的研究与开发费用在 20 世纪 80 年代就已占国民生产总值的 2.3%～2.8%，而大部分发展中国家由于经济的制约只能在 1% 以下。对企业来说，重大的技术革新需要大量的投资，具有很高的风险。据统计，美国基础研究的成功率为 5% 左右，技术开发的成功率为 50% 左右，一旦研究开发失败，经济上要承受巨大的损失。因此，没有雄厚经济实力的企业是难以支撑新技术的研究与开发的。

与此同时，技术的突破又会对经济产生巨大的推动作用。综观世界经济发展史与技术发展史，无论从世界层面上还是从国家层面上都可以清晰地看到这一点。从世界层面上，科技革命导致了产业革命，产业革命引起的经济高涨又对新技术提出了更高的要求，提供了更好的经济支持，从而引发了新一轮的技术革命。每一轮的技术革命都引发了新兴产业的形成与发展，世界经济就在这种周而复始的运动中得到高涨、繁荣与发展。从国家、企业的层面上，一个国家、一个企业的兴衰从根本上是由技术创新及其有效性决定的。

综观国家与企业的兴衰交替，可以得出一个明确的结论：一方面，科学技术是第一生产力，发展经济必须依靠一定的技术；另一方面，技术的进步要受到经济条件的制约，技术与经济这种相互促进、相互制约的关系，使任何技术的发展和应用都不仅是一个技术问题，也是一个经济问题。

技术革命与经济高涨交替作用，周而复始，将人类带到一个高科技、高经济增长、高生活质量的富强盛世。

学习单元 1.2　本课程的性质与任务

1.2.1　学习目标

（1）了解"水利工程经济学"的课程性质。

（2）了解"水利工程经济学"的课程任务。

1.2.2　学习内容

（1）"水利工程经济学"的课程性质。

（2）"水利工程经济学"的课程任务。

1.2.3　任务实施

"水利工程经济学"是一门应用工程经济学中的基本原理及有关计算方法，解决水利水电工程中的具体经济问题的专业课程，通过对经济效果的评价和论证，结合考虑政治、社会、环保等因素，根据有关的技术经济政策，选择工程在经济上合理和财务上可行的方案。因此学习本课程不仅要掌握水利工程经济计算理论与计算方法，而且更为重要的是要具有利用所掌握的理论解决实际问题的能力。

"水利工程经济学"课程将讨论在满足防洪、除涝、灌溉、供水或发电、航运等要求的条件下，如何用一定的投入获得最大的产出；或者如何用最少的投入获得一定的产出。所谓投入，是指在建设期和生产期内全部物化劳动和活劳动消耗的总和，具体言之，是指全部投入的人力、物力和财力，其中包括建设期内的一次性投资和生产期内各年所需的年运行管理等费用。所谓产出，是指生产出来的各种有用成果，可用总产值或净产值等价值量指标表示其效果或效益。产出与投入之比或效益与费用之比，常作为经济评价的一个主要指标。在方案经济比较中，就是设法寻找经济上最有利方案，如何用较少的资金获得尽可能大的经济效益。当然，方案的选择除进行上述经济评价或经济分析外，尚需从政治、社会、技术、环境等多方面进行综合分析、全面评价，才能最终选出最佳方案。

"水利工程经济学"课程也将讨论在满足一定的国民经济要求的条件下，如何选择合理的工程技术措施问题。例如，为了满足电力系统某一设计水平年的负荷增长要求，可以在水能资源丰富的河流上修建水电站，也可以在煤炭资源丰富的地区修建火电站，至于在能源缺乏的地区，则可考虑修建造价比较贵的核电站。由于核电站承担的负荷部分稳定不变，故尚需修建配套的抽水蓄能电站。当电力系统负荷进入低谷状态，当即启动抽水机组耗用电能，把下游水库中的水抽到上游水库中储蓄水能；当电力系统负荷进入高峰时期，则启动发电机组，使水从上游水库通过机组发电后泄入下游水库。由于我国水能资源和煤炭资源都比较丰富，而资金有限，所以现在集中发展水电站与火电站（实际上指燃煤火电站），一般认为修建水电站虽然单位千瓦容量的投资多一些，建设工期长一些，但建成投产后水电站经济寿命较长，发电不需用燃料，年运行费用较少，发电成本较低，而且水电站在电力系统中可以承担调峰、调频和事故备用等任务，如果地区水能资源比较丰富，经综合分析后应修建水电站，以满足电力系统负荷日益增长的要求。此外，在水能资源丰富的地区，可以在多条河流上建设水电站，而且在每一条河流上可以布置若干座梯级水电站，此时应根据各座水电站的开发条件、水库移民安置难易程度、水库综合利用效益，以及满足地区国民经济发展和电力系统负荷增长要求等许多因素，进行综合分析后才能确定修建某座水电站。然后对拟建水电站的型式、规模、坝高、装机容量等主要参数进行选择，进行招标投标，进行施工准备和实施水电站的建设工作。水电站建成后，如何进行水库调度，充分发挥综合利用效益，如何与电力系统中的火电站或与其他已建成的水电站进行联合运行，使电力系统获得较多的发电量和较大的保证出力，从而节省火电站的煤耗量及其年运行费用，使电力生产达到多、快、好、省的目的。

综上所述，无论在规划、可行性研究、初步设计、技术设计以及电站建成后的运营管理阶段，均有大量技术经济分析工作，所有从事研究、规划、设计、施工和管理的工程技术人员和领导干部，都应研究这门课程，掌握水利工程经济的基本理论和计算方法，才能做好本职工作。

学习单元 1.3 水利工程项目的建设程序及其内容

1.3.1 学习目标
（1）了解水利工程项目的建设程序。
（2）了解水利工程项目的建设内容。

1.3.2 学习内容
（1）水利工程项目的建设程序。
（2）水利工程项目的建设内容。

1.3.3 任务实施
根据水利部《水利工程建设项目管理规定》，防洪、除涝、灌溉、发电、供水、围垦等大中型工程建设项目，其建设程序一般分为项目建议书、可行性研究报告、初步设计、施工准备（包括招标设计）、建设实施、生产准备、竣工验收、后评价共八个阶段，现分别进行简要介绍。

1.3.3.1 项目建议书
项目建议书是基本建设程序中最初阶段的工作，任务是提出建设某一具体工程项目的建议文件。根据地区国民经济和社会发展计划以及流域综合利用规划，提出开发目标，对其建设条件进行调查和勘察，对资金筹措等进行分析后，择优选定建设项目及其工程规模，论证项目建设的必要性，分析项目建设的可行性。凡属大中型项目或投资限额以上项目的项目建议书，首先报送行业归口主管部门，行业归口主管部门根据国家中长期规划要求，着重从建设布局、资源合理利用、经济合理性、技术可行性等方面进行初审，然后报国家发展与改革委员会，国家发展与改革委员会再从建设总规模、生产力总布局、资金总供应以及外部协作条件等方面进行综合平衡，委托工程咨询单位评估后进行审批。

1.3.3.2 可行性研究报告
可行性研究是项目前期工作中最重要的阶段，对计划建设项目要进行全面分析、论证，考察项目技术的先进性，经济的合理性和财务的可行性，然后写出可行性研究报告，确定项目是否有必要建设、是否有可能建设和如何进行建设等问题，为投资者的最终决策提供直接依据。

1.3.3.3　初步设计

初步设计的任务是确定项目的各项基本技术参数和编制项目的总概算。通过不同方法分析比较，论证本工程及主要建筑物的等级标准、选定工程总体布置方案、主要建筑物的型式和控制尺寸、水库各种特征水位、水电站装机容量并确定水库淹没范围，提出移民安置规划以及制定施工导流方案、主体工程施工方法和施工总进度等。

1.3.3.4　施工准备

施工准备包括项目报建、施工准备工作、制定年度建设计划和提交开工报告等。

1. 项目报建

初步设计被批准后，在施工准备工作开始前，项目法人按照《水利工程建设项目报建管理办法》的规定，向水行政主管部门办理报建手续，并交验有关批准文件，在工程项目报建登记后，方可组织施工准备工作。上述项目法人，是指由投资方组建的对项目策划、资金筹措、建设实施、生产经营、债务偿还和对资产保值增值全面负责的企业管理组织，其组织形式一般为董事会。

2. 施工准备工作

项目法人或建设单位向主管部门提出申请工程开工报告后，开始进行施工准备工作，主要包括：把建设项目列入国家年度计划，落实年度建设资金和施工现场的征地、拆迁工作，进行招标设计、咨询服务，项目监理、设备采购等工作。

上述施工准备工作基本就绪后，要向上级主管部门提交开工申请报告，经批准后才能正式开工。

1.3.3.5　建设实施

建设实施是指主体工程的建设实施。建设项目经批准开工后，项目法人按照批准的文件，组织工程建设。参与项目建设的各方，按照项目法人与设计、监理、承包单位以及材料与设备采购等有关各方签订的合同，行使各自的合同权利，严格履行各自的合同义务。

1.3.3.6　生产准备

生产准备是为了使建设项目顺利投产运营在投产前进行必要的准备工作。生产准备的主要内容包括：组建运营管理机构，签订产品销售合同，招收和培训运行人员，做好生产技术准备、生产物资准备、生活福利设施准备等。

1.3.3.7　竣工验收

水利工程在投入使用前必须进行竣工验收。竣工验收是工程建设过程的最后一环，是全面考核基本建设成果、检验设计和工程质量的重要步骤，对促进建设项目及时投产、充分发挥投资效果、总结建设经验都具有重要作用。竣工验收应在全部工程建成后3个月内进行。竣工验收委员会由主持单位、水行政主管部门、地方政府、贷款银行、环境保护质量监督、投资方等单位的代表和有关专家组成。

1.3.3.8　后评价

后评价是在项目建成投产后经过5～10年生产运营后进行的一次系统回顾评价，是在项目达到正常生产能力后对其实际效果与预期效果的分析评价。通过对项目的前期工作、建设实施、运营情况的后评价工作，找出项目建成后的实际情况与项目未建成前的预测情况的差距，从中吸取经验教训，为今后项目准备、决策、建设、监督、管理等工作的改进创造条件，同时为今后提高项目的投资效益提出切实可行的建议或改进措施。

上述水利工程项目的建设程序及其内容，是针对防洪、治涝、灌溉、城镇供水、水电站等大中型工程建设项目而言的。水利工程规模按其在国民经济中的重要性，一般可分为五等，现分别列于表 1.1。

表 1.1　　　　　　　　　　　　水利工程规模的划分

工程等别	水库		防洪		治涝	灌溉	供水	水电站
	工程规模	总库容/亿 m³	城镇工矿企业重要性	保护农田/万亩	治涝面积/万亩	灌溉面积/万亩	城镇、工矿企业重要性	装机容量/万 kW
Ⅰ	大（1）型	≥10	特别重要	≥500	≥200	≥150	特别重要	≥120
Ⅱ	大（2）型	10～1.0	重要	500～100	200～60	150～50	重要	120～30
Ⅲ	中型	1.0～0.10	中等	100～30	60～15	50～5	中等	30～5
Ⅳ	小（1）型	0.10～0.01	一般	30～5	15～3	5～0.5	一般	5～1
Ⅴ	小（2）型	0.01～0.001		≤5	≤3	≤0.5		≤1

根据统计，截至 2006 年，我国已建成水库 86000 多座，其中大型水库 355 座，总库容 3250 亿 m³；中型水库 2460 座，总库容 680 亿 m³，其余为小型水库。全部库容约 4500 亿 m³。我国已建成大中型水电站约 4500 座，全部装机容量达到 11000 万 kW，年发电量 3150 亿 kW·h。根据表 1.1，可以了解各种类型水库和水电站的具体规模及其划分标准。

学习单元 1.4　各种价格定义与适用条件

1.4.1　学习目标

（1）理解水利工程经济中各种相关价格概念。

（2）了解影子价格测算方法。

1.4.2　学习内容

（1）水利工程经济中各种相关价格概念。

（2）影子价格测算方法。

1.4.3　任务实施

我国在各阶段经济建设和经济评价工作中，曾采用不同的价格体系，其中包括现行价格、时价、不变价格、可比价格、财务价格和影子价格等。现分述于下。

1.4.3.1　现行价格

所谓现行价格，是指包括通货膨胀（物价上涨率为正）或通货紧缩（物价上涨率为负）影响在内的现在正施行的价格。我国现行价格体系包括现行的商品价格和收费标准，其中包括国家定价、国家指导价和市场价格等多种价格形式。

1.4.3.2　时价

所谓时价，是指包括通货膨胀或通货紧缩影响在内的任何时候的当时价格。它不仅体现对价格的变化，也反映相对价格的变化。假设在 2000 年年初某商品的时价为 100，当时物价上涨率为 5%，则 2001 年年初的时价应为 105。对已发生的费用和效益。如按当年价格计算的，均称为时价。从时价中扣除通货膨胀影响后，便可求得实价，实价如以某一基准年价格水平表示的，可以体现相对价格的变化。实价在财务盈利能力分析中采用。

1.4.3.3　财务价格

所谓财务价格，是指水利建设项目在进行财务评价时所使用的以现行价格体系为基础的预测价格。在现行多种价格形式并存的情况下，财务价格应是预计最有可能发生的价格。影响财务价格变动的因素主要有相对价格变动因素和绝对价格变动因素两类。

《水利建设项目经济评价规范》（SL 72—2013）规定，在进行财务盈利能力分析时应采用实价。即在计算期内各年采用的预测价格，应是在基准年（一般定在工程建设期初）物价总水平的基础上预测的，只考虑各年相对价格的变化，不考虑物价总水平的变动因素；但在进行项目清偿能力分析时应采用时价，还要考虑物价总水平的变动因素，用时价进行财务预测、编制损益表、资金来源与运用表以及资产负债表，这样可以比较客观地描述项目中计算期内各年当时的财务状况，使财务清偿能力分析的结果具有说服力，用时价编制的资金筹措计划，才能满足项目实际投资的需要。

1.4.3.4　不变价格

所谓不变价格，是指由国家规定的为计算各个时期产品价值指标所统一采用的某一时期的平均价格，又称固定价格。使用不变价格是为了消除各个时期价格变动的影响，使不同时期的计划和统计指标具有可比性。国家统计主管部门通常规定，以某年或某季度的平均价格作为某个时期内不变的统一价格，以此计算该时期各年的工农业产值、国内生产总值（GDP）等指标。不变价格具有相对稳定性，随着产品更新换代以及各种产品之间比价关系的变化，不变价格在应用一定时期后也要重新规定。

对以不同时期的不变价格计算的价值指标进行比较时，要求算出不变价格之间的换算系数，换算成同一时期的价格水平，这样才能正确地比较不同时期的生产水平或经济发展水平，才能计算相应的增长率和平均增长速度，以便比较不同时期、不同地区之间的生产规模和发展速度。

1.4.3.5　可比价格

所谓可比价格，是指由国家规定的计算某个时期商品价值指标的统一价格。在建设项目经济评价中，为了消除价格变动的影响，使评价指标具有统一的价格基础，应采用可比价格。一般引用不变价格的概念，选择某一年份的价格作为计算投资、年运行费和效益的可比价格，但所选的价格水平年不一定与国家规定的不变价格年份相一致。价格水平年的选择，对于新建工程项目，一般选取经济评价工作开始进行的那个年份，也可以选择预计建设开始的那个年份。对于已建工程项目进行后评价时，可根据不同情况选择不同的价格水平年。

（1）对工程项目建设时已作过全面经济评价的，仍可采用建设时进行经济评价曾采用的那个价格水平年，以便进行前后比较。

（2）对工程项目建设时未作过全面经济评价的，可选择在工程运行期较近的某一个年份作为价格水平年，以便用目前的价格水平表达工程的费用和效益。

对于不同时期修建的水利水电工程项目，也须采用某一个价格水平年进行价格换算后才能进行相互之间的经济比较。

1.4.3.6　影子价格

1. 概述

所谓影子价格，是当社会经济处于最佳状态下能反映社会劳动消耗、资源稀缺程度和资源优化配置时的商品或资源的价格。影子价格是为了清除价格扭曲对投资项目决策的影响，为了合理度量资源、货物与服务的经济价值而测定的理论价格。当进行建设项目国民经济评价时，则需测算本项目各类投入物的影子价格，其目的在于正确估算建设项目的投入费用，即全社会为项目的各类投入物究竟付出了多少国民经济代价。当建设项目所需投入物可以通过扩大生产的方法给予满足时，则各类单位投入物所增加的边际费用，就是它们的影子价格。当估算建设项目的国民经济效益时，则需测算各类产出物或服务的影子价格，这些产出物或服务究竟为全社会提供了多少国民经济效益。单位产出物或服务所增加的边际效益，就是它的影子价格。影子价格是一种理论价格，是一种能反映商品价值的真实价格。

2. 影子价格的测算方法

影子价格的测算方法很多，但可概括分为两大类：一类是理论方法，即数学方法；另一类是实用方法。所谓数学方法，就是利用线性规划中的对偶解推求影子价格，从理论上讲，这种推求影子价格的方法是合理的、正确的，但在实际解算时却十分困难，因为要把一个国家的成千上万种的资源和产品的配置和生产，都建立在一个庞大的线性规划数学模型内，求解十分困难，所以在实际工作中常采用下列实用测算方法。

（1）国际市场价格法。

所谓国际市场价格，是指在一定时期内某种商品在国际集散中心具有代表性的成交价格。商品国际市场价格的基础是商品的国际价值，即生产该商品所耗费的国际必要劳动量的平均值，但国际市场价格随着商品供求关系的变化而不断地上下波动，因此在同一时间，同一商品在不同的国际市场会产生不同的价格。一般认为，国际市场是发展和竞争较为完善的市场，国际市场价格相对来说还是比较合理的价格，因此在建设项目国民经济评价中，对外贸易货物一般采用国际市场价格作为参照，以口岸价格为基础测算其影子价格。测算时首先确定外贸货物是进口的还是出口的，建设项目需要的投入物，可否按减少外贸出口货物或增加进口货物计算；项目建成后的产出物，可否按减少进口货物或增加出口货物计算。

（2）成本分解法。

成本分解法是确定非外贸货物影子价格的一个重要方法。该法原则上应对其边际成本进行分解；如缺乏资料，亦可对其平均成本进行分解。该法要对单位产品成本的主要组成要素进行分解，主要要素有原材料、燃料和动力、工资及福利费、维修费、折旧费、摊销费、利息净支出以及其他费用等，然后分别测定其影子价格。主要要素中的外贸货物，按外贸货物测定其影子价格；非外贸货物可查《建设项目经济评价方法与参数》或其他规程规范中所刊登的影子价格或影子价格换算系数，按其规定采用；如无影子价格，则对其进行第二轮分解，分解出来的新的各个要素，用第一轮分解的同样方法测定其影子价格，直至全部主要要素都能测定出影子价格为止。一般进行 2～3 轮分解就能满足要求。在分解计算中，要剔除价差预备费和安装工程、建筑工程中所包括的税金和利润，用资金年回收费用代替年折旧费，用流动资金的年回收值代替流动资金的年利息，其他费用如数额不大，可不作调整。最后将各主要要素按影子价格调整后的费用和不需要调整的费用总加起来，即可求出该产品的影子价格。

（3）费用调整法。

费用调整法是对建设项目的财务决算或概（预）算进行费用调整，调整方法可参阅《水利建设项目经济评价规范》（SL 72—2013）附录 C。在实际工作中常可采用简化方法，只调整其中主要项目或主要产品的费用，其具体工作步骤如下：

1）收集建设项目或产品的固定资产投资、流动资金、建设年限、建设期内各年投资比例等资料。

2）剔除价差预备费和建筑工程、安装工程、设备投资中的国内贷款利息、税金、利润等属于国民经济内部转移支付的费用。

3）按影子价格调整主要材料和主要设备的投资费用。

4）按土地影子费用调整项目占用、淹没土地的补偿费。

5）按影子工资调整劳动力费用。

6）将各要素按影子价格调整后的费用和不需要调整的费用总加起来，就可以求出建设项目的影子投资费用。

（4）机会成本法。

所谓机会成本，是指具有多种用途的有限资源（或产品），当把它的甲项用途改为乙项使用时，则甲项用途所放弃的边际效益，就是乙项使用该资源（或产品）的机会成本。机会成本是一种含蓄的成本，短缺物资才具有机会成本，例如某项供水工程可供的水量是有限的，如欲增加工业用水量，势必减少农业用水量，相应减少的农业收益就是增加工业用水量的机会成本。在完全自由竞争的完善市场中，机会成本、边际效益和边际成本三者是相等的，因此可以用这种方法测算某种稀缺资源（或产品）的影子价格。

（5）支付意愿价格法。

所谓支付意愿价格，是指消费者愿意为商品或服务支付的价格，是凭消费者对商品的社会经济价值的主观判断而愿意支付的价格。在完善的市场条件下，其供需关系曲线所表示的价格，就表达了消费者的支付意愿，故在充分竞争条件下的市场价格就是影子价格。

（6）特殊投入物影子价格计算方法。

特殊投入物主要指劳动力和土地。

1）劳动力的影子工资，应能反映该劳动力用于本建设项目而使社会为此放弃的效益（即劳动力的机会成本）加上社会为此新增的资源消耗费用，即

$$劳动力的影子工资＝劳动力机会成本＋新增资源消耗费用 \tag{1.1}$$

式中，劳动力机会成本与新增资源消耗费用由于测算比较复杂，在具体工作中常按工程设计概算中的工资及福利费乘影子工资换算系数计算。一般水利建设项目的影子工资换算系数可采用 1.0，对建设期内使用大量民工的水利建设项目，其民工的影子工资换算系数可采用 0.5。其他劳动力根据技术熟练程度及当地劳动力的充裕程度，可适当调整影子工资换算系数。

2）土地的影子费用等于建设项目占用土地而使社会为此放弃的效益（即土地的机会

成本），加上社会为项目占用土地而新增加的资源消耗费用，即

$$土地的影子费用＝土地机会成本＋新增资源消耗费用 \qquad (1.2)$$

根据我国建设占地补偿和水库淹没土地补偿处理的实际情况，土地的影子费用应按下列三部分调整计算。

a. 按土地的机会成本调整土地补偿费和青苗补偿费等。

b. 按影子费用调整城镇和农村移民迁建费用、工矿企业及交通设施迁移、改建费用、剩余劳动力安置费用、养老保险费用等新增资源消耗费用。

c. 剔除建设占地和水库淹没处理补偿费中属于国民经济内部转移支付的费用，例如粮食开发基金、耕地占用税金以及其他税金、国民借款利息和计划利润等。

上述土地机会成本应按拟建项目占用土地而使国民经济放弃该土地最可行用途的净效益现值计算，计算时可根据项目占用土地的种类，选择2～3种可行用途（包括现行用途），以其最大年净效益为基础，适当考虑净效益的年平均增长率来计算。

（7）其他方法。

除了上面介绍的几种计算影子价格的方法外，还有几种简化方法，例如通过计算工程项目的经济增产效益除以增产量，得出增加单位产品的边际经济效益作为影子价格。这类间接计算方法还有以下几种：

1）最优等效替代工程费用法。此法是把最优等效替代工程的年费用作为工程项目的年效益，例如减少火电站修建所节省的年费用，作为修建水电站的年效益。

2）缺水（电）损失法。当无工程项目时由于缺水（电）曾使工矿企业停产、减产等造成的损失，作为修建本工程项目的效益。

3）分摊系数法。根据水利建设项目在生产中的地位和作用，对总增产效益乘以某一分摊系数近似估算水利建设项目的效益。

3. 影子价格的特点

一般说来，影子价格具有下列特点。

（1）时间性。

由于价格受通货膨胀、通货紧缩和市场供需关系的影响，因此不同时期的影子价格是有变化的。例如原国家计划委员会颁布的《方法与参数》中，1993年发布的钢材、木材、水泥的影子价格比1990年发布的影子价格分别上涨了36.5%、16%、33.3%。

（2）地区性和时空性。

由于各种资源的蕴藏量或产品的地点和产量均具有很强的地区性；由于各地区情况不同和分布不均，因此对同一种资源或同一种产品在不同地区的影子价格是不同的。例如1993年发布的动力原煤的影子价格：太原109元/t，上海150元/t等。水的地区分布和时空分布更不均匀，我国南方水多，北方水少，西北沙漠地区水更少；不少地区汛期水多，干旱期水少，甚至河道断流。可以预见：各地区及各个时期的影子水价各不相同，甚至相差极大。

（3）边际性。

在干旱时期内的农田灌溉用水或城镇供水紧缺时期的生活用水或工业用水，因额外增加单位水量的边际效益较大，故其影子价格较高；反之，在汛期或洪水时期内基本不需要

灌溉用水，甚至要求进行防洪排涝，此时供水边际效益为零，故其影子水价也应为零。

须指出的是，由于影子价格计算方法很多，采用不同的方法可能得出不同的数值，因此应根据资料的可靠性和计算方法的适用性，经综合分析后选用某一数值作为影子价格。

知 识 训 练

1. 我国水利工程项目的建设程序共划分为哪几个阶段？各阶段的主要工作内容是什么？

2. 时价、实价与现行价格之间有何关系？现行价格与财务价格之间、不变价格与可比价格之间有何关系？各在何种情况下使用？

3. 影子价格与财务价格的性质有何不同？各在何种情况下使用？如何从现行价格测算财务价格？如何从现行价格测算影子价格？

4. 如何测算劳动力和土地的影子价格？

学习项目 2 资金等值计算

学习单元 2.1 资金的时间价值

2.1.1 学习目标

（1）理解资金时间价值的定义。

（2）理解资金时间价值的度量。

2.1.2 学习内容

（1）资金时间价值的定义。

（2）资金时间价值的度量。

2.1.3 任务实施

所谓资金的时间价值，是指一定数量的资金在生产过程中通过劳动可以不断地创造出新的价值，即资金的价值随时间不断地产生变化。如将资金投入某一生产企业，用这部分资金修建厂房和购置机器设备、原材料、燃料等后，通过劳动生产出市场需要的各种产品，产品销售后所得收入，扣除各种成本和上交税金后便是利润。相应单位资金（包括固定资金和流动资金）所获得的利润，称为资金利润率。当资金与利润率确定后，利润将随生产时间的延续而不断地增值。

如果把一定数量的资金存入银行，当存款利率确定后，利息也是随着时间的延续而不断地增值。所以只要市场有需求，善于经营管理，开办工厂、企业所获得的利润，一般远大于把同等数量的资金存入银行在相同时间内所获得的利息。当前世界各国均有不同程度的通货膨胀率，但银行存款利率一般应大于物价上涨率，使存款者本金保值并可获得一些利息。总之，当社会主义市场经济在正常运转时，通过资金的流通和生产的发展，劳动者所创造的价值，应在国家、银行、企业和职工个人之间进行合理的分配，这样才能发挥各方面的积极性，使社会主义经济不断地得到发展。

20 世纪 50—70 年代，我国基本建设所需的资金均由国家财政部门无偿拨付，工程建成后既不要求主管单位偿还本金，更不要求支付利息。一方面，在核定工程的固定资产时，不管建设期（施工期）多长，均不考虑资金的积压损失，即不计算建设期内应支付的利息，这样核定工程的固定资产值偏低。另一方面，不管工程何时投产发挥效益，相同数量的效益，认为其价值不随时间而变化。例如认为今年的发电量 $1kW \cdot h$，价值为 0.1元，与明年、后年甚至数十年后的发电量 $1kW \cdot h$，价值仍为 0.1 元，在这种不考虑资金时间价值的静态经济思想指导下，工程建设主管者很难设法使工程提早投产。现在仍有一些工程的建设期被拖延很久（可能还有其他原因，例如资金缺乏、设计有变化等），或者虽然主体工程已完成，但缺乏配套工程，致使大量资金被积压，工程不能充分发挥效益，使国家蒙受重大经济损失。在水电站发电成本中，基本折旧费占其中的一半以上，而每年提存的折旧费是按水电站当年竣工时核定的固定资产原值的某一折旧率计算出来的，几乎每年提存的折旧费固定不变，但随着时间的推移，固定资产账面价值与实际重置价值两者差距愈来愈大，所以根据上法所推求出来的发电成本肯定偏低。

综上所述，水利工程无论在规划、设计、施工及运行管理阶段，还是对计算投资、年运行费、固定资产、流动资产以及核算折旧费、成本、工程经济效益等指标，都应考虑资金的时间价值；尤其是对于建设期和经济寿命（生产期）都比较长的大型水利水电工程，如果采用静态经济分析方法，不考虑资金的时间价值，是不符合社会主义市场经济发展规律的。

学习单元 2.2　资 金 流 程 图

2.2.1　学习目标

（1）理解资金流程图的含义。

（2）掌握资金流程图的绘制方法。

（3）理解计算基准年的定义。

2.2.2　学习内容

（1）资金流程图。

（2）计算基准年。

2.2.3　任务实施

2.2.3.1　资金流程图的绘制

上面已多次提到，为了正确进行经济核算，必须考虑资金的时间价值。为此，在工程的建设期（包括投产期）和生产期的各个阶段，都要知道资金数量的多少和运用这些资金的具体时间。由于各年资金的收支情况是比较复杂的，在工程建设期内需要逐年投入资金，但各年投资的数量并不相等，一般规律是建设开始时所需投资较少，后来逐年增多，在建设后期投资又逐渐减少，至基建结束时，由于施工机械及一部分临时建筑物等不再需要，可以按新旧、磨损程度折价售给其他单位，因而尚可回收一部分资金。总投资减去这部分回收的资金，即被称为工程净投资或工程造价。由于水库建成后是逐渐蓄水的，水利水电工程的机电设备是逐渐安装投入运行的，自第一台机组开始投入运行（或第一部分灌溉面积开始投产）至工程全部建成达到设计规模之前的这个阶段，称为投产期。投产期是建设期的最后一个阶段，在此期间，由于每年不断安装机组，对机组设备进行配套试运行，并有部分土建工程扫尾竣工，因此每年仍需一定的投资。此外，在投产期内每年有部分工程或设备陆续投产，因此年运行费及年工程效益均逐年增加。当水库蓄水到达正常状态，水电站全部机组安装完毕或由水库供水的灌区全部配套，此时工程即进入正常运行期，简称生产期。在生产期内，虽然每年有运行费、还本、付息等费用支出，但由于工程已全部发挥效益，一般收入大于支出（效益大于费用），由于各阶段资金收支情况变化较多，可用资金流程图示意说明。资金流程图一般以横坐标表示时间，时间的进程方向为正，反方向为负；以纵坐标表示资金的数量，收入或效益为正，支出或费用为负。根据上述规定，即可做出资金流程图，见图2.1。

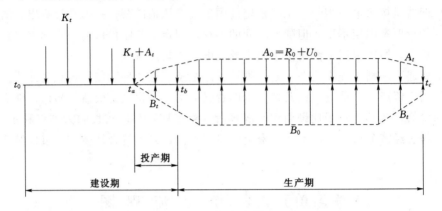

图 2.1　资金流程图

图 2.1 中表示：建设期由 t_0 开始，至 t_b 为止，在此期间内，主要支出为投资 K_t；投产期为 t_a 至 t_b，在此期间内，部分工程或部分机组设备陆续投入运行，因而收入 B_t 逐年增加，但支出费用 $K_t + A_t$ 也逐年增加，其中安装、配套工程投资 K_t 与该年安装配套工程量成正比例，年费用 A_t（包括年运行费 U_t 及还本付息费 R_t 两部分，即 $A_t = U_t + R_t$）则随着工程量或机组台数投入运行逐年增多而相应增加。在生产期（t_b 至 t_c）内，由于工程已全部建成，不再投资，一般假设年费用 $A_0 = R_0 + U_0 =$ 常数，年效益 $B_0 =$ 常数。另有一种意见认为：在生产期的最后几年，由于部分机组已在投产期内先行投入生产，而各机组的经济寿命均为相同，这部分先行投入运行的机组，须相应提前退出运行，因此在生产期的最后几年（其年数等于投产期的年数 $t_b - t_a$），年效益 B_t 与年费用 A_t 均相应逐渐减少。由于水电站生产期较长，无论在整个生产期（t_b 至 t_c）内假设 $B_0 =$ 常数，$A_0 =$ 常数；或者在最后几年 B_t 与 A_t 逐渐减少，经过动态经济分析，两者折现后的计算结果极为接近。

关于生产期 $n = t_c - t_b$ 的年数，一般认为等于工程的经济寿命，各类工程及其设备的经济寿命见表2.1。

表 2.1　　　　各类工程及设备的经济寿命

工程及设备类别	经济寿命/年	工程及设备类别	经济寿命/年
防洪、治涝工程	30～50	机电排灌站	20～25
灌溉、城镇供水工程	30～50	输变电工程	20～25
水电站（土建部分）	40～50	火电站	20～25
水电站机组设备	20～25	核电站	20～25
小型水电站	20		

由表 2.1 可知，对水电站土建部分而言，大型水电站经济寿命为 50 年，中型水电站为 40 年，但机组设备的经济寿命分别为 20 年或 25 年，因此在生产期（$t_b \sim t_c$）的中间，尚需更新机组设备，以新机组替换旧机组，其所需资金的来源，即为逐年提存的基本折旧

费。当生产期结束时（t_c），整座水电站到达经济寿命。如果平时养护维修工作较好，大坝等工程质量仍保持在良好状态，一般只需再次更新机组设备（机组设备投资一般仅占水电站总投资的 1/4 左右），水电站可以继续运行，只是土建部分（大坝、溢洪道、发电厂房等）的运行维修费逐年有所增加而已。例如我国丰满水电站，于 20 世纪 40 年代初期建成投产，迄今正常运行已达 70 余年，估计尚可继续工作。

2.2.3.2　计算基准年

由于资金收入与支出的数量在各个时间均不相同，因而存在着如何计算资金时间价值的问题。为了统一核算，便于综合分析与比较，常须引入计算基准年的概念，相当于进行图解计算前首先要确定坐标轴及其原点。计算基准年（点）可以选择在建设期第一年的年初 t_0，也可以选择在生产期第一年的年初 t_b，甚至可以任意选定某一年作为计算基准年，这完全取决于计算习惯与方便，对工程经济评价的结论并无影响。一般建议选择在建设期的第一年年初作为计算基准年（点）。应注意，在整个计算过程中计算基准年（点）一经确定后就不能随意改变。此外，当若干方案进行经济比较时，虽然各方案的建设期与生产期可能并不相同，但必须选择某一年（初）作为各方案共同的计算基准年（点）。

学习单元 2.3　资 金 等 值 计 算

2.3.1　学习目标

（1）理解资金等值计算相关公式含义。

（2）掌握资金等值计算相关公式形式。

2.3.2　学习内容

资金等值计算相关公式。

2.3.3　任务实施

资金的基本计算公式中常用的几个符号先加以说明，以便讨论。

P——本金或资金的现值，指相对于基准年（点）的数值；

F——到期的本利和，是指从基准年（点）起至第 n 年年末的数值，一般称期值或终值；

A——等额年值，是指第 1 年至第 n 年的每年年末的一系列等额数值；

G——等差系列的相邻级差值；

i——折现率或利率，常以％计；

n——期数，通常以年数计。

2.3.3.1　一次收付期值公式

已知本金现值 P，求 n 年后的期值 F。

设年利率为 i，则第 1 年末的期值（或称本利和）为：$F=P(1+i)$；第 2 年末的本利和为：$F=P(1+i)\times(1+i)=(1+i)^2$；以此类推，可求出第 n 年末的期值为

$$F=P(1+i)^n \tag{2.1}$$

式中　$(1+i)^n$——一次收付期值因子，或一次收付复利因子，常以符号 $[F/P,i,n]$ 表示。

一次收付相当于银行的整存整取，见图 2.2。

2.3.3.2   一次收付现值公式

已知 n 年后的期值 F，反求现值 P。由式 (2.1)，可得

$$P=F/(1+i)^n=F[P/F,i,n] \qquad (2.2)$$

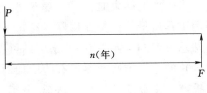

图 2.2   一次收付期值

式中 $1/(1+i)^n$——一次收付现值因子，或以 $[P/F, i, n]$ 表示；

i——贴现率或折现率，其值一般与利率相同。

这种把期值折算为现值的方法，称为贴现法或折现法。

2.3.3.3   分期等付期值公式

已知一系列每年年末须储存等额年值 A，求 n 年后的本利和（期值）F。这个问题相当于银行的零存整取。

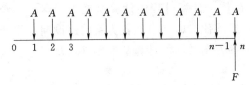

图 2.3   分期等付期值

由图 2.3 可知，第 1 年年末储存 A，至第 n 年年末可得期值 $F_1=A(1+i)^{n-1}$，第 2 年年末储存 A，至第 n 年年末可得期值 $F_2=A(1+i)^{n-2}$，…，第 $(n-1)$ 年年末储存 A，至第 n 年年末可得期值 $F_{n-1}=A(1+i)$，第 n 年年末储存 A，则当时只能得 $F_n=A$，共计

到第 n 年年末的总期值（本利和）$F=F_1+F_2+\cdots+F_n=A(1+i)^{n-1}+A(1+i)^{n-2}+\cdots+A(1+i)+A$，或者

$$F(1+i)=A(1+i)^n+A(1+i)^{n-1}+\cdots+A(1+i)$$

上述两式相减，得 $F(1+i)-F=A(1+i)^n-A$，移项后得

$$F=\left[\frac{(1+i)^n-1}{i}\right]A \qquad (2.3)$$

式中 $\left[\frac{(1+i)^n-1}{i}\right]$——分期等付期值因子，或称等额系列复利因子，常以 $[F/A,i,n]$ 表示。

2.3.3.4   基金存储公式

设已知 n 年后需更新机组设备费 F，为此须在 n 年内每年年末预先存储一定的基金 A。关于 A 值的求算，实际上就是式 (2.3) 的逆运算，即

$$A=F\left[\frac{i}{(1+i)^n-1}\right] \qquad (2.4)$$

式中 $\left[\frac{i}{(1+i)^n-1}\right]$——基金存储因子，常以 $[A/F,i,n]$ 表示。

2.3.3.5   本利摊还公式

设现在借入一笔资金 P，年利率为 i，要求在 n 年内每年年末等额摊还本息 A，保证在 n 年后偿清全部本金和利息。

由图 2.4 可知，第 1 年年末偿还本息 A，相当于现值 $P_1=A/(1+i)$，第 2 年年

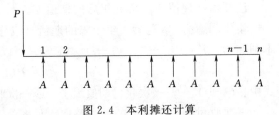

图 2.4   本利摊还计算

年末偿还本息 A，相当于现值 $P_2 = A/(1+i)^2$，…，第 n 年年末偿还本息 A，相当于现值 $P_n = A/(1+i)^n$，在 n 年内偿还的本息综合相当于现值 $P = P_1 + P_2 + \cdots + P_n$，即

$$P = A/(1+i) + A/(1+i)^2 + \cdots + A/(1+i)^n \tag{2.5}$$

或
$$P(1+i)^n = A(1+i)^{n-1} + A(1+i)^{n-2} + \cdots + A \tag{2.6}$$

$$P(1+i)^{n+1} = A(1+i)^n + A(1+i)^{n-1} + \cdots + A(1+i) \tag{2.7}$$

上述两式相减，得

$$P[(1+i)^{n+1} - (1+i)^n] = A[(1+i)^n - 1]$$

即
$$A = P\left[\frac{(1+i)^{n+1} - (1+i)^n}{(1+i)^n - 1}\right] = P\left[\frac{i(1+i)^n}{(1+i)^n - 1}\right] \tag{2.8}$$

式（2.8）亦可由式（2.4）求得，因 $F = P(1+i)^n$，故

$$A = F\left[\frac{i}{(1+i)^n - 1}\right] = P(1+i)^n\left[\frac{i}{(1+i)^n - 1}\right] = P\left[\frac{i(1+i)^n}{(1+i)^n - 1}\right]$$

与式（2.8）相同，式中 $\left[\dfrac{i(1+i)^n}{(1+i)^n - 1}\right]$ 称为资金回收因子或本利摊还因子，常以 $[A/P, i, n]$ 表示。

顺便指出，本利摊还因子为

$$[A/P, i, n] = \frac{i(1+i)^n}{(1+i)^n - 1} = \left[\frac{i}{(1+i)^n - 1}\right] + i = [A/F, i, n] + i \tag{2.9}$$

式中的 $[A/F, i, n]$ 就是每年须提存的基金存储因子，i 就是利率。设已知本金现值为 P，则每年还本 $P[A/F, i, n]$ 和付息 P_i，n 年后共计还本付息 $F = \{P[A/F, i, n] + P_i\}$ $[F/A, i, n] = P(1+i)^n$，这相当于 n 年后一次整付本利和 $F = P(1+i)^n$。

2.3.3.6　分期等付现值公式

设已知某工程投产后每年年末可获得收益 A，经济寿命为 n 年，问在整个经济寿命期内总收益的现值 P 为多少？

本命题是已知分期等付年值 A，求现值 P，可以由式（2.8）进行逆运算求得，即

$$P = A\left[\frac{(1+i)^n - 1}{i(1+i)^n}\right] \tag{2.10}$$

式中 $\left[\dfrac{(1+i)^n - 1}{i(1+i)^n}\right]$——分期等不现值因子，或等额系列现值因子，常以 $[P/A, i, n]$ 表示。

2.3.3.7　等差系列折算公式

设有一系列等差收入（或支出）0，G，$2G$，…，$(n-1)G$ 分别于第 1，2，…，n 年年末的期值 F、在第 1 年年初的现值 P 以及相当于等额系列的年摊还值 A。已知年利率为 i。

（1）已知 G，求 F。

由图 2.5 可知，第 n 年年末的期值 F 可用式（2.11）计算。

$$F = \frac{G}{i}\left[\frac{(1+i)^n - 1}{i} - n\right] = \frac{G}{i}\{[F/A, i, n] - n\} \tag{2.11}$$

（2）已知 G，求 P。

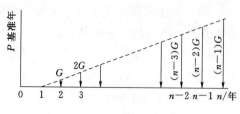

图 2.5　等差系列计算

由式（2.2），$P = F/(1+i)^n$，代入式（2.11），可得

$$P = \frac{G}{i}\{[P/A,i,n] - n[P/F,i,n]\}$$
$$= G[P/G,i,n] \qquad (2.12)$$

式中　$[P/G,i,n]$——等差系列现值因子。

（3）已知 G，求 A。

由式（2.6），$A = F\left[\dfrac{i}{(1+i)^n - 1}\right]$，代入式（2.11），可得

$$A = G[A/G,i,n] \qquad (2.13)$$

式中　$[A/G,i,n]$——等差系列年值因子。

2.3.3.8　等比级数增长系列折算公式

1. 期值 F 的计算公式

设年递增的百分比为 $j\%$，当 $G_1 = 1$，$G_2 = (1+j)$，$\cdots$，$G_{n-1} = (1+j)^{n-2}$，$G_n = (1+j)^{n-1}$。设年利率为 i，则 n 年后的本利和，即期值

$$F = G_1[F/G_1,i,j,n] \qquad (2.14)$$

式中　$[F/G_1,i,j,n]$——等比级数期值因子。

2. 现值 P 的计算公式

根据等比增长系列与等额收付系列的转换，将式（2.10）代入式（2.14），则

$$P = G_1[P/G_1,i,j,n] \qquad (2.15)$$

式中　$[P/G_1,i,j,n]$——等比级数年值因子。

也可以将式（2.3）代入式（2.14），即

$$A = \frac{i[(1+i)^n - (1+j)^n]}{(i-j)[(1+i)^n - 1]}G_1$$

2.3.3.9　等比级数减少系列折算公式

1. 期值 F 的计算公式

设每年减少的百分比为 $j\%$，当 $a = 1$，则 $G_1 = (1+j)^{n-1}$，$G_2 = (1+j)^{n-2}$，$\cdots$，$G_{n-1} = (1+j)$，$G_n = 1$。设年利率为 i，则 n 年后本利和（期值）为

$$F = \frac{(1+j)^n(1+i)^n - 1}{(1+j)(1+i) - 1}G_n \qquad (2.16)$$

2. 现值 P 的计算公式

将 $F = P(1+i)^n$ 代入式（2.16），则

$$P = \frac{(1+j)^n(1+i)^n - 1}{[(1+j)(1+i) - 1](1+i)^n}G_n \qquad (2.17)$$

3. 年均值 A 的计算公式

将式（2.10）代入式（2.17），则

$$A = \frac{[(1+j)^n(1+i)^n - 1]i}{[(1+j)(1+i) - 1][(1+i)^n - 1]}G_n \qquad (2.18)$$

2.3.3.10　一次收付连续计息期值公式

设资金 P 在 dt 的单位时间内的利率为 i，则资金 P 在 dt 时间内的增值 $dP = P_i dt$，当

时间 t 从 0 到 n 后资金由 P_0 增值为 P_n，则

$$F = Pe^{in} \qquad (2.19)$$

称为一次收付连续计息期值公式。

$$P = Fe^{-in} \qquad (2.20)$$

称为一次收付连续计息现值公式。

2.3.3.11　分期等付连续计息期值公式

设每年以 A 元连续均匀地投入资金 P 中进行扩大再生产，年收益率为 i，则在时间 dt 内，期值为

$$F = A\frac{e^{in}-1}{i} = An\frac{e^{in}-1}{in} \qquad (2.21)$$

式中　$\dfrac{e^{in}-1}{in}$——分期等付连续计息期值因子，可用 f_c 表示，则

$$F = Anf_c \qquad (2.22)$$

称为分期等付连续计息期值公式。

或者

$$A = \frac{F}{nf_c} = \frac{F}{n}f'_c \qquad (2.23)$$

称为连续计息基金存储公式。

$$f'_c = \frac{1}{f_c} = \frac{in}{e^{in}-1}$$

式中　f'_c——连续计息基金存储因子。

2.3.3.12　分期等付连续计息现值公式

设某企业每年净收益 A 元，获得后立即投入扩大再生产，年收益率为 i，若按连续计息公式计算，现值为

$$P = \left(An\frac{e^{in}-1}{in}\right)e^{-in} = An\left(\frac{1-e^{-in}}{in}\right) \qquad (2.24)$$

式中　$\dfrac{1-e^{-in}}{in}$——分期等付连续计息现值因子，用 f_P 表示。

式 (2.24) 可改写为

$$P = Anf_P \qquad (2.25)$$

称为分期等付连续计息现值公式。

$$A = \frac{P}{n}\frac{1}{f_P} = \frac{P}{n}f'_P \qquad (2.26)$$

为了便于比较反映资金时间价值的各个计算公式，现将有关的折算因子汇总列于表 2.2。

表 2.2　　　　　　　　　　考虑资金时间价值的折算因子表

序号	名　称	符　号		折算公式
		(1)	(2)	
1	一次收付期值因子	[SPCAF]	[F/P, i, n]	$F/P = (1+i)^n$
2	一次收付现值因子	[SPPWF]	[P/F, i, n]	$P/F = 1/(1+i)^n$
3	分期等付期值因子	[USCAF]	[F/A, i, n]	$F/A = \dfrac{(1+i)^n-1}{i}$

续表

序号	名　称	符　号		折　算　公　式
		(1)	(2)	
4	基金存储因子	[SFDF]	[A/F,i,n]	$A/F = \dfrac{i}{(1+i)^n - 1}$
5	本利摊还因子	[CRF]	[A/P,i,n]	$A/P = \dfrac{i(1+i)^n}{(1+i)^n - 1}$
6	分期等付现值因子	[USPWF]	[P/A,i,n]	$P/A = \dfrac{(1+i)^n - 1}{i(1+i)^n}$
7	等差系列期值因子	[ASF]	[F/G,i,n]	$F/G = \dfrac{(1+i)^n - 1}{i^2} - \dfrac{n}{i}$
	等差系列现值因子	[ASPWE]	[P/G,i,n]	$P/G = \dfrac{(1+i)^n - 1}{i^2(1+i)^n} - \dfrac{n}{i(1+i)^n}$
	等差系列摊还因子	[ASCRF]	[A/G,i,n]	$A/G = \dfrac{1}{i} - \dfrac{n}{(1+i)^n - 1}$
8	等比增长系列期值因子			$F/G_1 = \dfrac{(1+i)^n - (1+j)^n}{i - j}$
	等比增长系列现值因子			$P/G_1 = \dfrac{(1+i)^n - (1+j)^n}{(i-j)(1+i)^n}$
	等比增长系列年摊还因子			$A/G_1 = \dfrac{i\left[(1+i)^n - (1+j)^n\right]}{(i-j)\left[(1+i)^n - 1\right]}$
9	等比减少系列期值因子			$F/G_n = \dfrac{(1+j)^n(1+i)^n - 1}{(1+j)(1+i) - 1}$
	等比减少系列现值因子			$P/G_n = \dfrac{(1+j)^n(1+i)^n - 1}{\left[(1+j)(1+i) - 1\right](1+i)^n}$
	等比减少系列年摊还因子			$A/G_n = \dfrac{\left[(1+j)^n(1+i)^n - 1\right]i}{\left[(1+j)(1+i) - 1\right]\left[(1+i)^n - 1\right]}$
10	一次收付连续计息期值因子			$F/P = e^{in}$
	一次收付连续计息现值因子			$P/F = e^{-in}$
11	分期等付连续计息期值因子			$F/A = n\left(\dfrac{e^{in} - 1}{in}\right)$
	连续计息基金存储因子			$A/F = \dfrac{1}{n}\left(\dfrac{in}{e^{in} - 1}\right)$
12	分期等付连续计息现值因子			$P/A = n\left(\dfrac{1 - e^{-in}}{in}\right)$
	连续计息本利摊还因子			$A/P = \dfrac{1}{n}\left(\dfrac{in}{1 - e^{-in}}\right)$

在上述各个基本计算公式中，有现值 P、期值（终值）F、年值 A、利率 i 及经济寿命 n（年）等参变数。

2.3.4　案例分析

【例 2.1】 已知本金现值 $P=100$ 元，年利率 $i=12\%$，求 10 年后的本利和 F 为多少？

解：根据式（2.1），$F = P(1+i)^n = 100 \times (1+0.12)^{10} = 100 \times 3.1058 = 310.58$（元）。如果年利率 $i=12\%$ 不变，但要求每月计息一次，则 10 年共有 120 个计息月数，即 $n=120$，相应的月利率 $i=0.12/12=1\%$。根据式（2.1），$F = P(1+i)^n = 100 \times (1+0.01)^{120} = 100 \times 3.3003 = 330.03$（元）。

【例 2.2】　已知 10 年后某工程可获得年效益 $F=100$ 万元，$i=10\%$，问相当于现在的价值（现值）P 为多少？

解：由式（2.2），$P=F[P/F,i,n]=F[1/(1+i)^n]=100\times[1/(1+0.1)^{10}]=38.554$（万元）。

【例 2.3】　设每年年末存款 100 元，年利率 $i=10\%$，第 10 年年末的本利和（期值）F 为多少？

解：根据 $A=100$ 元，$i=10\%$，$n=10$ 年，查附录或由式（2.3）计算的：

$$F=\left[\frac{(1+i)^n-1}{i}\right]A=100\times\left[\frac{(1+0.1)^{10}-1}{0.1}\right]=100\times15.937=1593.7（元）$$

即第 10 年年末可得本利和 $F=1593.7$ 元。

【例 2.4】　已知 25 年后水电站需更换机组设备费 $F=100$ 万元，在它的经济寿命 $n=25$ 年内，问每年年末应提存多少基本折旧基金 A？已知 $i=10\%$。

解：

$$A=F\left[\frac{i}{(1+i)^n-1}\right]=100\times10^4\times\left[\frac{0.1}{(1+0.1)^{25}-1}\right]=100\times10^4\times0.01017=10170（元）$$

故每年年末应提存基本折旧基金 $A=10170$ 元。

【例 2.5】　2000 年年底借到某工程的建设资金 $P=1$ 亿元，规定于 2001 年起每年年底等额偿还本息 A，于 2020 年年底偿清全部本息，按年利率 $i=10\%$ 计息，问 A 为多少？

解：根据式（2.8），$n=20$，故

$$A=P[A/P,i,n]=P\left[\frac{i(1+i)^n}{(1+i)^n-1}\right]=1\times10^8\times\left[\frac{0.1(1+0.1)^{20}}{(1+0.1)^{20}-1}\right]=1174.6（万元）$$

同上，但要求于 2011 年开始，每年年底等额偿还本息 A'，仍规定在 20 年内还清全部本息，$i=10\%$，问 A' 为多少？

首先选定 2011 年年初（即 2010 年年底）作为计算基准年（点），则根据一次收付期值公式求出 2011 年年初的本利和 P' 为

$$P'=P[F/P,i,n]=1\times10^8\times[(1+i)^{10}]=2.5937（亿元）$$

自 2011 年年底开始，至 2030 年年底每年等额偿还本息为

$$A'=P'[A/P,i,n]=P'\left[\frac{i(1+i)^{20}}{(1+i)^{20}-1}\right]=2.5937\times10^4\times0.11746=3046.6（万元）$$

【例 2.6】　某工程造价折算为现值 $P=5000$ 万元，工程投产后每年年末尚需支付年运行费 $u=100$ 万元，但每年年末可得收益 $b=900$ 万元，已知该工程经济寿命 $n=40$ 年，$i=10\%$，问投资修建该工程是否有利？

解：由式（2.10），可求出该工程在经济寿命期内总收益现值为

$$P=b[P/A,i,n]=900\times\left[\frac{(1+0.1)^{40}-1}{0.1\times(1+0.1)^{40}}\right]=900\times9.7791=8801（万元）$$

包括造价和各年运行费在内的总费用现值 $C=P+u[P/A,i,n]=5000+100\times9.7797=5978$ 万元，效益费用比 $\frac{B}{C}=\frac{8801}{5978}=1.47$，因 $B/C>1$，尚属有利。

【例 2.7】 设某水电站机组台数较多，投产期长达 10 年。随着水力发电机组容量的逐年增加，电费年收入为一个等差递增系列，$G=100$ 万元，$i=10\%$，$n=10$ 年，参阅图 2.6。求该水电站在投产期内总效益的现值。

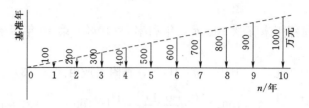

图 2.6　水电站总投产期逐年电费收入

解： 由于该电站在第 1 年年末即获得效益 $A=100$ 万元，这与图 2.6 所示的等差系列模式不同，因此必须把这个等差系列分解为两部分：①$A=100$ 万元的分期等付系列；②$G=100$ 万元的等差系列，这样才符合图 2.6 所示的模式。现分别求这两个系列的现值。

（1）已知 $A=100$ 万元，$n=10$，$i=10\%$，根据式（2.10）有

$$P_1=A[P/A,i,n]=A\left[\frac{(1+i)^n-1}{i(1+i)^n}\right]=100\times6.1446=614.46（万元）$$

（2）已知 $G=100$ 万元，$n=10$，$i=10\%$，根据式（2.12）有

$$P_2=\frac{G}{i}\{[P/A,i,n]-n[P/F,i,n]\}=1000\times\{6-1446-10\times0.38554\}=2289.2（万元）$$

上述两部分合计总效益的现值 $P=P_1+P_2=614.46+2289.2=2903.66$（万元）。

（3）亦可根据下式直接求出 P 值。

$$P=G[P/A,i,n]+\frac{G}{i}\{[P/A,i,n]-n[P/F,i,n]\}=100\times6.1446+1000\times2.2892=2903.66（万元）$$

【例 2.8】 某水利工程于 2001 年投产，该年年底获得年效益 $G_1=200$ 万元，以后拟加强经营管理，年效益将以 $j=5\%$ 的速度按等比级数逐年递增。设年利率 $i=10\%$，问 2010 年年末该工程年效益为多少？在 2001—2010 年的十年内总效益现值 P 及其年均值 A 各为多少？

解：（1）根据 $G_1=200$ 万元及 $j=5\%$，$n=10$ 年，预计该工程在 2000 年年末的年效益为

$$G_{10}=G_1(1+j)^{n-1}=200\times(1+0.05)^9=200\times1.551=310（万元）$$

（2）根据式（2.15），该工程在 2001—2010 年的总效益现值为

$$P=\frac{(1+i)^n-(1+j)^n}{(i-j)(1+i)^n}G_1=\frac{2.594-1.629}{(0.10-0.05)\times2.594}\times200=1488（万元）$$

（3）该工程在 2001—2010 年的效益年均值为

$$A=\frac{i[(1+i)^n-(1+j)^n]}{(i-j)[(1+i)^n-1]}G_1=242（万元）$$

【例 2.9】 某水库于 2000 年年底建成后年效益为 162.9 万元，投入运行后由于水库

淤积等原因，估计年效益以 $j=5\%$ 的速度按等比级数逐年递减。假设年利率 $i=10\%$，问 2010 年年末该水库年效益为多少？在 2001—2010 年效益递减的十年内总效益现值 P 及其年均值 A 各为多少？

解：（1）根据 2000 年年底水库年效益尚保持为 162.9 万元，以后逐年递减率 $j=5\%$，预计 2010 年水库年效益为

$$G_n=a=\frac{162.9}{(1+j)^{10}}=\frac{162.9}{(1+0.05)^{10}}=100(万元)$$

（2）根据式（2.17），该水库在 2001—2010 年的总效益现值为

$$P=\frac{(1+j)^n(1+i)^n-1}{[(1+j)(1+i)-1](1+i)^n}a=\frac{2.594\times1.629-1}{(1.155-1)\times2.594}\times100=802(万元)$$

（3）根据式（2.18），该水库在 2001—2010 年的效益年均值为

$$A=\frac{[(1+j)^n(1+i)^n-1]i}{[(1+j)(1+i)-1][(1+i)^n-1]}a=\frac{[1.629\times2.594-1]\times0.1}{[1.05\times1.1-1]\times(2.594-1)}\times100$$

$$=130.5(万元)$$

学习单元 2.4　经济寿命与计算期的确定

2.4.1　学习目标

（1）了解经济寿命的确定方法。

（2）了解计算期的确定方法。

2.4.2　学习内容

（1）经济寿命的确定方法。

（2）计算期的确定方法。

2.4.3　任务实施

2.4.3.1　经济寿命的确定

根据历史资料统计，水利水电工程的主要建筑物（如大坝、溢洪道等土建工程）的实际使用寿命，一般超过 100 年以上。但水电站（土建部分）的经济寿命一般为 40～50 年，即在此经济寿命期内平均年费用最小。实际上由于缺乏资料，对水利水电工程各个建筑物及设备均作详细的经济核算比较困难，从工程计算精度要求看亦没有必要，现作如下分析。

设某水利水电工程在生产期内的年效益等于某一常数 A，当将各年效益折算到基准年点（生产期第一年年初）时，其总效益现值的相对值，可用分期等付现值因子 $[P/A,i,n]$ 表示。由式（2.27）可知，随着计算期 n 的增长，当 n 很大时，即

$$\lim_{n\to\infty}[P/A,i,n]=\lim_{n\to\infty}\frac{(1+i)^n-1}{i(1+i)^n}=\lim_{n\to\infty}\frac{1-\frac{1}{(1+i)^n}}{i}=\frac{1}{i} \tag{2.27}$$

现将分期等付现值因子 $[P/A,i,n]$ 与折现率 i 和计算期 n 之间的关系，列于表 2.3，供参考。

表 2.3　　　　　　　　分期等付现值因子 $[P/A, i, n]$ 与 i、n 之间的关系表

i ＼ $[P/A, i, n]$ ＼ n	20	30	50	100	∞
0.07	10.594	12.409	13.801	14.269	14.286
0.08	9.8181	11.258	12.233	12.494	12.500
0.10	8.5136	9.4269	9.9148	9.9993	10.000
0.12	7.4695	8.0552	8.3045	8.3332	8.3333

由表 2.3 可知，如果某水利工程的经济寿命 n 的取值有较大误差，例如 $n=100$ 年误为 $n=50$ 年，当折现率（利率或经济报酬率）$i=0.10$ 时，在整个经济寿命期内总效益现值的误差仅为 0.8%，因此当资料精度不足时，不必详细计算经济寿命值，可以参照规定的折旧年限当作经济寿命已足够精确。应该指出的是，对于某些机器设备由于科学技术的迅速发展，为了考虑无形折旧损失，计算分析时经济寿命 n（年）的取值，可以比实际使用寿命缩短更多些。

2.4.3.2　计算期的确定

所谓计算期，一般包括建设期与生产期两大部分。建设期包括土建工程的施工期与机电设备的安装期；在建设期的后期，则为部分工程或部分机组设备的投产期（运行初期）；直至全部工程与设备达到设计效益，经过验收合格后才算竣工，建设期即告结束，生产期（即正常运行期）正式开始。生产期决定于整体工程的经济寿命，现以大型水利水电工程为例加以说明。

当对某些大型水利水电工程进行动态经济分析时，首先须拟定各部分工程的经济寿命与施工期和安装期。例如水电站的主要建筑物（大坝、溢洪道等）的经济寿命为 50 年，施工期为 8 年；电气设备的经济寿命为 20 年，施工期为 4 年；机械设备的经济寿命为 25 年，安装期为 3 年。当选择该工程的建设期末（即生产期的第一年年初）作为计算基准年（点），则主要建筑物的土建工程应于基准年之前 8 年开始施工，电气设备与机械设备应分别于基准年之前 4 年与 3 年开始施工与安装，这样才能保证整个工程于建设期末全部建成投产。由上述可知，该工程的建设期定为 8 年，是受控于主要建筑物土建工程的施工期。同理，该工程的生产期定为 50 年，则决定于主要建筑物的经济寿命。在此生产期内，该水电站须于基准年（即生产期开始）后第 17～20 年、37～40 年两次重置资金更新电气设备，以保证在生产期内第 21 年及从第 41 年起能用新的电气设备运行；该水电站须于生产期开始之后第 23～25 年重置资金更新机械设备，以保证在生产期内从第 26 年起能用新的机械设备运行，直到生产期开始之后 50 年即到达生产期末，全部土建工程与机械设备（已更换过一次）均到达规定的经济寿命，残值可不计。但第二次更换的电气设备则尚未到达规定的经济寿命，仅运行了 10 年，故可假设其残值为原值的一半。综上所述，对该工程进行动态经济计算时，采用的计算分析期应为 58 年，其中建设期为 8 年，生产期为 50 年。

知　识　训　练

1. 静态经济与动态经济分析计算方法的主要区别在哪几方面？设某工程固定资产

（已考虑建设期贷款利息）$K=1$ 亿元，折旧年限 $n=50$ 年，生产期内每年提存折旧费为 200 万元，问这是静态还是动态经济计算方法？

2. 设某工程的产值计划以年增长率 $j=5\%$ 按等比级数逐年增长，设 2001 年年末的产值 $G_1=100$ 万元，年利率 $i=5\%$，试问从 2001—2010 年年末的累计现值为多少？

3. 设某水库建成 40 年后于 2001 年开始年效益按 $j=10\%$ 的等比级数逐年递减，假设 $G_1=100$ 万元（1990 年年末），年利率 $i=10\%$，问 2001—2010 年总效益现值 P 为多少？设 $j=15\%$，$i=10\%$，则 P 为多少？

学习项目3 水利建设项目的费用与效益

学习单元3.1 水利建设项目的投资

3.1.1 学习目标

（1）了解水利建设项目总投资的构成。

（2）了解水利建设项目各项投资的含义。

3.1.2 学习内容

（1）水利建设项目总投资的构成。

（2）水利建设项目各项投资的含义。

3.1.3 任务实施

水利建设项目总投资包括固定资产投资、流动资金、建设期和部分运行初期的借款利息以及固定资产投资方向调节税等部分，其中固定资产投资方向调节税是国家对用于固定资产投资的各种资金征收的一种特别税，目前国家规定对水利建设项目投资不征税，即其税率为零。现分别对固定资产投资、流动资金、建设期和部分运行初期的借款利息以及其他有关问题分别介绍如下。

3.1.3.1 固定资产投资

固定资产投资是指建设和购置固定资产所需资金的总和，包括水利建设项目达到设计规模所需的由国家、企业和个人以各种方式投入的主体工程和相应配套工程的全部建设费用。水利建设项目的主体工程有水利枢纽和相应的水库工程、灌溉和城镇供水的水源工程、堤防工程、水电站等；跨流域调水（例如南水北调）的输水总干渠工程、远距离供电（例如西电东送）的高压输变电工程，一般也当作供水和水力发电的主体工程。

水利建设项目的主体工程投资，一般包括建筑工程费、机电设备及安装工程费、金属结构设备及安装工程费、临时工程费、建设占地及水库淹没处理补偿费、其他费用和预备费等，见图3.1。

水利建设项目的配套工程，一般包括水电站的输变电工程、供水工程的输水和配水工程等。配套工程投资的计算范围应根据效益与费用计算口径对应一致的原则确定，即配套工程投资计算到哪一个层次，效益也要计算到哪一个层次。

我国水利建设项目的投资，是根据不同设计阶段进行计算的。在可行性研究阶段，一般可参考类似工程和其他有关资料估算，供论证项目的经济合理性和财务可行性之用。在初步设计阶段，根据初步设计文件和概算定额编制项目总概算，作为国家有关部门批准的依据。在技术设计阶段，根据实际变化情况编制修正总概算。在施工详图设计阶段，根据

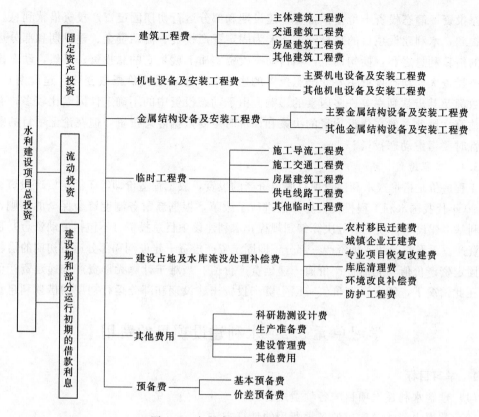

图 3.1　水利建设项目总投资构成图

工程量、现行定额和单位价格等资料编制施工预算，可以作为向金融机构申请贷款的依据。工程竣工验收后，则编制工程决算，以确定工程的实际投资。

3.1.3.2　设备更新投资

设备更新投资是指水利建设项目用于更换损坏的设备和更新落后设备所投入的资金。在水利建设项目经济计算期内，工程项目中有些机电设备和其他一些设备，由于磨损、腐蚀、老化等原因，维修费用逐渐增多，事故隐患逐渐增加，为了维持原有功能，保证安全运行，一些设备经过运行规定年限后必须进行更换；另外一些设备由于科学技术的不断进步，经过运行一段时间后显得陈旧落后，有时也需要更新。在工程经济计算期内，这些设备更换或更新有时不止一次、二次，完全根据具体情况而定。

3.1.3.3　静态投资和动态投资

水利建设项目的静态投资，是按某一价格水平年计算的，在建设期内所投入的资金。它是以项目建设所完成的各项实物为基础，按选定的某一价格水平年的工资、材料、设备等单位价格以及相应的定额和费用标准进行计算求得，一般包括图 3.1 所示的建筑工程投资、机电设备及安装工程投资、金属结构设备及安装工程投资、临时工程投资、建设占地及水库淹没补偿投资、其他费用和基本预备费（不包括价差预备费）以及流动资金等部分。

水利建设项目的动态投资，是在静态投资估算的基础上再考虑建设项目预算编制期和建设期内的物价上涨，以及建设期和部分运行初期固定资产投资借款利息后的费用总和，即动态投资＝静态投资＋价差预备费＋建设期和部分运行初期固定资产投资借款利息。上面已提到，水利建设项目的总投资实质上为固定资产投资、流动资金、建设期和部分运行初期的借款利息之和，换句话说，项目动态投资实质上就是它的总投资。显然，动态投资比静态投资大，动态投资主要受静态投资的影响外，还要受物价指数变化、建设期长短、借款数额及其借款利率等许多因素的影响。由于动态投资中的不确定性因素比较多，有时较难估算，因此一般在建设项目的决策和评价时主要依据静态投资，但在论证项目的财务可行性时要考虑动态投资。

3.1.3.4　工程造价

工程造价是指形成水利建设项目固定资产的投资，故工程造价即等于固定资产投资。20世纪 90 年代我国水利工程投资概算办法进行了改革，根据新财务制度资金保全的原则，按照水利基本建设项目竣工财务决算编制规程，水利建设项目总投资（不包括流动资金）形成固定资产、无形资产和递延资产三部分，即固定资产投资＋建设期和部分运行初期的借款利息＝固定资产价值＋无形资产价值＋递延资产价值。当难于计算无形资产和递延资产价值时，在此情况下，固定资产价值≈固定资产投资＋建设期和部分运行初期的借款利息。

学习单元 3.2　水利建设项目的费用

3.2.1　学习目标

（1）理解水利建设项目的各项费用含义。

（2）掌握水利建设项目的各项费用的计算方法。

3.2.2　学习内容

（1）水利建设项目的各项费用含义。

（2）水利建设项目的各项费用的计算方法。

3.2.3　任务实施

3.2.3.1　固定资产

固定资产是指使用期限超过一年、单位价值在规定限额以上并且在使用过程中保持原有实物形态的物质资料和劳动资料。固定资产可分为生产性固定资产和非生产性固定资产。前者包括生产中使用的机器设备、房屋、建筑物、运输工具等；后者包括日常生活中使用的房屋、建筑物等。

固定资产虽可多次使用并仍能保持其原来的实物形态，但其价值却并非固定不变，它会逐渐地损耗，其失去的价值以折旧的形式转移到所生产的产品的成本中，故固定资产使用到一定年限后即到达其折旧年限时，所积累的折旧基金便可用于更换原有的固定资产，这样就能维持再生产过程，如此往复更新不断使用。

1. 固定资产的原值、净值及残值

（1）固定资产原值。

固定资产原值是指固定资产投资与建设期和部分运行初期的借款利息之和，即

固定资产原值＝固定资产投资＋建设期和部分运行初期的借款利息

（2）固定资产净值（余值）。

固定资产净值是指固定资产原值减去历年已提取的折旧费累计值后的余值，亦称固定资产某一时间的账面余额，它反映固定资产的现有价值。为了了解固定资产的新旧程度常用成新率表示，即

$$固定资产成新率 = \frac{固定资产净值}{固定资产原值} \tag{3.1}$$

（3）固定资产残值。

固定资产残值是指固定资产在经济寿命期末（即在折旧年限末）报废清理时可以回收的废旧材料、零部件等的价值在扣除清理等费用后的剩余价值。

2. 固定资产价值重估

固定资产价值重估，是指对固定资产现时价值进行评定和估算，即对已建成的水利工程固定资产进行重新评估的价值。在重新评估时，要考虑通货膨胀和物价上涨率，要考虑由于技术进步、劳动生产率提高而使部分固定资产价值降低，还要考虑固定资产原值、净值、新旧程度、重置成本、获利能力等许多因素。固定资产评估方法主要有收益现值法、重置成本法、现行市价法和清算价格法等，现分述于下。

（1）收益现值法。

收益现值法是指被评估资产的未来预期收益并折算成现值，以确定固定资产现时价值的一种评估方法。

（2）重置成本法。

重置成本法是指按被评估资产的现时重置价值减去有形损耗（折旧）和无形损耗（由于劳动生产率提高）来确定固定资产现时价值的一种方法。重置全价（亦称现时完全成本）是指在当前物价水平下如果购建相同功能、相同规模的资产所需的投资值。这可根据已建成的固定资产各类实际工程量 W_i 及其当前单价 g_i，再考虑所需的附加费用率 $d\%$，即可求出该固定资产的重估值或称重置投资值 K，即

$$K = \left(\sum_{i=1}^{n} W_i g_i\right)(1 + d\%) \tag{3.2}$$

式中　　W_i——第 i 类工程量，可由竣工报告书中查出，$i = 1, 2, \cdots, n$；

　　　　g_i——第 i 类工程总当前价格水平下的单价。

（3）现行市价法。

现行市价法是指通过比较被评估固定资产与其相同或相似资产的市场价格来确定固定资产价值的一种方法。

（4）清算价格法。

清算价格法是以资产的清算价格为依据来估算资产价值的一种方法。清算价格是指由于企业破产或其他原因，要求在一定期限内将资产快速变现的价格。

3. 固定资产折旧费

固定资产折旧费是指固定资产在使用过程中由于有形损耗和无形损耗而逐渐失去的价值经折算成每年所需支出的费用。折旧费是补偿固定资产逐渐磨损、老化、腐蚀、落后贬值等价值损失的反映，是为更新固定资产提供资金，并使企业生产经营得以延续和发展。

折旧费的计算方法很多，在水利建设项目中，一般都采用平均年限法，又称直线折旧

法。该方法假设固定资产价值随使用年限的增加而按比例直线下降，每年的折旧费相同，其计算式为

$$年折旧费 = \frac{固定资产原值 - 固定资产残值}{固定资产折旧年限}$$

$$= (固定资产原值 - 固定资产残值) \times 年折旧率$$

$$= 固定资产值 \times 年折旧率 \qquad (3.3)$$

水利建设项目的固定资产应根据其在使用过程中的损耗情况，拟定不同的折旧年限，并据以提取固定资产折旧费，计入项目的总成本费用。关于各类水利工程固定资产的折旧年限，详见《水利建设项目经济评价规范》（SL 72—2013）附录 A。关于固定资产残值可查有关资料，一般为固定资产原值的 3%。现摘录部分水利工程固定资产折旧年限（表 3.1），供参阅。

表 3.1　　　　　　　　　水利工程固定资产分类折旧年限表

序号	固定资产分类		折旧年限/年	序号	固定资产分类		折旧年限/年
1	堤、坝、闸建筑物	混凝土、钢筋混凝土堤、坝、闸	50	5	水井	深井	20
		土、土石混合等当地材料堤、坝	50			浅井	15
		中小型涵闸	40	6	房屋建筑	金属和钢筋混凝土结构	50
2	溢洪设施	大型混凝土、钢筋混凝土溢洪道	50			钢筋混凝土、砖石混合结构	40
		中小型混凝土、钢筋混凝土溢洪道	40			永久性砖木结构	30
		浆砌块石溢洪设施	20	7	金属结构	压力钢管	50
3	泄洪、放水管、洞建筑物	大型混凝土、钢筋混凝土管、洞	50			大型闸阀、启闭设备	30
		中小型混凝土、钢筋混凝土管、洞	40	8	机电设备	大型水轮机组	25
		浆砌石管、洞	30			中小型水轮机组	20
4	引水、灌排渠道、管网	大型混凝土、钢筋混凝土引水渠道	50			中小型机排、机灌设备	10
		中小型一般砌护的土质引水、灌排渠道	40	9	输配电设备	铁塔、水泥杆	40
		跌水、渡槽、倒虹吸、节制闸等渠系建筑物	30			变电设备	25
		钢管、铸铁管网	30			配电设备	20
		塑料管	20				

注　引自 SL 72—2013。

进行折旧费计算时，应将水利工程各部分固定资产进行分类，分别计算其折旧费，再总和求出水利建设项目的折旧费；亦可按年综合折旧率一次性地求出水利建设项目的折旧费。其相应计算公式如下。

（1）分类计算法。

$$年折旧费 = \sum_{i=1}^{n}(第 i 类固定资产值 \times 第 i 类固定资产年折旧率) \qquad (3.4)$$

式中　n——固定资产分类数。

第 i 类固定资产年折旧率可参照 SL 72—2013 中附录 A 或表 3.1 所列折旧年限按其倒数定出。

（2）一次性法。

$$年折旧费 = 水利建设项目固定资产值 \times 年综合折旧率 \tag{3.5}$$

$$年综合折旧率 = \frac{\sum_{i=1}^{n}（第 i 类固定资产值 \times 第 i 类固定资产年折旧率）}{\sum_{i=1}^{n} 第 i 类固定资产值} \tag{3.6}$$

水利建设项目固定资产值 $= \sum_{i=1}^{n}$ 第 i 类固定资产值，该水利建设项目共包括 n 类固定资产。

计算水利工程固定资产年折旧费的方法很多，除上述常用的直线折旧法（又称平均年限法）外，尚有余额固定百分率折旧法、工作量折旧法、单位产量折旧法、资金现值回收折旧法。

3.2.3.2　无形资产及其摊销费

无形资产是指能长期使用但没有物质形态的资产，包括专利权、商标权、著作权、土地使用权、非专利技术、商誉等。

1．专利权

专利权指对某一产品的造型、配方、制造工艺等拥有专门的特殊权利。

2．商标权

商标权指用来辨认特定商品的标记权。商标通过注册登记后即获得法律上的保障，商标的价值在于它能够使拥有者具有较大的获利能力。

3．著作权

著作权指著作者按照法律规定对其著作所享有的权利。对于主要利用企业的物质技术条件创作并由企业承担责任的工程设计图、地图、计算机软件等职务作品的著作权则归企业所有。

4．土地使用权

土地使用权指经营者对依法取得的土地（包括水域、岸线等）在一定限期内进行建筑、生产和其他活动的权利。有些单位对水利建设项目支付水库移民补偿费后所获得的土地及其使用权，在经济评价中按无形资产考虑。

5．非专利技术

非专利技术指先进的、未公开的、未申请的专利，但可以带来经济效益的技术或技术秘密。非专利技术并不是专利法的保护对象，主要靠自我保密的方式维护其独占权，但可以用于转让和投资。

我国法律规定，不同的无形资产享有不同的保护期，例如商标权 10 年，专利权 20 年，由企业或单位享有的著作权 50 年，土地使用权 30 年、50 年、70 年不等。由于无形资产的价值不易确定，其经济寿命也难以判断。凡以一定代价从其他企业购入或者按法律程序取得

的无形资产的支出费用，在项目经济评价中应在其受益期内计算其年平均摊销费，即

$$无形资产年摊销费 = \frac{无形资产价值}{摊销年限} \tag{3.7}$$

式中摊销年限如有规定期限的，一般采用直线法在规定期限内平均摊销；没有规定期限的，按照不少于 10 年的期限平均摊销。无形资产年摊销费相当于固定资产年折旧费，一并计入产品的总成本费用中。

3.2.3.3　递延资产及其摊销费

递延资产是指企业已经支付的费用，但不能全部计入当年损益，应在以后年度内分期摊销的各项费用，包括企业在筹建期间发生的开办费，土地（包括水域、岸线）开发费和以经营租赁方式租入的固定资产的改装、翻修、改建等改良费用支出。开办费是指企业在筹建期间发生的费用，包括筹建期间人员工资、办公费、差旅费、培训费、注册登记费等。土地（包括水域、岸线）开发费，是指在开发过程中实际发生的全部费用支出。在水利建设项目经济评价中，形成递延资产的投资主要是开办费，开办费从项目开始运行月份的次月起，按照不短于 5 年的期限分期摊销。租入的固定资产改良费用支出，在租赁有效期限内分期摊销。递延资产的年摊销费的计算公式如下：

$$递延资产年摊销费 = \frac{递延资产价值}{摊销年限} \tag{3.8}$$

递延资产年摊销费，与无形资产年摊销费一样，一并计入产品的总成本费用中，通过产品的销售收入得到补偿。

3.2.3.4　流动资金与流动资产

流动资金是指企业生产经营活动中，在固定资产运行初期和正常运行期内多次的、不断循环周转使用的那部分资金，其实物形态就是流动资产。流动资金主要用于维持企业正常生产所需购买燃料、原材料、备品、备件和支付职工工资等的周转资金，从供应过程的货币形态到生产过程变成实物形态，再到销售过程又变成货币形态，如此不断地周而复始。流动资金一般包括自有流动资金和流动资金借款两部分，规定后者不应超过流动资金总额的某一比例，其相应支付的借款利息可列入产品的成本费用中。流动资金在项目投产前即开始安排，在运行初期按投产规模比例增加，在项目正常运行期末即其经济寿命结束时收回。估算水利建设项目的流动资金有下述两种方法。

1. 扩大指标估算法

这一般可按类似项目流动资金占销售收入或年运行费用或固定资产投资的某一比率估算。也可以按类似项目单位指标占用流动资金的比率估算。

2. 分项详细估算法

这是国际上通行的流动资金估算方法。可按照下列公式估算：

$$流动资金 = 流动资产 - 流动负债 \tag{3.9}$$

$$流动资产 = 应收账款 + 存货 + 现金 \tag{3.10}$$

$$流动负债 = 应付账款 \tag{3.11}$$

在流动资产和流动负债中各项计算公式如下：

$$年周转次数 = 360/最低周转天数 \tag{3.12}$$

$$应收账款＝年销售收入/年周转次数 \tag{3.13}$$
$$存货＝外购原材料、燃料＋在产品＋产成品 \tag{3.14}$$
$$现金＝(年工资及福利费＋年其他费用)/年周转次数 \tag{3.15}$$
$$应付账款＝年外购原材料、燃料及动力费/年周转次数 \tag{3.16}$$

3.2.3.5　利息

由图 3.1 可知，在水利建设项目总投资中除固定资产投资和流动资金外，尚包括建设期和部分运行初期的借款利息。水利建设项目资金的筹集是多渠道的，除政府拨款、发行股票或债券及利用各种建设基金外，主要是向银行借款。无论借款或债券都要求在规定年限内按期偿还本金和利息。有关借款计息方法和偿还方式分述于下。

1. 利率

利率是指本金在单位时间（计息周期）内产生的增值（利息）与本金之比，即 $i＝I/P$，式中 i 为利率，常以百分数（％）表示，I 为利息，P 为本金。利率按计息周期常分为年利率和月利率，按计息方式有单利率和复利率，按其使用性质有实际利率与名义利率之别。决定和影响利率水平的综合因素有：社会平均利润率的高低、金融市场资金的供求情况、国家调节经济的需要、借贷时间的长短等。如果社会平均利润率较高，金融市场资金较紧张，国家控制通货膨胀较严，借贷时间较长，则借款利率较高，反之则较低。

（1）单利与复利。

单利是指只对本金计算利息，按式（3.17）计算。复利是以本金与累计利息之和为基数计算利息，按式（3.18）计算。

$$I＝Pin, \quad F＝P(1＋in) \tag{3.17}$$
$$I＝P[(1＋i)^n－1], \quad F＝P(1＋i)^n \tag{3.18}$$

式中　I——n 期末的利息；

　　　n——计息期数；

　　　i——每一计息周期的利率；

　　　P——本金；

　　　F——第 n 期末的本利和。

（2）名义利率与实际利率。

在利息计算中通常用年利率 i 表示，称 i 为名义利率。但在实际利息计算中，计息期可以是年、月、日等；通常把年、月、日等为计息期求得的利率称为实际利率。关于实际利率与名义利率的关系可用式（3.19）表示。

$$r＝(1＋i/m)^m－1 \tag{3.19}$$

式中　r——实际利率；

　　　i——名义利率；

　　　m——1 年中的计息周期数。

设某项借款年利率（名义利率）$i＝12％$，但要求按月计息（$m＝12$），根据式（3.19），实际年利率 $r＝(1＋i/m)^m－1＝(1＋0.12/12)^{12}－1＝0.1268$，即该项借款的实际年利率为 $12.68％$。由式（3.19）可以看出，实际年利息是随着计息周期数增加而增加的。

2. 利息计算与借款偿还

（1）设借款当年在年中支用，还款当年在年末偿还的利息计算。

由于借款当年在年中支用，故该年利息应按半年计息；由于还款当年在年末偿还，故应按全年计息。每年应计利息的计算公式见式（3.20）。

$$每年应计利息＝（年初借款本利和累计＋本年借款额/2）×年利率 \qquad (3.20)$$

（2）设要求建设期以后每年等额还本付息的计算。

每年的等额还本付息，按式（3.21）计算：

$$A＝F[A/P,i,n]＝F\frac{i(1+i)^n}{(1+i)^n-1} \qquad (3.21)$$

式中　　　　A——每年的还本付息额，万元；

F——建设期末固定资产借款本金及利息之和，万元；

i——年利率；

n——借款偿还期年数（由还款年开始计算）；

$[A/P,i,n]$——资金年回收系数（或称本利摊还因子）；

其中　　　　　　每年支付的利息＝（F－年初偿还本金累计）×年利率 \qquad (3.22)

每年偿还的本金＝A－每年支付的利息 \qquad (3.23)

由于每年支付的利息是逐年减少的，而在偿还期内每年的还本付息额是相等的，故偿还的本金将逐年增加。

（3）设要求建设期以后每年等额还本，借款利息累计到建设期末开始按年支付的计算：

$$每年偿还的本金＝\frac{F}{n} \qquad (3.24)$$

$$每年支付的利息＝（F－年初偿还本金累计）×年利率 \qquad (3.25)$$

$$A_t＝\frac{F}{n}+F\left(1-\frac{t-1}{n}\right)i \qquad (3.26)$$

式中　F——建设期末固定资产借款本金及利息之和，万元；

n——借款偿还期年数（由建设期末开始计算）；

i——年利率；

A_t——第 t 年的还本付息额，万元。

由式（3.24）可知，每年偿还的本金是相等的；由式（3.25）可知，每年支付的利息将随本金的逐年偿还而减少；由式（3.26）可知，偿还期内各年的还本付息额是不等的。

（4）建设期和部分运行初期借款利息的确定。

在一般情况下，水利建设项目在运行初期主体工程已基本建成，但可能有些尾工，如水电站机组正在陆续安装投产发电，故在运行初期既有固定资产投资，又有产品（水库供水和水电站发电）的销售收入。因此《水利建设项目经济评价规范》（SL 72—2013）规定，运行初期的借款利息应根据不同情况分别计入固定资产总投资或项目总成本费用。在具体计算时，将当年还款资金（水、电产品销售后的净收入）出现大于当年应付借款利息之前这段时间内发生的借款利息，计入项目固定资产总投资，将当年还款资金出现大于当年应付借款利息之后这段时间内发生的借款利息，计入项目总成本费用。

3.2.3.6 年运行费与年费用

1. 年运行费

年运行费（也称经营成本）主要指水利建设项目竣工投产后每年需要支出的各种经常性费用，其中包括工资及福利费，材料、燃料及动力费，维护费和其他费用等，现分述于下。

（1）工资及福利费，是指水利工程及设施在运行经营过程中全部生产经营人员的工资、奖金、津贴和各种福利费等，可按定员编制名额及相应年平均工资标准计算求得。

（2）材料、燃料及动力费，是指水利工程及设施在正常运行中所耗用的各种材料以及油、煤、电、水等各项费用。可参照类似已建项目的实际资料分析后采用，也可以根据规划设计资料或相应规定定额选用。

（3）维护费，是指水利工程各类建筑物和设备的日常性养护、维修、岁修、事故处理等耗用的各种费用。在年维护费中还包括大修理费在各年的分摊值。所谓大修理，是指对固定资产的主要部分进行彻底检修并更换某些部件，其目的是恢复固定资产的原有性能。每次大修理所需的费用多、时间长，大修理每隔几年才进行一次，为简化计算，通常将所需的大修理费总额平均分摊到各年，作为年维护费的一部分。大修理费每年可按一定的大修理费率提取，每年提取的大修理费积累几年后集中使用。大修理费率一般为固定资产原值的1%～2%。

（4）其他费用，是指不属于材料、燃料及动力费，工资及福利费，维护费，折旧费，摊销费和利息净支出等费用的其他支出。这一般包括管理机构的行政费用，项目进行观测、试验和研究的费用，为清除或减轻项目所带来的不利影响每年所需的补救措施费用、保险费以及为扶持移民的生产和生活所需每年的补助等费用。

年运行费可按上述四项费用求出，亦可按式（3.27）求出：

$$年运行费＝固定资产原值×年运行费率 \qquad (3.27)$$

式中年运行费率可参考表3.2所列的数据。在项目投产运行初期各年的年运行费，可按各年投产规模比例求出。

表 3.2 水利建设项目年运行费率统计值

项　　目	水库工程		灌区工程	水闸工程	堤防工程	泵站工程
	土坝型	混凝土和砌石坝型				
年运行费率/%	2～3	1～2	2.5～3.5	1.5～2.5	2～4	5～7.5

2. 年费用

在水利建设项目经济分析中，费用是指工程项目在建设期、运行初期（投产期）和正常运行期（生产期）所发生的费用支出，主要包括固定资产投资、更新改造投资、流动资金和各年的年运行费等。所有费用可以用经济计算期（包括建设期、运行初期和正常运行期）内的总值表示，称为总费用，其计算值如式（3.28）所示。也可以将总费用折算为每年的平均支出值，称为年费用，其计算公式见式（3.29）。

$$总费用＝折算到基准点(一般定在建设期第一年的年初)各年费用现值之和 \qquad (3.28)$$

$$年费用＝总费用×[A/P,i,n] \qquad (3.29)$$

式中　$[A/P,i,n]$——等额资金回收系数；

i——折现率；

n——经济计算期总年数。

3.2.3.7 总成本费用

成本是指为生产和提供服务所需支付的费用，生产成本是由生产产品所消耗的不变资本的价值（折旧费等）和可变资本的价值（年运行费等）所构成。产品的销售成本是由生产成本和销售费用两部分组成，销售费用是指产品在销售过程中所需包装、运输、管理等费用。

成本费用包括项目在一定时期内为生产、运行以及销售产品和提供服务所花费的全部成本和费用。所谓水利产品是指水利建设项目所提供的水力发电和水利供水；所谓提供服务是指水利建设项目所提供的防洪和除涝功能。

总成本费用可以按经济用途分类计算，也可以按经济性质分类计算，现分述于下。

1. 水利建设项目总成本费用按经济用途分类计算

这应包括制造成本和期间费用。制造成本应包括直接材料费、直接工资、其他直接支出和制造费用等。

（1）制造成本。

1）直接材料费是指生产运行过程中实际消耗的原材料、辅助材料、备品配件、燃料动力以及上游水利工程为该项目提供水源所需的水源费等。

2）直接工资是指直接从事生产运行人员的工资、奖金、津贴以及补贴等。

3）其他直接支出是指直接从事生产运行人员的职工福利费等。

4）制造费用包括项目生产运行所使用固定资产的折旧费、维护修理费（包括工程维护费和库区维护费）以及所属生产运行单位的管理费等。

（2）期间费用是指在一定会计期间发生的与水利产品生产无直接联系的各项费用，包括管理费用、财务费用和销售费用。

1）管理费用是指该项目行政管理部门为组织和管理生产经营活动而发生的费用，包括管理人员工资、工会经费、房地产和车船使用税、无形资产及递延资产的摊销费、职工教育经费、保险费、研究开发费等。

2）财务费用是指为筹集生产经营所需资金而发生的费用，包括利息净支出、汇兑净损失以及有关的手续费等。

3）销售费用是指为产品销售和提供服务等而发生的费用，包括运输费、装卸费、保险费、广告费，以及为销售本项目产品而专设销售机构的职工工资、福利费、业务费等。以上各项期间费用可分项计算，也可参照已建类似工程的费率计算。

2. 水利建设项目总成本费用按经济性质分类计算

这包括材料、燃料及动力费，工资及福利费，维护费、折旧费、摊销费、利息净支出以及其他费用等项。其中折旧费是指项目固定资产的年折旧费；摊销费是指项目无形资产和递延资产的年摊销费；利息净支出是指项目部分运行初期和项目正常运行期各年支付的借款利息支出与存款利息收入的差值，项目部分运行初期是指项目运行初期内当年还款资金出现大于当年应付借款利息之后的这段时间。财务收入、总成本费用、税金和利润总额的关系，如图3.2所示。

由图3.2可知，为生产和销售产品所花费的全部成本费用，连同依法交纳的税金和应

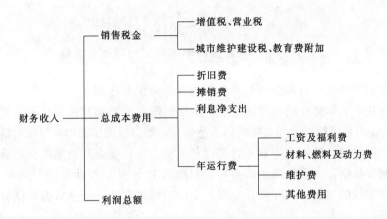

图 3.2　财务收入与总成本费用、税金和利润总额的关系

得的利润，均可通过销售产品获得回收。

3.2.3.8　税金

税金是指国家根据法律规定向纳税人（单位或个人）无偿征收的货币或实物，具有强制性、无偿性和固定性等特征。对纳税人而言，缴纳税金是纳税人为国家提供积累的重要方式；对国家而言，称为税收，税收是国家财政收入的主要来源，可起到调节生产和消费、发展国际贸易、维护国家经济独立的作用。

税金一般按应纳税额乘以税率计算，不同税目、不同征税对象具有不同税率。为了促进某些产业的发展，对有关征税对象实行减税或免税政策。

现在我国税种分为六大类：流转税（增值税、营业税、消费税、关税等）；收益税（所得税）；财产税；行为税（房产税、车船使用税、印花税等）；资源税（水资源税、矿产税、城镇土地使用税等）；农业税和特定目的税（城乡维护建设税、教育费附加、土地增值税等）。

水利建设项目现应缴纳的税金主要有以下各项：

（1）增值税。对水库供水、平原河网供水、引水工程供水现规定不征收增值税；对水力发电则征收增值税。由于增值税是价外税，不包括在电价之内，但最终由电力用户负担。

（2）城市维护建设税、教育费附加。这属于价内税，以增值税税额为基数计算，实行差别比例税率：①纳税人所在地在市区的，税率为 7％；②纳税人所在地在县城、镇的，税率为 5％；③纳税人所在地不在市区、县城或镇内的，税率为 1％。

（3）企业所得税。按销售收入扣除总成本费用和有关税金等费用后为应纳税所得额，税率为 33％。

3.2.3.9　利润

水利建设项目的财务收入，包括出售水利产品（水力发电和水利供水等）和提供服务（防洪、治涝等）所获得的财务收入，从财务收入中扣除总成本费用和销售税金等费用后为利润总额（图 3.2）。利润是劳动者为社会创造的价值，是发展生产、改善人民生活的基础。利润是衡量企业生产经营活动成果的综合性指标，我国水利建设项目常用投资利润率和投资利税率作为衡量和比较不同企业效益的评价指标，其表达式为

$$投资利润率 = \frac{正常运行期年利润总额}{项目总投资} \tag{3.30}$$

$$投资利税率 = \frac{正常运行期年利润与年税金总额}{项目总投资} \tag{3.31}$$

现行财会制度规定项目实现年利润总额的具体分配办法如下：

（1）项目发生了年度亏损，可以用下一年度所得税前的利润弥补，下一年度不足弥补的，可以早5年内延续弥补，如5年内仍不足弥补，则以后需用缴纳所得税后的利润弥补。

（2）缴纳所得税后的利润应首先计提特种基金。特种基金是指能源交通重点建设基金和国家预算调节基金，分别按缴纳所得税后利润的15％和10％计提。

（3）项目实现的利润总额在弥补亏损、交纳所得税和特种基金后为可供分配利润，其分配顺序如下：

1）弥补以前年度亏损。

2）提取盈余公积金。盈余公积金可分为法定盈余公积金和任意盈余公积金两种。

法定盈余公积金按照所得税后利润扣除前1）项后的10％提取。法定盈余公积金已达注册资本金的50％时可不再提取。任意盈余公积金可按照本企业的章程提取。

3）提取公益金。按照所得税后利润扣除前1）项后的5％提取。

4）向投资者分配利润。企业以前年度未分配的利润可以并入本年度向投资者分配。

5）未分配利润。这是指实现利润总额扣除以上各项后的余额，可用于偿还借款本息。

项目利润总额分配框图，如图3.3所示。

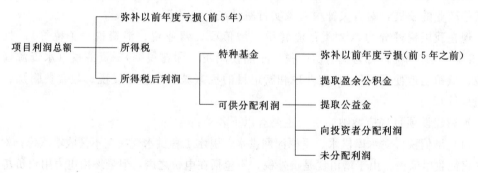

图3.3　项目利润总额分配图

需要注意的是，企业以前年度亏损未弥补完，不得提取法定盈余公积金。在法定盈余公积金未提足前，不得提取任意盈余公积金和公益金。在提取盈余公积金、公益金以前，不得向投资者分配利润。可用作偿还借款本息的除未分配利润外，还可动用历年积累的折旧费和摊销费。

在我国水利建设项目中，防洪、治涝等工程属社会公益性质，所提供的服务基本上无财务收入，主要靠国家财政解决投资及年运行等费用。灌溉工程向灌区供水，由于农产品价格较低，农民对灌溉水价承受能力有限，故灌溉水价一般低于供水成本，尚需有关部门给予补助。城镇生活和工业生产的水利工程供水以及水力发电工程，有水、电产品出售，财务收入扣除总成本费用和销售税金后一般可获得一定利润。

学习单元 3.3　水利建设项目的效益

3.3.1　学习目标
（1）了解水利建设项目效益的分类和特性。
（2）了解水利建设项目效益的指标和估算方法。

3.3.2　学习内容
（1）水利建设项目效益的分类。
（2）水利建设项目效益的特性。
（3）水利建设项目效益的指标。
（4）水利建设项目效益的估算方法。

3.3.3　任务实施
水利建设项目效益是指项目给社会带来的各种贡献和有利影响的总称，它是以有、无建设项目对比所增加的利益或减少的损失来衡量。效益是评价水利建设项目有效程度及其建设可行性的重要指标。

3.3.3.1　水利建设项目效益的分类
按分类角度不同，水利建设项目效益可分为以下若干类型。

1. 按效益性质分类

（1）经济效益，是指项目建成后给国民经济各方面所作出的贡献，即给全社会或企业核算单位增加的经济收入或减免的灾害损失。既有直接的经济效益，也有间接的经济效益。按考察层次可分为宏观经济效益或全社会经济效益（即国民经济效益）和微观经济效益或企业经济效益（即财务效益）。

（2）社会效益，是指项目建成后对社会发展产生的有效结果和效益，包括对社会环境、社会经济和自然资源等方面产生的效益。社会效益主要有减免洪、涝、旱灾害，为人们生产和生活创造安全、稳定的环境，促进地区经济发展，提供更多的就业机会，开发再生性水能资源，节省煤炭、石油等非再生能源，以及促进科学技术和文化教育事业发展等。

（3）生态环境效益，是指项目建成后在维护和改善生态环境质量方面所获得的效益，在有、无项目对比情况下对改善水环境、气候及生产生活环境所带来的利益。例如，防洪工程可避免土地被冲毁，林、草被淹死等；治涝工程可避免土壤沼泽化和土壤次生盐碱化等；灌溉工程可增加灌区水分，有利于草木生长，增加地面植被覆盖率等。水电工程可节省火电煤耗，减少大气污染等。

2. 按效益考察角度分类

（1）国民经济效益，是指项目建成后对国家、全社会所作的贡献，按有、无项目对比的方法，以影子价格和社会折现率计算其直接效益和间接效益。直接效益是指项目直接提供产品或服务的价值，是项目效益的主要组成部分；间接效益是指项目对社会产生的其他效益而在项目直接效益中并未得到反映的那部分效益。例如，防洪工程建成后除可减少直接损失外，还可减少因洪水淹没造成交通受阻中断，致使其他地区因原材料供应不足而造成的间接经济损失等。

（2）财务效益，是指项目建成后向用户销售水利产品或提供服务所获得的按财务价格计算的收入，一般称财务收入或销售收入。主要的财务收入有：灌溉水费收入、工业及城乡生活供水水费收入、水力发电的售电收入，以及水产养殖、航运、水利旅游及其他多种经营等收入。不同功能的水利建设项目，其财务效益不同，防洪、治涝项目基本上无财务收入；农业灌溉项目有一定财务收入，但一般入不敷出；水力发电、城乡供水项目的财务效益相对较大。

用影子价格和社会折现率计算的国民经济效益，是水利建设项目进行国民经济评价的重要数据，用财务价格和财务基准收益率计算的财务效益，是水利建设项目进行财务评价的重要数据，两者必须区分清楚。

3. 按效益功能分类

（1）防洪效益，是指采取防洪工程措施和防洪非工程措施后，可减免的洪水灾害损失及其不良影响。直接防洪经济效益即减免的直接经济损失，是指减免洪水淹没区内与洪水直接接触所造成的经济损失；间接防洪经济效益即减免的间接经济损失，是指减免洪水淹没区内虽没有与洪水直接接触，但受到洪水危害的经济损失，防洪工程间接经济效益一般可按防洪直接经济效益的 20%～30% 估算。

（2）治涝效益，是以治涝工程可减免的涝灾损失计算。直接治涝效益主要指因修建治涝工程而减免的农作物损失，在大涝年份还包括减免林、牧、副、渔业的损失以及抢排涝水和救灾费用的支出等。间接治涝效益主要指所减轻的灾区疾病传染、精神痛苦和环境卫生条件恶化等，对于难于定量的减免损失，可用文字定性说明。在分析治涝效益时，还可考虑由于排除涝水而导致涝区地下水位下降所带来的治碱、治渍效益。治涝项目除提水排涝按排水量或涝区面积适当征收一定费用外，一般无财务收入。

（3）灌溉效益，主要反映在提高农作物的产量和质量所得的效益上。灌溉效益的确定，必须以大量的试验、调查资料为依据，由于各地的气候、土壤、作物品种和农业技术措施等条件的不同，灌溉效益的地区差别很大。在计算灌溉效益时，应考虑水利和农业技术措施对作物增产的综合作用，并按有、无灌溉项目对比将农作物的总增产效益乘以灌溉效益分摊系数求出。中国西北干旱地区各种农作物效益的水利分摊系数一般在 0.5 左右；南方湿润地区各种农作物的水利分摊系数一般在 0.4 左右。

（4）城乡供水效益，通常包括居民生活、工业生产和公共事业等方面的水利工程供水效益，其国民经济效益一般将三方面的供水效益合并计算。这可采用最优等效替代法，即以兴建最优等效替代工程或实行节水措施替代城乡供水工程所需要的年费用，作为城乡供水的年效益。该方法比较合理，但计算工作量较大，尤其所选替代方案是否合理和最优均需作充分论证。城乡供水财务效益按供水量乘单方计量水价计算，或按两部制水价计算，水价应按供水的总成本费用、税金和合理利润确定。

（5）水力发电效益，是指水电建设项目向电网或用户提供容量和电量所获得效益和利益，其国民经济效益应根据电力系统电力电量平衡分析后合理确定。当采用最优等效替代法计算水力发电效益时，一般选用火电作为最优替代方案，由于火电站检修时间长，厂用电多，事故率高，替代电站的容量＝1.1×水电站容量，替代电站的电量＝1.05×水电站的电量，这样水电与火电方案等效，此时替代火电站的年费用即作为水电站的年效益。

水力发电财务效益包括电量效益和容量效益。对实行独立核算的电站，电量效益＝上网电量×上网电价，上网电量＝有效电量×（1－厂用电率）×（1－配套输变电损失率）。容量效益＝必需容量×容量价格，容量价格可根据电站所在电网规定确定。

（6）航运效益，是指水利建设项目提供或改善通航条件所获得的效益，例如水利枢纽工程建成后，上游水位抬高，淹没碍航滩险，库区形成良好的深水航道；下游由于增加枯水期流量和水深，减小洪水期流速，因而延长河道通航里程，增加航道通过能力。但水利枢纽工程建成后也给航运带来一些不利影响，例如增加船舶过坝的环节和时间，电站日调节产生下游不稳定流，都影响坝下游一定范围内的船舶航行和港口作业等。

（7）水土保持效益，是指在水土流失地区通过保护、改良和合理利用水土资源所获得的生态效益、经济效益和社会效益。生态效益是指保水保土效益，包括增加土壤入渗、拦蓄地表径流、减少土壤侵蚀和拦截坡沟泥沙，增加林草覆盖，减轻自然灾害所造成的损失。经济效益是指水土保持措施对地区所创造的经济财富，包括粮食、林木、草场、果园等种植业和产品加工业等效益。社会效益指实施水土保持措施后对社会进步所作的贡献，包括提高农民生产技能和管理水平，提高人民群众生活水平等。

按功能分类的效益还有水产养殖效益、河道整治效益、水利旅游效益、牧区水利效益、滩涂开发效益等。

3.3.3.2　水利建设项目效益的特性

水利建设项目效益与其他建设项目比较，具有如下特点。

1. 随机性

影响水利工程发挥效益的主要因素是降水、径流、洪水等自然因素，它们具有随机性，故水利工程效益也具有随机性。例如，防洪、治涝工程若遇大洪水和严重涝渍年份，调节洪水和排除涝渍的控制作用比较大，因而工程效益也就比较大，反之则小。又如灌溉工程，如遇多雨年份，需灌溉补充的水量少，因而其工程效益就比较小；反之如遇干旱年份，亟须灌溉补水，其工程效益也就比较大。

2. 可变性

水利工程效益是随时间而变化的。例如防洪工程在 20 世纪 50 年代建成时，由于当时农作物单位面积产量较低，道路桥梁、工厂企业的规模较小，如遇大洪水经水库调蓄后所减少的淹没损失较小；但随着生产水平和人民生活水平的不断提高，社会财富不断积累，现在即使遭受相同的大洪水，经水库调蓄后所减少的淹没损失就比较大，水利工程防洪效益也相应增大。有些水利建设项目，由于库容和河道泥沙不断淤积，其控制洪水和调节径流的能力逐渐减小，其工程效益也随着逐年降低。

3. 复杂性

水利建设项目特别是大型水利工程涉及面很广，其效益在地区和部门之间既有一致，也有矛盾。例如水库上游地区工农业引水量多，就减少了入库水量，下游地区能引用的水量就相应减少了。综合利用水库多预留防洪库容，水库的防洪作用增大，防洪效益就相应增加，但兴利库容减小，灌溉、供水、发电等效益就会相应减少。因此必须全面分析，协调和处理好上下游、左右岸以及各地区、各部门之间的关系。

4. 公益性

水利是国民经济的基础设施和基础产业，水利建设项目一般具有防洪、灌溉、发电、航运等综合效益，这对减少水旱灾害、提高粮食和电力生产、促进交通运输、发展社会经济等均具有重要意义。有些防洪、治涝工程，主要属社会公益性质的水利建设项目，国民经济效益很大，但无财务收入，需政府或有关部门提供补贴。

3.3.3.3 水利建设项目的效益指标

水利建设项目效益尽可能用定量指标表示，如难于定量的应作定性说明。这主要有以下三类指标。

1. 效能型指标

效能型指标是以水利效能表示的效益指标，例如防洪达到多少年一遇标准，灌溉、供水量的保证率是多少，削减洪峰流量和调蓄的洪水量占多少百分比等。

2. 实物型指标

实物型是以实物表示的效益指标，例如发展灌溉后年增产粮食多少万公斤，工业供水量和城镇生活供水量各达到多少万立方米，水电站装机容量和保证出力各为多少万千瓦，年平均发电量为多少亿千瓦时，改善航运条件后年增加货运量多少万吨，水产养殖年增加水产品多少万公斤，等等。

3. 货币型指标

货币型指标是以货币表示的效益指标，例如减免洪涝灾害损失年平均达到多少万元，发展灌溉农民年平均增收多少万元，征收水费每年多少万元，销售电费每年多少万元，等等。

上述货币指标中，以影子价格计算的国民经济效益和以财务价格计算的财务效益，是进行水利建设项目国民经济评价和财务评价的重要依据，以便衡量其经济合理性和财务可行性。

3.3.3.4 水利建设项目效益的估算方法

1. 水利建设项目的国民经济效益

按有、无项目对比可获得的直接效益和间接效益计算。根据工程具体情况和资料条件，可采用下列方法进行估算。

（1）增加收益法。按有、无项目对比可增加的国民经济效益，此法适用于灌溉工程、供水工程、水电工程等。

（2）减免损失法。按有、无项目对比可减免的灾害损失，此法适用于防洪工程、治涝工程等。

（3）替代工程费用法。以最优等效替代工程设施的年费用（包括投资年回收值和年运行费之和）作为项目的年效益，例如规划设计中常以最优等效替代火电站的年费用作为水电站的年效益。

2. 水利建设项目的财务效益

财务效益一般根据项目提供的水利产品和现行价格计算，例如根据供水量和规定的水价计算水费收入，按照水电站上网电量和上网电价计算售电收入等。

学习单元 3.4　影 子 价 格 测 算

3.4.1　学习目标

（1）了解影子价格测算相关参数。

（2）掌握影子价格测算方法。

3.4.2　学习内容

（1）影子价格测算相关参数。

（2）影子价格测算方法。

3.4.3　任务实施

水利建设项目主要投入物和主要产出物的影子价格，应分别按外贸货物、非外贸货物和特殊投入物三种类型进行测算。

在测算主要投入物和主要产出物的影子价格时，应采用下列参数。

3.4.3.1　计算参数

1. 影子汇率

为了正确测算外汇这种特殊资源的实际价值，在项目国民经济评价中应采用影子汇率，用于外汇与人民币之间的换算。影子汇率换算系数是影子汇率与国家外汇牌价的比值系数，用国家外汇牌价乘影子汇率换算系数即得影子汇率。根据我国现阶段的外汇供求情况、外贸进出口结构、换汇成本，现阶段影子汇率换算系数为 1.08。例如 2017 年国家外汇牌价 1 美元可兑换人民币 6.94 元，则 1 美元的影子汇率＝6.94×1.08＝7.5 元人民币。影子汇率是由国家统一测定发布的。

2. 贸易费用

按贸易费用率计算货物的贸易费用时，可采用式（3.32）～式（3.34）计算：

$$外贸进口货物的贸易费用＝到岸价×影子汇率×贸易费用率 \qquad (3.32)$$

$$外贸出口货物的贸易费用＝（离岸价×影子汇率－国内长途影子运输费）$$
$$÷（1＋贸易费用率）×贸易费用率 \qquad (3.33)$$

$$非外贸货物的贸易费用＝出厂影子价格×贸易费用率 \qquad (3.34)$$

贸易费用率全国统一采用 6%。

3. 交通运输影子价格换算系数《水利建设项目经济评价规范》（SL 72—2013）

（1）铁路货运影子价格换算系数采用 1.84，与其对应的基础价格为 1992 年调整发布的铁路货运价格。

（2）公路货运影子价格换算系数采用 1.26，与其对应的基础价格为 1991 年公路货运价格。

（3）沿海货运影子价格换算系数采用 1.73，内河货运影子价格换算系数采用 2.00，与其对应的基础价格为 1992 年调整发布的全国沿海、内河货运价格。

（4）杂费影子价格换算系数采用 1.00。

由上述可知，影子价格换算系数是与其对应的基础价格直接有关。测算影子价格时应时刻注意有关部门最近发布的影子价格换算系数及其对应的基础价格调整值。

3.4.3.2 主要投入物的影子价格测算

水利建设项目所用材料，根据需要数量及其对项目费用的影响程度，可划分为主要材料与其他材料两类。柴油、汽油、木材、钢材、水泥、炸药六种为主要材料，其余为其他材料。现分别测算其中的外贸货物、非外贸货物及特殊投入物的影子价格。

1. 外贸货物

上述材料中属于外贸货物的影子价格，按实际发生的口岸价格为基础进行确定，具体定价方法如下。

(1) 直接进口（国外产品）。

由于国内生产量不足或产品质量不过关等原因，建设项目投入物需靠进口解决。进口货物到达建设项目的影子价格按式（3.35）计算：

$$进口货物影子价格 = 进口货物到岸价 \times 影子汇率 \times (1 + 贸易费用率)$$
$$+ 国内影子运杂费 \tag{3.35}$$

(2) 减少出口（国内产品）。

我国某些生产企业出产的货物（例如煤炭、有色金属等）是可以出口的，但由于建设项目上马后大量需要这种货物从而减少了出口量，在此情况下，货物到达建设项目的影子价格按式（3.36）计算：

$$影子价格 = 减少外贸出口货物的离岸价 \times 影子汇率$$
$$- 供应厂矿到口岸的影子运杂费用及贸易费用$$
$$+ 供应厂矿到建设项目的影子运杂费用及贸易费用 \tag{3.36}$$

(3) 间接进口（国内产品）。

国内生产企业曾向原有用户提供某种货物，由于建设项目上马后需要国内该生产企业提供这种货物，迫使原有用户靠进口来满足需求。在此情况下，这种货物到达建设项目的影子价格按式（3.37）计算：

$$影子价格 = 进口货物的到岸价 \times 影子汇率 + 口岸到原用户的影子运杂费用及贸易费用$$
$$- 供应厂矿到原用户的影子运杂费用及贸易费用$$
$$+ 供应厂矿到建设项目的影子运杂费用及贸易费用 \tag{3.37}$$

(4) 直接出口。

$$直接出口货物的影子价格 = (出口货物的离岸价 \times 影子汇率 - 国内影子运杂费)$$
$$\div (1 + 贸易费用率) \tag{3.38}$$

2. 非外贸货物

在水利建设项目主要投入物中，非外贸货物一般占大多数，其中某些规格的钢材、水泥、柴油的出厂影子价格，均可在《建设项目经济评价方法与参数》中查得。其他非外贸货物的影子价格，可按下列原则和方法确定：

(1) 能通过原有企业挖潜增加供应的主要投入物，因不需企业额外增加投资，故可按可变成本进行分解定价。

(2) 需投资扩大生产规模增加供应的主要投入物，则按全部成本（包括可变成本和固定成本）分解定价。当难以获得分解成本所需资料时，可参照市场价格定价。

(3) 无法通过扩大生产规模增加供应的主要投入物，可参照市场价格定价。

（4）非主要投入物可直接采用国家公布的出厂影子价格。以某种规格水泥为例说明如何计算其在建设工地的影子价格。

$$水泥影子价格＝水泥出厂影子价格×（1＋贸易费用率）＋影子运费 \qquad (3.39)$$

（5）成本分解法是确定非外贸货物影子价格的一个重要方法。成本分解原则上应按边际成本进行分解，如果缺乏资料，也可分解平均成本。如果必须新增投资扩建以增加所需投入物供应的，应该按其全部成本进行分解；如果可以发挥原有企业生产能力以增加供应的，应按其可变成本进行分解。成本分解的步骤如下：

1）按费用要素列出某种非外贸货物的总财务成本、单位货物的财务成本、单位货物的固定资产投资及流动资金，并列出该货物生产厂的建设期限、建设期各年投资比例等值。

2）剔除上述数据中所包括的税金和利润。

3）对外购原材料、燃料和动力等投入物的费用进行调整，其中有些可以直接使用有关部门发布的影子价格或其换算系数，但对重要的外贸货物应自行测算其影子价格。

4）工资及福利费和其他费用原则上可不予调整。

5）计算单位货物总投资的资金年回收值（M），以便对折旧费和流动资金利息进行调整。其计算公式为

$$M＝(I-S_v-W)[A/P,i,n]+(W+S_v)i_s \qquad (3.40)$$

其中　　　　　　　　　　$I_F=I-W$

式中　I——换算为生产期（正常运行期）初的总投资现值；

　　　I_F——换算为生产期初的固定资产投资；

　　　W——流动资金占用额；

　　　S_v——计算期末回收的固定资产余值；

　　　i_s——社会折现率，$i_s=0.12$；

　　　n——生产期，年。

I_F 可由式（3.41）求出：

$$I_F = \sum_{t=1}^{m} I_t(1+i_s)^{m-t} \qquad (3.41)$$

式中　I_t——建设期第 t 年调整后的固定资产投资；

　　　m——建设期，年。

因 $I＝I_F＋W$（设总投资包括固定资产投资及流动资金两部分），故

$$M＝(I_F-S_v)[A/P,i_s,n]+(W+S_v)i_s \qquad (3.42)$$

综合以上各步骤分解值，即可得到该种货物的分解成本，可作为该种货物的影子出厂价格；再考虑影子运杂费和贸易费用后，即得建设项目所在地该种货物的影子价格。

3.4.3.3　特殊投入物的影子价格测算

水利建设项目特殊投入物主要指劳动力和土地两项。现分别测算劳动力的影子价格和土地的影子价格。

1. 劳动力的影子价格

劳动力的影子价格就是影子工资，包括劳动力的边际产出和劳动力就业或转移而引起

的社会资源消耗两部分，可按工程设计概（估）算中的工资及福利费（包括各种补贴等）乘影子工资换算系数计算。

设某水利建设项目财务支出中工资及福利费共 5000 万元，其中民工、一般工人、技工及技术人员、高级技术人员及管理人员的工资和福利费及其相应的影子工资换算系数见表 3.3。

表 3.3　　　　　　　　　　某水利建设项目影子工资计算

工作人员（劳动力）	工资及福利费/万元	影子工资换算系数	影子工资/万元
民工	2000	0.5	1000
一般工人和职工	1500	1.0	1500
技术工人和技术员	1000	1.5	1500
高级技术人员和管理员	500	2.0	1000
合　计	5000		5000

由表 3.3，可求出某水利建设项目的影子工资共为 5000 万元。

水利建设项目一般都大量使用民工作为主要劳动力，由于当地民工来源比较充裕，故其影子工资换算系数采用 0.5；技术人员（包括技工）尤其是高级技术人员在当地比较缺乏，技术熟练程度要求比较高，故其影子工资换算系数采用 1.5～2.0。考虑到水利建设项目劳动力中，在一般情况下既有民工，也有高级技术人员，故水利建设项目的影子工资综合换算系数可采用 1.0，即影子工资＝工资及福利费×影子工资综合换算系数＝5000×1.0＝5000 万元。

2. 土地的影子价格

上面已提到，水利建设项目施工占地和水库淹没土地的影子费用，应包括因项目占用土地而使国民经济放弃的效益（即土地的机会成本）和因项目占用土地而使社会增加的资源消耗费用两部分。现举例说明如下。

3.4.3.4　主要产出物的影子价格测算

水利建设项目的主要产出物为商品水和电。所谓商品水，是指河流中的天然水经过水利工程建筑物的拦、蓄、引等措施，向工农业或向城镇生活供应的水。所谓电，是指水电站引用水库的蓄水利用上下游水位差（水头）发电后向电力系统输送的上网电力（kW）和电量（kW·h）。由于商品水和电力、电量在一般情况下都是非外贸货物，故可用成本分解法及其他方法测算影子水价和影子电价。

1. 用成本分解法测算影子水价

根据《水利建设项目经济评价规范》（SL 72—2013）附录 C 的计算方法，对组成商品水的财务成本的主要要素进行分解调整计算。在主要要素中，如有影子价格或其换算系数的应尽量采用；如无影子价格，则对它进行第二轮分解，直至财务成本中全部主要要素都能确定出影子价格为止。

2. 用成本分解法测算影子电价

由于电力是非外贸货物，所以也可以用成本分解法测算电力的影子价格（简称影子电价）。其计算步骤如下。

（1）水利工程一般具有综合效益，因此在测算水电站上网电价之前，水利工程总投资应在各个效益部门之间进行投资分摊，求出水电站应分摊的投资。

（2）根据水电站分摊的投资及其在建设期内各年投资比例，求出折算至生产期初的固定资产投资现值 I_F。

（3）求水电站投资的年回收值 M。根据式（3.42）有

$$M=(I_F-S_v)[A/P,i_s,n]+(W+S_v)i_s$$

式中 I_F——折算至生产期初的水电站固定资产投资现值；

      S_v——在计算期末（生产期末）回收的固定资产余值；

      W——流动资金；

      i_s——社会折现率，$i_s=0.12$；

  $[A/P,i_s,n]$——资金年回收系数。

（4）求水电站年运行费 C。根据有关资料，将水电站年运行过程中耗用的原材料、燃料、动力费、工资及福利费、维修费以及其他费用等均按影子价格换算得出影子年运行费；亦可由影子投资乘年运行费用率估算求出。

（5）流动资金年占用费。流动资金 W 是周转资金，可按 2 个月的运行费用或年运行费的 15% 进行估算。流动资金年占用费 $=Wi_s$（i_s 为社会折现率）。

（6）水电站上网影子电价：

$SP=$ 年费用 $NF/$ 水电站年平均上网供电量

$=(M+C)/$ 水电站年平均发电量 $E(1-$ 水电厂厂用电率 $i-$ 上网前输变电损失率 $j)$

(3.43)

3.4.4 案例分析

【例 3.1】 某水利建设项目位于某省 B 城上游 50km 处，项目建设需用木材若干立方米，拟从 R 国进口，从 R 国进口的木材由铁路运至 B 城，再由公路运至项目所在地的有关运距和运杂费见表 3.4。求建设项目所在地木材的影子价格。

表 3.4   进口木材运距及运杂费

进口口岸至 B 城			B 城至项目所在地		
运距/km	运费/（元/m³）	杂费/（元/m³）	运距/km	运费/（元/m³）	杂费/（元/m³）
2500	83	26	50	12	1.0

解： 查有关资料，原木到岸价为 72 美元/m³，影子汇率为 7.5 元/美元；

铁路、公路货运及杂费的影子价格换算系数分别为 1.84、1.26 及 1.00。由式（3.35）知

进口货物影子价格 = 进口货物到岸价 × 影子汇率 ×（1 + 贸易费用率）+ 国内影子运杂费

       $=72×7.5×(1+6\%)+(83×1.84+26×1.0)+(12×1.26+1.0×1.0)$

       $=767.24$（元/m³）

建设项目所在地进口木材的影子价格为 767.24 元/m³。

【例 3.2】 某种钢材为拟建项目的主要投入物，系非外贸货物。为保证对拟建项目的

供应，需新增投资扩大该种钢材的生产量，其影子价格应按该种钢材的全部成本分解定价。由于缺乏边际成本资料，现拟采用平均成本进行分解，其财务成本见表3.5。已知增产每吨钢材所需固定资产投资为 1225 元/t，占用流动资金 180 元/t。求钢材运到建设项目所在地的影子价格。

表 3.5   **某种钢材单位产品成本分解计算表**

项　　目	耗用量	财务成本（元/t）	分解成本（影子价格）/(元/t)
1. 外购原材料、燃料和动力		1076	1100.48
原料 A	1.25m³	560	507.28
原料 B	0.25t	8.0	8.5
燃料 C	1.4t	202.0	221.7
燃料 D	0.1t	80.0	75
电力	300kW·h	66.0	75.0
其他		90.0	90.0
铁路货运		60.0	110.4
汽车货运		10.0	12.6
2. 工资及福利费		42.0	42.0
3. 年折旧费		36.5	—
4. 修理费		22.0	22.0
5. 利息支出		9.0	—
6. 其他费用		25.0	25.0
7. 资金年回收值		—	199.0
单位成本		1210.5	1388.48

注 1. 财务成本中的年折旧费，分解为影子价格中的资金年回收值，在分解成本中不再列入。
　　2. 财务成本中的利息支出，属国民经济内部转移支付，不列入分解成本（影子价格）中。

解：（1）投资调整。固定资产投资中建筑工程费用占 20%，建筑工程影子价格换算系数为 1.1，机电设备及其安装工程和其他工程的费用占 80%，其影子价格换算系数为 1.0，调整后增产每吨钢材的固定资产投资为

$$1225 \times (0.2 \times 1.1 + 0.8 \times 1.0) = 1250 (元/t)$$

已知工厂扩建生产规模的建设期 $m=2$ 年，各年投资比例为 1:1，社会折现率 $i_s = 0.12$，换算到生产期初的固定资产投资为 $I_F = \frac{1}{2} \times 1250 \times (1.12 + 1.0) = 1325 (元/t)$（建设期投资发生在各年的年末）。

（2）资金年回收费用 M 的计算。已知扩建工厂的生产期 $n=20$ 年，不考虑其固定资产余值回收，即 $S_v = 0$，则由式（3.42）得资金年回收值 M 为

$$M=(I_F-S_v)[A/P,i_s,n]+(W+S_v)i_s=1325×0.13388+180×0.12=199(元/t)$$

（3）外购原料 A 为外贸货物，直接进口，到岸价 50 美元/m³，影子汇率＝6.94×1.08＝7.5 元/美元。影子运杂费为 10.4 元，贸易费用率为 6%，已知外购原料 A 为 1.25m³/t，根据式（3.35）可求出

$$影子价格＝50×1.25×7.5×(1+6\%)+10.4=507.28(元/t)$$

（4）原料 B 为非外贸货物，需用量 0.25t/t，国家公布的出厂影子价格 30 元/t，影子运杂费 2.2 元/t，贸易费用率 6%，根据式（3.39）有

$$影子价格＝30×0.25×(1+6\%)+2.2×0.25=8.5(元/t)$$

（5）外购燃料 C 为非外贸货物，公布的出厂影子价格 140 元/t，贸易费用率 6%，影子运杂费 10 元/t，需用量 1.4t/t，根据式（3.39）则

$$影子价格＝140×1.4×(1+6\%)+10×1.4=221.7(元/t)$$

（6）外购燃料 D 为外贸货物，可以出口，出口离岸价扣减运杂费和贸易费用后为 100 美元/t，需用量 0.1t/t，影子汇率 7.5 元/美元，故影子价格 = 100 × 7.5 × 0.1 = 75（元/t）。

（7）增产某种钢材的工厂企业在华北地区，电力影子价格 0.25 元/(kW·h)，耗电量 300kW·h/t，故影子价格＝0.25×300=75(元/t)。

（8）铁路货运影子价格换算系数为 1.84，财务成本费 60 元/t，故影子价格＝60×1.84＝110.4(元/t)。

（9）汽车资运影子价格换算系数为 1.26，财务成本费 10 元/t，故影子价格＝10×1.26＝12.6(元/t)。

（10）工资及福利费、修理费、其他费用等的影子价格换算系数均为 1.0，可不作调整。

综合以上各项，将财务成本分解计算影子价格的结果列于表 3.5。其中财务成本中的年折旧费经分解成为影子价格中的资金年回收值，其他各项均可一一对应分解求出。

最后，将表 3.5 中的各项影子价格总加起来，即为扩建工厂增产某种钢材的出厂影子价格 1388.48 元/t，再加上由工厂运到建设项目所在地的影子运杂费及贸易费用，即为建设项目购入该种钢材的影子价格。

【例 3.3】　某水利工程水库淹没耕地 41 万亩，其中旱田占 92%，水田占 8%，旱田原来都种植小麦，水田都种植水稻。在水库淹没前，旱田小麦年产量 290kg/亩，水国稻谷年产量 500kg/亩。后来该地区由于提倡科学种田，各种农作物的年产量均按 $g=2\%$ 的年增率逐年递增。现拟测算水库淹没 41 万亩耕地的影子费用。

解：（1）小麦影子价格测算。小麦为外贸进口货物，现行到岸价 133 美元/t，影子汇率 7.5 元/美元，贸易费用率 6%，产地至口岸的铁路运费为 36 元/t，铁路货运的影子价格换算系数为 1.84，故国内影子运费＝36×1.84=66.2(元/t)。根据式（3.35），小麦影子价格＝到岸价×影子汇率(1+贸易费用率)＋国内影子运费＝133×7.5×1.06+66.2=1123.55(元/t)。设小麦生产成本=1123.55×40%=449.42(元/t)，故生产每吨小麦的净

效益 $NB_1 = 1123.55 \times (1-40\%) = 674.13$（元/t）。

根据《水利建设项目经济评价规范》（SL 72—2013）式（C2.6.2），经换算后

$$OC_1 = NB_1 \frac{1+g}{i_s-g}\left[\frac{(1+i_s)^n-(1+g)^n}{(1+i_s)^n-1}\right]$$

$$= 674.13 \times 0.29 \times 10.2 \times 0.9946 = 1983.3（元/亩）$$

式中　OC_1——水库淹没旱田的机会成本，元/亩；

　　　　n——项目占用土地的年数，$n=55$ 年（包括水库建设期 5 年及水库正常运行期 50 年）；

　　　　g——小麦年增产率；

　　　　i——社会折现率，$i=0.12$。

（2）水稻影子价格测算。水稻为外贸出口货物，大米现行离岸价 225 美元/t（折合稻谷离岸价 157 美元/t），贸易费用率 6%，产地至口岸的影子运费亦为 66.2 元/t。

根据式（3.33），稻谷影子价格＝（离岸价×影子汇率－国内影子运费）(1＋贸易费用率)＝$(157 \times 7.5 - 66.2) + 1.06 = 1112.36$（元/t）。设水稻的生产成本＝$1112.36 \times 40\% = 444.94$（元/t），则生产每吨水稻的净效益 $NB_2 = 1112.36 \times (1-40\%) = 667.42$（元/t）。

同理，水库淹没水田的机会成本为

$$OC_2 = NB_2 \frac{1+g}{i_s-g}\left[\frac{(1+i_s)^n-(1+g)^n}{(1+i_s)^n-1}\right]$$

$$= 667.42 \times 0.50 \times 10.2 \times 0.9946 = 3385.46（元/亩）$$

（3）水库淹没耕地 41 万亩的机会成本＝$2324 \times 41 \times 92\% + 3385.46 \times 41 \times 8\% = 98765.28$（万元）。

（4）水库淹没耕地的社会新增加的资源消耗费用（例如开垦荒地等），根据调查资料可按每亩 6000 元计，则水库淹没耕地 41 万亩的社会新增资源消耗费用＝$6000 \times 41 = 246000$（万元）。

（5）水库淹没耕地 41 万亩的影子费用。

$$土地影子费用＝耕地被淹的机会成本＋新增资源消耗费用$$

$$= 98765.28 + 246000 = 344765.28（万元）$$

（6）水库淹没耕地的影子价格 $SP = \dfrac{土地影子费用}{土地面积} = \dfrac{344765.28}{41} = 8408.91$（元/亩）。

知 识 训 练

1. 费用包括哪几项内容？效益包括哪几项内容？经济计算期包括哪几个时段？如何确定经济计算期？

2. 水利建设项目总投资包括哪几项？静态投资与动态投资有何区别？动态投资与水利建设项目总投资有何区别？

3. 根据项目总投资如何确定固定资产、无形资产与递延资产？固定资产原值、净值、残值区别何在？在什么情况下需要对固定资产价值重估？主要采用什么方法重估？

4. 固定资产折旧费与无形资产、递延资产的摊销费在性质上有何区别？在建设期、运行初期、正常运行期内固定资产投资借款利息和流动资金借款利息，是如何划分并分别

计入项目总投资和项目总成本费用？

5. 如何确定项目的年运行费、年费用和总成本费用？如何确定项目的销售税金和利润总额？如何确定投资利润率和投资利税率？这两项对效益的评价指标具有何种意义？

6. 什么叫工程的国民经济效益、财务效益和社会效益？有何区别？各在什么情况下应着重测算国民经济效益、财务效益和社会效益？

7. 设某水利供水工程竣工决算静态投资 K 元，建设期为 m 年，工程使用年限为 n 年，工程年运行费 u 元，工程年供水量为 $W(\mathrm{m}^3)$，试用一般计算公式推求单位供水量的价格。

学习项目 4　水利建设项目经济与社会评价

学习单元 4.1　水利建设项目经济评价方法

4.1.1　学习目标

（1）了解水利建设项目经济评价的目的、任务和要求。

（2）掌握水利建设项目国民经济评价的方法。

（3）掌握水利建设项目财务评价的方法。

4.1.2　学习内容

（1）水利建设项目经济评价的目的、任务和要求。

（2）水利建设项目国民经济评价的方法。

（3）水利建设项目财务评价的方法。

4.1.3　任务实施

4.1.3.1　经济评价的目的、任务和要求

水利建设项目经济评价的目的是：根据国民经济发展要求，在工程技术可行的条件下分析和计算建设项目投入的费用和产出的效益，然后进行经济评价。根据项目的经济评价指标，分析论证各个方案的经济合理性和财务可行性，再结合政治、社会、环境等因素，从中选择出最佳方案，以确保投资决策和建设规模的正确性和合理性。

水利建设项目的经济评价，一般包括国民经济评价还是财务评价两部分。国民经济评价也从国家或从全社会的整体出发，采用影子价格分析计算项目的全部费用和效益，考察项目对国民经济的净贡献，评价项目的经济合理性。财务评价是从本项目或企业的本身出发，采用现行的财务价格分析测算本项目的财务支出和收入，考虑项目的盈利水平和清偿能力，评价本项目的财务可行性。水利建设项目的经济评价，应以国民经济评价为主，但也应重视财务评价。只有当项目的国民经济评价合理和财务评价可行时，该项目才能成立；当项目国民经济评价与财务评价的结果有矛盾时，应以国民经济评价的结果作为项目取舍的主要依据。某些以农业发展为主的水利建设项目（例如灌排工程等），如国民经济评价认为合理，但财务评价认为不可行时（例如虽有一定水费收入，但不能维持简单再生产要求），则可以向主管部门提出要求，给予某些优惠政策或财政补助，使该项目在财务上具有生存能力。某些社会公益性水利建设项目（例如防洪、防凌、治涝等工程），财务收入很少甚至没有财务收入，如果国民经济评价认为合理，仍须进行财务分析计算，以便对于具有综合利用功能的水利建设项目，无论进行国民经济评价还是财务评价，都应把该项目作为整体进行评价。在进行方案比较研究时，则应根据该项目的各项功能，对项目的总

投资和总运行费在各部门之间进行分摊，分析项目各项功能的经济合理性，必要时协调各项目功能的要求，以便合理选择项目的开发方式和工程规模。

为了使项目的效益与费用具有可比性，应遵循费用与效益的计算口径对应一致的原则，即在计算范围、计算内容、价格水平等方面均应对应一致。水利建设项目经济评价应根据《水利建设项目经济评价规范》（SL 72—2013）规定，以动态经济分析为主，静态经济分析为辅，在进行动态经济分析计算时，资金时间价值计算的基准点一般均应定在该项目建设期的第一年年初，费用和效益除当年发生的借款利息外，一般均按各年的年末发生和结算。为了全面分析该项目对社会经济发展的影响，对于大中型水利建设项目除进行国民经济评价和财务评价外，还应根据具体情况对社会、环境等因素采用定量与定性分析相结合的方法，从宏观上进行论证和分析，综合评价该项目的可行性与合理性。此外，由于水利建设项目的经济评价中所采用的数据，多来自于预测和估算，具有一定程度的不确定性，故在经济评价中还应进行不确定性分析或敏感性分析。

4.1.3.2　经济评价方法

经济评价方法主要包括国民经济评价和财务评价两大部分。经济评价所采用的基本方法，主要是学习项目 2 所介绍的资金时间价值的基本计算公式，如一次收付期值公式、一次收付现值公式、分期等付期值公式和年值计算公式等。

水利建设项目在规划、设计、施工及运行管理等各个阶段，均应根据实际情况和具体条件，拟订若干个比较方案进行经济评价，由于经济评价中所采用的数据绝大部分来自观测结果的可靠程度，应在经济评价之后进行不确定性分析。对于大、中型水利建设项目，在经济评价结果的基础上，还应根据实际情况，采用定量和定性相结合的方法，对各个比较方案进行全面论证分析，从中选出最优方案。

1. 国民经济评价

（1）一般规定。

1）水利建设项目国民经济评价中的费用，是指全社会为项目建设和运行投入的全部代价；水利建设项目的效益，是指项目为全社会作出的全部贡献。因此，在计算项目的费用和效益时，不仅应计入直接费用和直接效益，而且还应计入明显的间接费用和间接效益，应防止遗漏和避免重复。

2）水利建设项目国民经济评价中的费用和效益，应尽可能用货币表示；不能用货币表示的，应采用其他定量指标表示；确实难以定量的，可进行定性描述。

3）与水利建设项目直接有关的税金、国内借款利息、计划利润以及各种补贴等，并不涉及社会资源的增加或消耗，均属于国民经济内部的转移收支，因此均不应计入项目的费用或效益。但国外贷款利息的支付，造成国内资源向国外转移，故应计为项目的费用。

4）为了正确计算项目对国民经济所作的净贡献，在进行国民经济评价时，项目的投入物和产出物应都使用影子价格。在简化计算时，在不影响评价结论的前提下，可只对其价值在费用或效益中所占比重较大的部分采用影子价格，其余的可采用财务价格。

5）在国民经济评价中，社会折现率是一个很重要的通用参数。选择适当的社会折现率，有助于合理分配有限的建设资金，引导资金投向对国民经济贡献较大的项目。社会折现率过高，对项目长期效益或社会效益显著的项目不能配置所需的资金；社会折现率过低，将使部分资金不能充分发挥应有的投资效益。因此，确定一个适当的社会折现率是十分重要的，但由于影响因素复杂，须进行大量的综合分析和研究工作，工程建设项目进行国民经济评价时统一采用 $i_s=12\%$ 的社会折现率，但对属于或带有社会公益性质的水利建设项目，可同时采用12%和7%的社会折现率进行评价，供项目决策时参考。

（2）费用计算。

水利建设项目国民经济评价的费用，包括项目的固定资产投资（包括项目更新改造投资）、流动资金和年运行费。

1）水利建设项目的固定资产投资，包括达到设计规模所需的由国家、企业和个人以各种方式投入的主体工程和相应配套工程的全部建设费用，可根据项目的具体情况按《水利建设项目经济评价规范》（SL 72—2013）中的有关方法进行计算。水利建设项目的固定资产投资，应根据合理工期和施工计划，作出各年度安排分配。

2）水利建设项目的流动资金，应包括维持项目正常运行所需购买燃料、材料、备品、备件和支付职工工资等用途的周转资金，按有关规定或参照类似项目分析确定。流动资金应在运行初期的第一年开始安排，其后根据投产规模分析确定。

3）水利建设项目的年运行费，应包括运行初期和正常运行期每年所需支出的全部运行费用，其中包括工资及福利费，材料、燃料及动力费，维修费及其他费用等。

（3）效益计算。

水利建设项目的国民经济效益，按其功能可划分为防洪效益、治涝效益、灌溉效益、城镇供水效益、水力发电效益、航运效益及其他效益。

1）水利建设项目的效益，应按有、无项目对比可获得的直接效益和间接效益计算。

2）水利建设项目对社会、经济、环境造成的不利影响，首先应尽量采取措施进行补救，补救措施所需费用应计入项目的投资中。如果难以采取措施进行补救或采取补救措施后仍不能消除全部不利影响时，应计算其全部或部分不利影响为负效益。

3）水利建设项目的固定资产余值和流动资金，应在项目计算期末一次回收，并计入项目的效益。

4）综合利用水利建设项目除根据项目功能计算各分项效益外，还应计算项目的整体效益，以便进行项目的整体评价。

（4）国民经济评价准则及其评价指标。

水利建设项目进行国民经济评价时，应编制国民经济效益费用流量表（表4.1），以便反映项目在计算期内各年的效益、费用和净效益，并据此计算项目的各个主要评价指标，现分述于下。

1）经济内部收益率（EIRR）。经济内部收益率应以项目在计算期内的各年净效益现值累计等于零时的折现率表示。其表达式为

$$\sum_{t=1}^{n}(B-C)_t(1+EIRR)^{-t}=0 \tag{4.1}$$

式中 $EIRR$——经济内部收益率；

B——各年效益，万元；

C——各年费用，包括投资和年运行费，万元；

$(B-C)_t$——第 t 年的净效益，万元；

　　　　t——计算期各年的序号，基准点的序号为 0；

　　　　n——计算期，年。

表 4.1　　　　　　　　　　　　　　国民经济效益费用流量表

序号	项　目	计　算　期												合计
		建设期				运行初期				正常运行期				
		1 年	…	…	…	…	…	…	…	…	…	…	…	n 年	
1	效益流量 B													
1.1	项目各功能的效益													
	××××													
	××××													
1.2	回收固定资产余值													
1.3	回收流动资金													
1.4	项目间接效益													
2	费用流量 C													
2.1	固定资产投资													
2.2	流动资金													
2.3	年运行费													
2.4	项目间接费用													
3	净效益流量（$B-C$）													
4	累计净效益流量													
评价指标：经济内部收益率 $EIRR$、经济净现值 $ENPV$、经济效益费用比 $EBCR$														

注　1. 固定资产余值和流动资金均应于 n 年末回收。
　　2. 项目各功能的效益应根据该项目的实际效益计算。

　　项目的经济合理性应按经济内部收益率（$EIRR$）与社会折现率（i_s）对比分析后确定。当经济内部收益率大于或等于社会折现率（$EIRR \geqslant i_s$）时，该项目在经济上是合理的。

　　由式（4.1）可知，$(B-C)_t$ 值可由表 4.1 求出，$EIRR$ 值可由试算法求出，试算时可先假设一个折现率 i，代入式（4.1），计算在计算期内净效益现值的累计值 $ENPV = \sum_{t=1}^{n}(B-C)_t(1+i)^{-t}$，若 $ENPV=0$，说明这个 i 即为所求的经济内部收益率 $EIRR$；若 $ENPV \neq 0$，则需重新假设 i。当 $ENPV > 0$，说明原假设的 i 值偏小，应增大 i 值；$ENPV < 0$，说明原假设的 i 值偏大，应减小 i 值。同法，重新假设 i 值，直至 $ENPV=0$ 为止，此时的 i 值即为所求的经济内部收益率 $EIRR$。当经济内部收益率等于或大于规定的社会折现率 i 时，即认为该项目在经济上是合理的。

　　2）经济净现值（$ENPV$）。经济净现值是用社会折现率（i_s）将项目在计算期内的各

年净效益 $(B-C)_t$，折算到计算期初的现值之和表示。其表达式为

$$ENPV = \sum_{t=1}^{n}(B-C)_t(1+i_s)^{-t} \tag{4.2}$$

式中 $ENPV$——经济净现值，万元；

i_s——社会折现率；

其他符号意义同前。

项目的经济合理性，应根据经济净现值（$ENPV$）的大小确定。当经济净现值大于或等于零（$ENPV \geqslant 0$）时，该项目在经济上是合理的。当 $ENPV=0$，表示建设项目所投入的费用（包括投资和年运行费等）及其贡献（即产出的效益），恰好满足规定的社会折现率 i_s，即项目可以达到规定的收益率，因而认为该项目在经济上是合理的。

若 $ENPV>0$，表示建设项目实施后的经济效益不仅能达到规定社会折现率的要求，而且还有超额社会盈余，显然该项目在经济上是有利的。

若 $ENPV<0$，表示建设项目实施后的经济效益达不到规定社会折现率的要求，因而认为该项目在经济上是不利的。

3）经济效益费用比（$EBCR$）。经济效益费用比应以项目效益现值与项目费用现值之比表示，其表达式为

$$EBCR = \frac{\sum_{t=1}^{n} B_t(1+i_s)^{-t}}{\sum_{t=1}^{n} C_t(1+i_s)^{-t}} \tag{4.3}$$

式中 $EBCR$——经济效益费用比；

B_t——第 t 年的效益，万元；

C_t——第 t 年的费用，万元。

项目的经济合理性应根据经济效益费用比（$EBCR$）的大小确定。当经济效益费用比大于或等于 1.0（$EBCR \geqslant 1.0$）时，该项目在经济上是合理的。

当 $EBCR=1.0$，说明项目在计算期 n 年内所获得的效益以社会折现率 i_s 折算至计算期初的现值，恰好等于项目在计算期 n 年内所支出的费用（包括投资和年运行费）以社会折现率 i_s 折算至计算期初的现值，因而认为该项目在经济上是合理的。与式（4.1）比较：$EBCR=1.0$，相当于 $EIRR=i_s$；与式（4.2）比较：$EBCR=1.0$，相当于 $ENPV=0$，都认为项目在经济上是合理的，不管采用哪个经济评价准则，其评价结论是一致的。

当 $EBCR>1.0$，说明建设项目实施后在计算期 n 年内所获得的效益现值，大于在计算期 n 年内所支出的费用现值，因而认为项目在经济上是有利的。与式（4.1）比较：$EBCR>1.0$，相当于 $EIRR>i_s$；与式（4.2）比较：$EBCR>1.0$，相当于 $ENPV>0$，都认为项目在经济上是有利的。

当 $EBCR<1.0$，说明建设项目实施后在计算期 n 年内所获得的效益现值，小于在计算期 n 年内所支出的费用现值，因而认为该项目在经济上是不合理的。与式（4.1）比较：$EBCR<1.0$，相当于 $EIRR<i_s$；与式（4.2）比较：$EBCR<1.0$，相当于 $ENPV<0$，

都认为项目在经济上是不利的。

2. 财务评价

(1) 一般规定。

1) 由于财务评价是从项目核算单位的角度出发，根据项目的实际财务支出和收益，判别项目的财务可行性。因此，对财务效果的衡量只限于项目的直接费用和直接收益，不计算间接费用和间接效益。

2) 建设项目的直接费用，包括固定资产投资、流动资金、贷款利息、年运行费和应交纳税金等各项费用。

3) 建设项目的直接效益，包括出售水利、水电产品（如水利工程的供水量与水电站的上网电量）的销售收入和提供服务所获得的财务收入。

4) 建设项目进行财务评价时，无论费用支出和效益收入均使用财务价格。

5) 水利建设项目进行财务评价时，当项目的财务内部收益率（$FIRR$）大于、等于规定的行业财务基准收益率（i_c）时，该项目在财务上是可行的。目前水利供水行业规定的财务基准收益率 $i_c = 6\%$，水电行业规定的财务基准收益率 $i_c = 8\%$。

(2) 财务评价的内容。

水利建设项目财务评价的内容一般包括以下 7 项。

1) 财务费用计算。这包括建设项目的固定资产投资、固定资产方向调节税（目前对水利建设项目暂不征收）、建设期和部分运行初期的借款利息、流动资金、年运行费及应交纳的各项税金等。

2) 财务收益计算。这包括水利水电项目的水费收入和电费收入等。

3) 清偿能力分析。清偿能力分析主要是考察计算期内各年的财务状况及还债能力，包括计算借款偿还期和资产负债率。

4) 盈利能力分析。财务盈利能力分析主要考察投资的盈利水平，计算指标包括财务内部收益率、投资回收期、财务净现值、投资利润率、投资利税率、资本金利润率等。此外，还可计算其他指标（例如单位生产能力所需投资等）以便进行辅助分析。

5) 不确定性分析。由于水利建设项目经济评价中所采用的数据大多数来自于测算和估计，因而项目实施后实际情况难免与预测情况有所差异。为了分析这些不确定因素对经济评价指标的影响，考察经济评价结果的可靠程度，尚需在项目进行经济评价之后对其进行不确定性分析，其中包括敏感性分析、盈亏平衡分析和风险分析（概率分析）。盈亏平衡分析只用于财务评价，敏感性分析和概率分析可同时用于财务评价和国民经济评价。

6) 提出资金筹措方案。为了保证项目所需资金能按时足额到位，在财务评价中需测算建设期及运行初期内各年所需的固定资产投资及其借款利息与流动资金等，并提出建设资金的安排计划和筹资方案。

7) 提出优惠政策方案。对于具有公益性质的非营利性建设项目（如防洪、治涝及部分灌溉项目），为了权衡项目在多大程度上要由国家或地方政府进行政策性的财政补贴或实行减免税金等优惠政策，也需要进行财务评价，以使建设项目在财务上能够自我维持，即在财务上具有生存能力。

（3）财务评价工作的步骤与方法。

1）工作步骤。

a. 了解项目的建设目的、意义、建设条件和主要技术指标及有关情况。

b. 测算或搜集报建项目的固定资产投资及其在建议期内各年的分配；各年的投资来源和贷款计划；对综合利用水利工程进行投资分摊。

c. 计算流动资金、贷款利息和年运行费等。

d. 计算项目的总成本费用。

e. 测算本项目合理的水价、电价等水利水电产品的价格。

f. 搜集国家对不同功能水利水电项目的税收政策和有关资料。

g. 测算项目投产后各年水利水电产品的销售量和销售收入。

2）编制财务评价报表。为了做好水利水电建设项目的财务评价，国家有关部门已设计了一套基本报表，详见《水利建设项目经济评价规范》（SL 72—2013）财务评价部分，为此在进行财务评价时，需编制下列财务评价报表。

a. 固定资产投资估算表，分别列出建筑工程、机电设备及安装工程、金属结构及安装工程、临时工程、水库淹没及建设占地补偿费、其他费用以及预备费用等各项固定资产投资的数量及其所占的比重，以便了解建设项目的投资组成。

b. 投资计划与资金筹措表，分别列出各年固定资产投资、借款利息和流动资金的投资计划以及各年资金的筹措计划，其中包括自有资本金、长期借款、流动资金借款和其他短期借款等资金的筹措情况。

c. 总成本费用估算表，详细反映总成本费用的各项组成，其中包括固定资产的折旧费、无形资产和递延资产的摊销费、利息净支出以及年运行费等。

d. 损益表，反映水利建设项目计算期内各年的财务收入、总成本费用、销售税金及其附加，求出利润总额；根据国家规定从利润总额中弥补上年度亏损等后，求出应缴纳的所得税额；根据税后利润的分配情况，计算投资利润率、投资利税率和资本金利润率等指标。

e. 借款还本付息计算表，列出各年的年初借款本息累计，本年借款、本年利息、本年还本、本年付息等项；然后列出偿还本金的资金来源，其中包括利润、折旧费、摊销费和其他资金等项。

f. 资金来源与运用表，反映建设项目计算期内各年资金的盈余或短缺情况，用于选择资金的筹措方案，制定适宜的借款及还款计划。

g. 财务现金流量表（全部投资），不分投资资金来源，以全部投资作为计算基础，用于计算全部投资所得税前或所得税后的财务内部收益率、财务净现值及投资回收期等评价指标，考察建设项目全部投资的盈利能力。

h. 财务现金流量表（资本金），从投资者的角度出发，以投资者的出资额作为计算基础，把借款本金偿还和利息支付作为现金流出，用以计算资本金的财务内部收益率、财务净现值等评价指标，考察项目资本金的盈利能力。

i. 资产负债表，综合反映建设项目在计算期内各年末资产、负债和所有者权益的增值或减值及其对应关系，用以计算资产负债率等指标，以便进行清偿能力分析。公式如下：

资产负债率＝负债总额÷资产总额

＝（长期负债＋流动负债）÷（固定资产＋无形资产＋递延资产＋流动资产）

所有者权益＝资本金＋资本公积金＋盈余公积金＋累计未分配利润

3）选择财务评价指标。根据各项目的财务收入情况，选择不同的评价指标，例如水电、供水等营利性项目，应以财务内部收益率、投资回收期、固定资产借款偿还期和电价、水价等作为主要评价指标，以投资利润率、投资利税率、资本金利润率、资产负债率、财务净现值等作为辅助评价指标。防洪、治涝、灌溉等非营利性但具有社会公益性的项目，应主要考察单位生产能力所需的费用、水利产品的成本费用等评价指标，各评价指标可根据上述财务评价报表计算。

4）进行财务分析和评价。主要分析内容和评价准则如下。

a. 对水力发电、供水等营利性建设项目，分析财务内部收益率和投资回收期等指标是否能达到行业规定的基准收益率和基准投资回收期的要求。

b. 对使用贷款兴建的项目，分析借款偿还期是否能满足贷款机构的要求期限。

c. 分析和测算水价、电价的市场承受能力，对影响水价、电价的主要政策因素，要进行分析研究并提出建议。

d. 对无财务收入或财务收入很少的属于社会公益性质的水利建设项目，分析单位生产能力所需的投资和单位产品的成本费用，与同类项目比较是否有利，提出维持项目正常运行需由国家补贴的资金和需采取的优惠措施及有关政策建议。

（4）财务评价准则及其评价指标。

1）水利建设项目财务盈利能力分析，是指考察投资的盈利水平，主要评价指标有财务内部收益率、投资回收期、财务净现值、投资利润率及投资利税率等，现分述于下。

a. 财务内部收益率（FIRR）。财务内部收益率是指衡量水利建设项目在财务上是否可行的主要动态评价指标，是指项目在计算期内各年净现金流量现值累计等于零时的折现率。其表达式为

$$\sum_{t=1}^{n}(CI-CO)_t(1+FIRR)^{-t}=0 \qquad (4.4)$$

式中　$FIRR$——财务内部收益率；

$\quad CI$——现金流入量（包括销售收入、固定资产余值回收、流动资金回收等）；

$\quad CO$——现金流出量（包括固定资产投资、流动资金、年运行费、税金等）；

$(CI-CO)_t$——第 t 年的净现金流量；

$\quad t$——计算期内各年的序号，基准点的序号为 0；

$\quad n$——计算期总年数。

财务内部收益率 $FIRR$ 可由式（4.4）试算求出，具体方法和步骤与确定经济内部收益率 $EIRR$ 相同。当财务内部收益率 $FIRR$ 不小于行业基准收益率 i_c 时，该项目在财务上是可行的。行业财务基准收益率 i_c，代表投资资金对本行业而言应当获得的最低盈利水平，是项目评价财务内部收益率的基准判据。

b. 投资回收期 P_t。投资回收期是指项目的净效益抵偿全部投资（包括固定资产投资和流动资金等）所需要的时间，它是考察项目在财务上的投资回收能力的主要静态评价指标。投资回收期（以年表示）一般从建设开始年起算，若从运行投产年起算，应予注明。其表达式为

$$\sum_{t=1}^{P_t} (CI - CO)_t = 0 \tag{4.5}$$

式中 P_t——投资回收期，年；

其他符号意义同前。

投资回收期可根据财务现金流量表（全部投资）推算求出，即推求出净现金流量累计值等于零时的年数。计算公式为

投资回收期 P_t＝累计现金流量开始出现正值年数－1

$$+ \frac{\text{上年累计净现金流量的绝对值}}{\text{当年净现金流量＋上年累计净现金流量的绝对值}} \tag{4.6}$$

如果求得的投资回收期小于或等于行业基准投资回收年限，表示项目投资能够在规定的时间内收回，该项目在财务上是可行的。

投资回收期计算方便、直观，但这是一个静态评价指标，没有考虑资金的时间价值，不能反映资金的真实盈利水平，应与其他评价指标结合考虑进行综合分析。

c. 财务净现值 $FNPV$。财务净现值是指以行业财务基准收益率 i_c 将项目计算期内各年净现金流量折算到计算期初的现值之和。它是考虑项目在计算期内盈利能力的动态评价指标。其表达式为

$$FNPV = \sum_{t=1}^{n} (CI - CO)_t (1 + i_c)^{-t} \tag{4.7}$$

式中 $FNPV$——财务净现值；

其他符号意义同前。

财务净现值可根据财务现金流量表计算求得。财务净现值大于或等于零的水利建设项目在财务上是可行的。

d. 投资利润率。投资利润率是指项目达到设计规模后的一个正常运行年份的年利润总额或项目正常运行期内的年平均利润总额对项目总投资的比率。它是考察项目单位投资盈利能力的静态评价指标。其表达式为

$$\text{投资利润率} = \frac{\text{年利润总额（或年平均利润总额）}}{\text{项目总投资}} \times 100\% \tag{4.8}$$

其中   年利润总额＝年财务收入－年总成本费用－年销售税金及附加

项目总投资＝固定资产投资＋建设期利息＋流动资金

投资利润率可根据损益表中的有关数据计算求得。

投资利润率应与行业平均投资利润率比较，以判别项目单位投资的盈利能力是否达到本行业的平均水平。

e. 投资利税率。投资利税率是指项目达到设计规模后的一个正常运行年份的年利润与年税金总额或项目正常运行期内的年平均利润与年税金总额对项目总投资的比率，其表达式为

$$投资利税率 = \frac{年利税总额（或年平均利税总额）}{项目总投资} \times 100\% \qquad (4.9)$$

其中　　　　　　　　年利税总额 = 年财务收入 - 年总成本费用

投资利税率可根据损益表中的有关数据计算求得。

投资利税率应与行业平均投资利税率比较，以判明本项目单位投资对国家积累的贡献是否达到本行业的平均水平。

2）清偿能力分析主要是考察计算期内各年的财务状况及还债能力。主要评价指标有借款偿还期和资产负债率。

a. 借款偿还期 P_d。固定资产投资借款偿还期是指项目投入运行后可供还款的各项资金用于偿还借款本金和利息所需的时间，其表达式为

$$I_d = \sum_{t=1}^{P_d} R_t \qquad (4.10)$$

式中　I_d——借款本金和利息之和；

　　　P_d——借款偿还期（从借款开始年起算）；

　　　R_t——第 t 年可供还款的各项资金。

借款偿还期可由编制借款还本付息计算表求出，亦可用式（4.11）求出

$$借款偿还期 = 借款偿还开始出现盈余年份 - 开始借款年份 + \frac{当年偿还借款额}{当年可用于还款的资金额}$$

$$(4.11)$$

当算出的借款偿还期能满足贷方要求的期限时，该项目在财务上是可行的。

水利水电项目可用于还贷的资金来源有水利水电产品的销售利润、折旧费和摊销费等。

b. 资产负债率。资产负债率是指项目负债总额与资产总额的比率，它是反映项目各年所面临的财务风险程度和偿债能力的指标，其表达式为

$$资产负债率 = \frac{负债总额}{资产总额} \times 100\% \qquad (4.12)$$

其中，负债是企业所承担的能以货币计量、需以资产或劳务等形式偿付或抵偿的债务；所有者权益为业主对项目投入的资金（资本金）以及形成的资本公积金、盈余公积金和未分配利润。一般要求资产负债率不超过 60%～70%。

3. 国民经济评价与财务评价的区别

水利建设项目经济评价包括国民经济评价与财务评价两部分，但这两部分评价存在着若干本质上的区别，其主要区别表现在下列几个方面：

（1）评价角度不同。

国民经济评价是从国家整体角度出发，考察项目对国民经济的净贡献，评价项目的经济合理性。财务评价是从项目财务核算角度出发，分析测算项目的财务支出和收入，考察项目的盈利能力和清偿能力，评价项目的财务可行性。

（2）采用的价格不同。

国民经济评价对投入物和产出物均采用影子价格，影子价格是根据一定的原则确定的比现行价格更为合理的价格，它能更好地反映产品的价值，消除人为因素对价格扭曲的影响。财务评价所采用的财务价格，是以现行价格体系为基础的预测价格。国内现行价格有国家定价、国家指导价和市场价三种价格形式，在这三种价格并存的情况下，项目财务价格是预计今后最有可能发生的价格。

（3）费用与效益的计算范围不同。

国民经济评价是从国家角度考察全社会为项目付出的费用和全社会从项目获得的效益，所以对于各种税金和国内贷款利息等均认为属于国民经济内部转移支付的费用，故不计入项目影子费用；对于属于国民经济内部转移获得的各种补贴，也不作为项目的影子效益，财务评价是从项目财务核算角度确定项目的财务支出和财务收入，所以交纳的各种税金和贷款利息均作为项目的财务支出，各种补贴等均作为项目的财务收入。此外，国民经济评价对项目引起的间接费用和间接效益，也应进行分析和计算；而财务评价只计算项目直接发生的效益和费用。

（4）评价参数不同。

国民经济评价采用国家统一测定的社会折现率 i_s 和影子汇率，而财务评价采用行业基准收益率 i_c 和国家外汇牌价。

4.1.4　案例分析

【例 4.1】　某拟建水电站建设期定为 6 年（2001—2006 年），运行初期定为 2 年（2007—2008 年），正常运行期为 50 年（2009—2058 年）。水电站共装 6 台机组，装机容量为 30 万 kW。在 2007 年年初、2008 年年初各有 2 台机组投入运行，2009 年起全部 6 台机组投入运行。机电设备的经济寿命为 25 年，流动资金按年运行费的 20％估算。用影子价格表示的投资、年运行费、效益见表 4.2。试计算该水电站的经济净现值、经济效益费用比及经济内部收益率，以便评价该建设项目的经济合理性。

表 4.2　　某水利建设项目经济净现值 *ENPV* 及经济效益费用比 *EBCR* 计算表

年份	固定资产投资 I_1	机电设备更新费 I_2	年运行费 u	流动资金 I_3	年费用 C	年效益 B	净效益 $B-C$	折现系数 P/F,$i=0.12,t$	费用现值	效益现值	净现值 *ENPV*	备注
(1)	(2)	(3)	(4)	(5)	(6)	(7)	(8)	(9)	(10)	(11)	(12)	(13)
2001	3162				3162		−3162	0.8929	2823		−2823	建设期
2002	4982				4982		−4982	0.7972	3972		−3972	
2003	6618				6618		−6618	0.7118	4711		−4711	
2004	6870				6870		−6870	0.6355	4366		−4366	
2005	7508				7508		−7508	0.5674	4260		−4260	
5006	7865				7865		−7865	0.5066	3984		−3984	
2007	5683		190	38	5911	3345	−2566	0.4523	2674	1513	−1161	运行初期
2008	2937		380	38	3355	6690	3335	0.4039	1355	2702	1347	

续表

年份	固定资产投资 I_1	机电设备更新费 I_2	年运行费 u	流动资金 I_3	年费用 C	年效益 B	净效益 $B-C$	折现系数 $P/F,$ $i=0.12,t$	费用现值	效益现值	净现值 $ENPV$	备注
(1)	(2)	(3)	(4)	(5)	(6)	(7)	(8)	(9)	(10)	(11)	(12)	(13)
2009			570	38	608	10035	9427	0.3606	219	3619	3399	
2010—2030			570		570	10035	9465	0.3220~0.0334	184	27365	25810	正常运行期
2031		3815	570		4385	10035	5650	0.0298	131	299	168	
2032		3815	570		4385	10035	5650	0.0266	117	267	150	
2033		3815	570		4385	10035	5650	0.0238	104	239	134	
2034—2058			570		570	10035~10149	9465~9579	0.0212~0.0014	12~0.8	1869	1763	
合计 (2001—2058)									30376	37873	7497	计算期
计算结果	经济效益费用比 $EBCR=37873/30376=1.25$，经济净现值 $ENPV=7497$ 万元											

解：(1) 求经济净现值（$ENPV$）及经济效益费用比（$EBCR$）。

1）首先把投资、年运行费、流动资金、效益等均换算为影子价格，并按在每年的年末发生和结算。计算基准点定在 2001 年的年初。

2）建设期在 2001—2005 年，只发生基本建设投资，不产出效益。

3）运行初期为 2007—2008 年，在此期内每年年初各投产 2 台机组，各占总装机容量的 1/3，故年运行费和年效益每年递增 1/3，相应流动资金为每年投入所需总额的 1/3。流动资金总额根据资料统计定为年运行费的 20%，流动资金可在年内回收并再次投入使用，故在 2009 年以后不需投入新的流动资金。

4）机电设备的经济寿命为 25 年，其中第一批机组于 2007 年年初投产，其更新费用应于 2031 年年末投入，余类推。

5）年费用 $C=I_1+I_2+I_3+u$，即表 4.2 中的 (6)＝(2)＋(3)＋(4)＋(5)。

6）年效益在 2009—2058 年每年均为 10035 万元。由于水电站最后一批机组是在 2009 年年初投产的，故当年效益与正常运行期内各年效益相同。只是正常运行期的最后一年 2058 年的年效益由于回收全部流动资金而增为 10149 万元。

7）净效益 $(B-C)$＝(7)－(6)。第（9）栏为折算至计算基准点的折现系数，社会折现率 $i_s=12\%$，查附录折算系数表得一次收付现值因子 $(P/F,i=0.12,t)$，列入第（9）栏。

8）净现值 $ENPV=\sum_{t=1}^{n}(B-C)_t(1+i_s)^{-t}=\sum_{t=2001}^{2058}[(7)-(6)][P/F,i_s,t]=7497$（万元）。

9）第（10）栏为费用现值＝$C_t[P/F,i_s,t]$＝(6)×(9)，第（11）栏为效益现值＝

$B_t[P/F, i_s, t] = (7) \times (9)$。

10）由第（10）栏可求得 $\sum_{t=2001}^{2058} C_t(1+i_s)^{-t} = 30376$ 万元，由第（11）栏可求得

$\sum_{t=2001}^{2058} B_t(1+i_s)^{-t} = 37873$ 万元。

11）由式（4.3）得，经济效益费用比（EBCR）$= \dfrac{\sum_{t=1}^{n} B_t(1+i_s)^{-t}}{\sum_{t=1}^{n} C_t(1+i_s)^{-t}} = \dfrac{37873}{30376} = 1.25$。

12）由第（12）栏，可知净现值（ENPV）＝7497 万元，或由第（10）栏和第（11）栏，亦可求出净现值（ENPV）＝37873－30376＝7497 万元，均大于 0，故认为该项目在经济上是合理的。

13）由第（10）和第（11）栏，可求出经济效益费用比（EBCR）$\dfrac{37873}{30376} = 1.25(> 1.0)$，亦认为该项目在经济上是合理的。

（2）求经济内部收益率（EIRR）。

1）由式（4.1），可知经济内部收益率（EIRR）值可以从公式 $\sum_{t=1}^{n}(B-C)_t(1+EIRR)^{-t} = 0$ 试算求出。

2）当假设 $EIRR = i_s = 0.12$，其经济净现值（ENPV）为 7497 万元（＞0），见表 4.2 第（12）栏。由此可知 EIRR＞0.12。

3）当假设 $ETRR = 0.13、0.14、0.15、0.16$，可相应求出经济净现值（ENPV）＝3500 万元、965 万元、－1328 万元、－3000 万元。

4）列出经济内部收益率（EIRR）与经济净现值（ENPV）的关系线，见表 4.3。

表 4.3　　某建设项目经济内部收益率 EIRR 与经济净现值 ENPV 的关系

EIRR	0.12	0.13	0.14	0.15	0.16
ENPV/万元	7497	3500	965	－1328	－3000

5）由表 4.3，当 $\sum_{t=1}^{n}(B-C)_t(1+EIRR)^{-t} = 0$，即当 ENPV＝0，EIRR 一定为 0.14～0.15。求解方法有两个途径：①做出 EIRR 与 ENPV 的关系曲线，当 ENPV＝0，可直接查出 EIRR＝0.144；②假设上述关系近似直线，则可由下式近似求出 EIRR 值：

$$EIRR = EIRR_3 + \frac{|ENPV_3|}{|ENPV_3| + |ENPV_4|} = 0.14 + \frac{965}{965+1328} = 0.1442 = 14.42\%$$

或　　$$EIRR = EIRR_4 + \frac{|ENPV_4|}{|ENPV_3| + |ENPV_4|} = 0.15 - \frac{1328}{965+1328} = 0.1442 = 14.42\%$$

6）由上述测算，可知当 ENPV＝0 时，该项目经济内部收益率 $EIRR = 0.144$（＞$i_s = 0.12$），因大于规定的社会折现率 i_s，故认为该项目在经济上是合理的。

【例 4.2】　某水利建设项目的现金流量见表 4.4，试求该项目的投资回收期。

表 4.4　　　　　　　　某水利建设项目投资回收期计算　　　　　　　　单位：万元

年份	现金流入量 CI	现金流出量 CO	净现金流量 $CI-CO$	净现金流量累计值 $\sum(CI-CO)$
(1)	(2)	(3)	(4)	(5)
2001	0	2000	−2000	−2000
2002	0	3000	−3000	−5000
2003	0	1000	−1000	−6000
2004	1000	100	＋900	−5100
2005	1500	150	＋1350	−3750
2006	2000	200	＋1800	−1950
2007	2000	200	＋1800	−150
2008	2000	200	＋1800	＋1650

解： 根据表 4.4 计算过程，可知从建设期开始年 2001 年起算，经过 8 年后项目的净现金流量累计值首次出现正值，显然投资回收期为 7～8 年。根据式（4.6）得

$$投资回收期\ P_t=(8-1)+\frac{150}{150+1650}=7.08（年）$$

学习单元 4.2　水利建设项目经济方案比较方法

4.2.1　学习目标
（1）了解水利建设项目经济方案可比性条件。
（2）掌握水利建设项目经济方案比较方法。

4.2.2　学习内容
（1）水利建设项目经济方案可比性条件。
（2）水利建设项目经济方案比较方法。

4.2.3　任务实施
对各个方案进行经济比较时，可按各个方案所含的全部费用和全部效益进行，也可以仅就各个方案所含的相对费用和相对效益进行，根据建设项目的具体条件和资金情况，可采用下列任一种经济比较方法：差额投资经济内部收益率法、差额经济净现值法、差额经济净年值法、差额经济效益费用比法、差额费用现值法或差额年费用法等，现分述于下。

4.2.3.1　差额投资经济内部收益率法
所谓差额投资经济内部收益率，是指两个比较方案在计算期内各年净效益流量差额的现值累计等于零时的折现率，其表达式为

$$\sum_{i=1}^{n}\big[(B-C)_2-(B-C)_1\big]_t(1+\Delta EIRR)^{-t}=0 \qquad (4.13)$$

式中　$\Delta EIRR$——差额投资经济内部收益率；
　　　$(B-C)_2$——投资现值较大方案的年净效益流量，万元；
　　　$(B-C)_1$——投资现值较小方案的年净效益流量，万元；

n——计算期，年；

t——计算期各年的序号，计算基准点的序号为0。

差额投资经济内部收益率 $\Delta EIRR$ 可根据式（4.13）试算求出。若求出的 $\Delta EIRR$ 不小于社会折现率 i_s（$\Delta EIRR \geqslant i_s$）时，则投资现值较大的方案是经济效果较好的方案。当进行多个方案比较时，应按投资现值由小到大依次两两进行比较，从中选出最优方案。

4.2.3.2　差额经济净现值法

所谓差额经济净现值，是指对两个比较方案在计算期内差额经济净现值（$\Delta ENPV$）进行计算，其中经济净现值较大的方案就是经济效果较好的方案。差额经济净现值的表达式为

$$\Delta ENPV = \sum_{i=1}^{n} (\Delta B - \Delta I - \Delta u + \Delta s + \Delta W)_t [P/F, i_s, t] \tag{4.14}$$

式中　　ΔB——经济效益差额，万元；

ΔI——固定资产投资和流动资金之和的差额，万元；

Δu——年运行费差额，万元；

Δs——计算期末回收的固定资产余值的差额，万元；

ΔW——计算期末回收的流动资金差额，万元；

n——计算期，年；

i_s——社会折现率；

$[P/F, i_s, t]$——一次收付现值因子。

4.2.3.3　差额经济净年值法

所谓差额经济净年值，是指将项目计算期内的总差额经济净现值平均摊分在计算期内的等额年值。差额经济净年值的表达式为

$$\Delta ENAV = \{\sum_{i=1}^{n} (\Delta B - \Delta I - \Delta u + \Delta s + \Delta W)_t [P/F, i_s, t]\}[A/P, i_s, n] \tag{4.15}$$

或　　　　　　　　　$\Delta ENAV = \Delta ENPV[A/P, i_s, n] \tag{4.16}$

式中　$\Delta ENAV$——差额经济净年值，万元；

$\Delta ENPV$——差额经济净现值，万元；

$[A/P, i_s, n]$——等额资金年回收因子；

其他符号意义同式（4.14）。

由式（4.16）可以看出，差额经济净年值 $\Delta ENAV$，是差额经济净现值 $\Delta ENPV$ 与等额资金年回收因子 $[A/P, i_s, n]$ 的乘积，所以差额经济净现值法与差额经济净年值法两者在实质上是一致的。

将计算求出的各方案之间的差额经济净年值进行比较，其中经济净年值较大的方案就是经济效果较好的方案。

4.2.3.4　差额经济效益费用比较法

所谓差额经济效益费用比，是指对两个比较方案在计算期内用差额经济效益现值与差额费用现值之比表示，其表达式为

$$\Delta EBCR = \frac{\sum\limits_{i=1}^{n}\Delta B_t(1+i_s)^{-t}}{\sum\limits_{i=1}^{n}\Delta C_t(1+i_s)^{-t}} \tag{4.17}$$

式中 $\Delta EBCR$——差额经济效益费用比；

ΔB_t——第 t 年的两方案之间的差额效益值，万元；

ΔC_t——第 t 年的两方案之间的差额费用值，万元。

当差额经济效益费用比不小于 1.0（$\Delta EBCR \geqslant 1.0$），其中经济效益费用比较大的方案就是经济效果较好的方案。附带说明一下，在进行差额经济效益费用比计算前，首先确定各个比较方案的经济效益费用比均不小于 1.0，证明该项目在经济上是合理的，然后再进行方案经济比较，可按式（4.17）计算差额经济效益费用比 $\Delta EBCR$，以便从中选出经济效果最好的方案。

4.2.3.5 费用现值法

当各方案的效益相同，或者各方案效益均能满足规定要求而其效益值却难于计算时，则可计算各个方案的费用现值（PC）进行比较，其中费用现值较小的方案就是经济效果较好的方案。费用现值的表达式为

$$PC = \sum_{i=1}^{n}(I+u-s-W)[P/F,i_s,t] \tag{4.18}$$

式中 PC——费用现值，万元；

I——固定资产投资和流动资金之和，万元；

u——年运行费，万元；

s——计算期末回收的固定资产余值，万元；

W——计资期末回收的流动资金，万元；

n——计算期，年；

$[P/F,i_s,t]$——次收付现值因子。

4.2.3.6 年费用法

当各方案的效益相同，或者各方案效益均能满足规定要求而其效益值又难于计算时，则可计算各方案的等额年费用值（AC）进行比较，等额年费用较小的方案就是经济效果较好的方案。等额年费用的表达式为

$$AC = \{\sum_{i=1}^{n}(I+u-s_v-W)[P/F,i_s,t]\}[A/P,i_s,n] \tag{4.19}$$

或 $$AC = PC[A/P,i_s,n] \tag{4.19}'$$

式中 AC——等额年费用；

其他符号意义同前。

由式（4.19）可知，等额年费用 AC 是费用现值 PC 与等额资金年回收系数 $[A/P,i_s,n]$ 的乘积，所以费用现值法与年费用法实质上是一致的。

综上所述，方案比较方法主要有 6 种，在进行经济比较时必须注意各种方法的使用条件。当采用差额投资经济内部收益率法、差额经济净现值法、差额经济效益费用比法和费

用现值法时，必须统一各比较方案的计算期，方可进行比较。当各比较方案的计算期不同时，采用差额经济净年值法或年费用法较为方便，因为这两种方法不必统一各方案的计算期后再进行比较，当各比较方案的效益相同或效益基本相同但难以具体计算时，方可采用费用现值法或年费用法。必须指出，在满足上述使用条件下，无论采用哪种方法，根据相同的资料均能得出相同的结论。

4.2.4 案例分析

【例 4.3】 为满足某地区供水需要，有两个供水效益基本相同的方案可供选择。第一方案在河流上建闸引水，建设期 2 年，第 1 年（2001 年）投资 300 万元，第 2 年（2002年）投资 200 万元。正常运行期 40 年（2003—2042 年），年运行费 1.2 万元，在正常运行期末（2042 年年末）回收流动资金 0.2 万元，回收固定资产余值 12 万元。

第二方案凿井抽引地下水，建设期 1 年（2002 年），投资 400 万元。正常运行期 20年（2003—2022 年），年运行费 7 万元。在正常运行期末（2022 年年末）回收流动资金0.8 万元，回收固定资产余值 9 万元，现进行国民经济评价；在上述两个方案中选择其中国民经济效果较好的方案（图 4.1）。

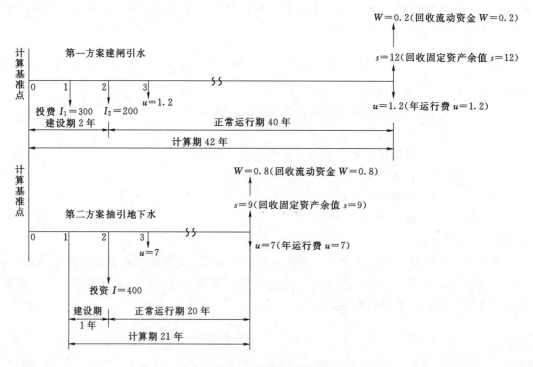

图 4.1 两个比较方案的资金流程图（单位：万元）

解：（1）为了求解上述两个方案中国民经济效果较好的方案，因此须确定统一的计算基准点，可定在 2001 年的年初（建设期初）。

（2）虽然第一方案的计算期为 42 年，第二方案的计算期为 21 年，但这两个方案的供水效益基本相同，故拟采用年费用法进行方案比较。

（3）根据规定，各年的投资、年运行费、效益（包括固定资金余值和流动资金回收）

均发生在各年的年末，计算基准点在建设期较长方案的第一年年初，这样可以直接引用考虑资金时间价值的各个基本计算公式。

（4）由于采用国民经济评价方法来选择其中国民经济效果较好的方案，因此各个比较方案的投资、年运行费、效益（包括固定资产余值和流动资金回收）均须采用影子价格计算；各方案在计算期内的各年投资、年运行费、效益对计算基准点进行折现计算时必须采用规定的社会折现率 $i_s = 0.12$。

（5）根据式（4.19），分别对第一方案和第二方案进行等额年费用计算，其中年费用较小的方案就是经济效果较好的方案。

等额年费用　　$$AC = \{\sum_{i=1}^{n}(I + u - s_v - W)[P/F, i_s, t]\}[A/P, i_s, n]$$

第一方案 AC_1 的计算：

$$AC_1 = \{I_1[P/F, i_s, 1] + I_2[P/F, i_2, 2] + u[P/A, i_s, 40][P/F, i_s, 2]$$
$$- (s + W)[P/F, i_s, 42]\}[A/P, i_s, 42]$$
$$= [300 \times 0.8929 + 200 \times 0.7972 + 1.2 \times 8.244 \times 0.7972$$
$$- (12 + 0.2) \times 0.00857] \times 0.1211 = 52.69（万元）$$

第二方案 AC_2 的计算：

$$AC_2 = \{I[P/F, i_s, 2] + u[P/A, i_s, 20][P/F, i_s, 2] - (s + W)[P/F, i_s, 22]\}[A/P, i_s, 21]$$
$$= [400 \times 0.7972 + 7 \times 7.469 \times 0.7972 - (9 + 0.8) \times 0.0826] \times 0.13224$$
$$= 47.57（万元）$$

（6）方案选择。

第一方案 $AC_1 = 52.69$ 万元（摊分在计算期 42 年的等额年费用）。

第二方案 $AC_2 = 47.57$ 万元（摊分在计算期 21 年的等额年费用）。

因 $AC_2 < AC_1$，故第二方案即抽引地下水方案是国民经济效果较好的方案。应该指出，实际进行决策时，除考虑经济因素外，尚需考虑当地水资源条件及其他政治、社会因素。经济效果较好的方案，不一定就是采用的方案；如无其他问题，经济效果较好的方案，一般应是采用的方案。

学习单元 4.3　水利建设项目不确定性分析

4.3.1　学习目标

（1）掌握敏感性分析方法。

（2）掌握概率分析方法。

（3）掌握盈亏平衡分析方法。

4.3.2　学习内容

（1）敏感性分析。

（2）概率分析。

（3）盈亏平衡分析。

4.3.3　任务实施

水利建设项目在评价中所采用的数据，主要来自预测和估算，许多因素难以准确定量，根据预测估算的数据，评价结果必然存在某种不确定性。为了分析这些不确定性因素对评价指标的影响，所以在项目进行评价之后应对其进行不确定性分析，以确定项目评价结果的可靠程度。

对水利建设项目进行的不确定性分析，主要包括敏感性分析和概率分析，目的在于评价项目在经济上的可靠性，估计项目可能承担的风险，供决策时分析研究。

4.3.3.1　敏感性分析

敏感性分析是研究建设项目主要因素发生变化时，对经济评价指标的影响程度。水利建设项目在计算期内可能发生变化的因素很多，通常只分析主要因素中的一项因素单独发生变化或两项因素同时发生变化对项目经济评价指标的影响程度。

在进行敏感性分析时，应根据项目的具体情况，选择可能发生变化且对经济评价指标产生较大不利影响的因素。水利建设项目通常选择固定资产投资、建设工期等变量因素。由于水利建设项目的工程效益的随机性很大，因而工程效益的变化除考虑一般变化幅度外，还要考虑大洪水年对防洪效益或连续枯水年对发电效益等影响程度和变化幅度，供全面分析时研究。关于变量因素的浮动幅度，可根据项目的具体情况或参照下列变化范围选用：

(1) 固定资产投资：$\pm 10\% \sim \pm 20\%$。

(2) 工程效益：$\pm 15\% \sim \pm 25\%$。

(3) 建设期年限：增加或减少 $1 \sim 2$ 年。

在实际工作中一般可对主要经济评价指标进行敏感性分析，例如国民经济评价中的经济内部收益率（$EIRR$）和经济净现值（$ENPV$），财务评价中的财务内部收益率（$FIRR$）、财务净现值（$FNPV$）和固定资产投资借款偿还期（P_d）等指标进行敏感性分析，也可根据项目需要选择其他指标。在算出基本情况经济评价指标的基础上，按选定的变量因素和浮动幅度计算其相应的评价指标，然后将所得结果列表或绘图，以利分析比较。

通过敏感性分析，可以找出对工程经济效果指标具有较大影响的变量因素，以便在工程规划、设计、施工中采取适当措施，减少其变动值，或把它的影响限制到最小程度。例如通过敏感性分析，发现建设期年限对工程经济效果指标影响较大，为此在建设期内采取各种有效措施，加强组织管理，合理安排施工进度，尽可能缩短工期，保证不延长建设期年限。

4.3.3.2　概率分析

上面已谈到，由于水利建设项目中不确定因素或变量因素的存在，必然导致项目经济评价结果有一定程度的不确定性，对评价指标必然有或多或少的影响，通过敏感性分析可以找出对评价指标具有较大影响的变量因素，但是不能说明这种情况发生的概率有多大。此外，即使已知有两个同样对项目有重要影响的变量因素，例如固定资产投资和工程效益，在一定的不利的变动范围内，估计固定资产投资这个变量因素发生增加的可能性或其概率较大，而另一个变量因素工程效益发生减小的概率较小。显然，前一个因素对项目带来的影响将会较大，而后一个因素对项目带来的影响将会较小。对于这样的问题进行敏感性分析后仍然很难具体说明问题，因此在建设项目的不确定性分析中，除了应进行敏感性分析外，尚需进行概率分析。

4.3.3.3　盈亏平衡分析

1. 盈亏平衡分析的含义

若市场上某项产品价格保持不变，随着企业产品产量的不断扩大，产品销售收入随着增加，但产品总成本一般增长较慢些，因此当达到某一生产规模时，产品销售收入与产品总成本费用两者恰好相等。此时企业不亏不赚，达到盈亏平衡点 a，见图 4.2。

2. 线性盈亏分析

设项目产品的总成本与产品的销售收入都是产品产量的线性函数，故产品的成本函数为

$$C = F + vx \tag{4.20}$$

产品的销售收入函数为

$$I = (1-\alpha)px \tag{4.21}$$

上两式中　C——产品总成本；

　　　　　F——产品固定成本（例如折旧费等）；

　　　　　v——单位产量的可变成本；

　　　　　x——产品产量；

　　　　　p——单位产品价格；

　　　　　α——产品销售税率。

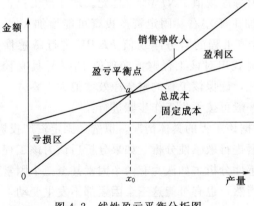

图 4.2　线性盈亏平衡分析图

设以产品产量为横坐标，以总成本和销售收入的金额为纵坐标，可绘制产品总成本和销售净收入与产量的关系线，得出盈亏平衡分析图，如图 4.2 所示。

图中总成本线与销售净收入线的交点 a，即为盈亏平衡点。当产品产量等于 x_0 时，即 $I-C=0$，不盈利也不亏损；当产品产量小于 x_0，项目出现亏损，产量愈小，亏损愈大；当产品产量大于 x_0，项目出现盈利，产量愈大，盈利愈大。

由式（4.20）和式（4.21）可求出盈亏平衡点时的产量，即当 $I=C$ 时，由 $F+vx=(1-\alpha)px$，得

$$x_0 = \frac{F}{(1-\alpha)p - v} \tag{4.22}$$

同时可求出盈亏平衡点时的产品价格 p_0，即

$$p_0 = \left(v + \frac{F}{x}\right)\frac{1}{1-\alpha} \tag{4.23}$$

3. 非线性盈亏分析

在一般情况下，随着产品产量的增加，相应产品的总成本和销售收入都不是呈线性增长，其中总成本线一般凸向 x 坐标，销售收入线则凹向 x 坐标，一般有两个盈亏平衡点 a、b，如图 4.3 所示，在此情况下，须进行非线性盈亏分析。当产品产量低于 x_1，销售收入有限，而总成本由于受其中固定成本的影响，因而首先出现亏损；当产量等于 x_1 时，销售收入等于产品总成本，出现盈亏平衡点 a；当产品产量大于 x_1 时，随着销售收入不断增长，产品总成本

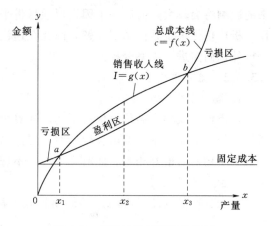

图 4.3   非线性盈亏平衡分析图

则增加较慢，因而出现盈利，直至达到产量 x_2 时盈利金额最大；当产品产量超过 x_2 时，情况发生变化，由于市场上产品供给量不断增加，单位产品价格开始下降，而工厂产量超过设计能力后单位产品成本开始增加，直至产量达到 x_3 时，销售收入等于产品总成本，出现盈亏平衡点 b；当产量超过 x_3 后，总成本大于销售收入，再次出现亏损。由上述分析可知，如果为了达到最盈利金额，产品产量应增加至 x_2 为止，产量过少或过多，均可能出现亏损。

4.3.4   案例分析

【例 4.4】 某水利建设项目工期 5 年，固定资产投资 10 亿元，工程建成后预计年平均效益 2 亿元，在计算期内可求出该工程的财务净现值 $FNPV=5$ 亿元。现在该工程正在建设中，根据当前情况，估计施工期可能增加 1 年左右，固定资产投资可能增加 10% 左右，工程年效益可能减少 15% 左右，现拟对该工程的财务净现值 $FNPV$ 进行敏感性分析，以探求该工程财务效益的可靠程度；同时找出对该工程财务净现值 $FNPV$ 具有较大影响的变量因素，以便采取措施减少其变动值，确保该工程的财务净效益值大于零。

解： 对水利建设项目进行敏感性分析，一般可按下列工作步骤进行：

(1) 选择不确定性因素（变量因素）。根据该工程的具体情况，拟选择固定资产投资、工程年效益及建设期（工期）这三个变量因素进行敏感性分析。如果分析后认为该工程可能只有一个因素发生变动，则进行单因素敏感性分析，如认为有两个因素甚至三个因素都可能发生变动，则进行多因素敏感性分析。当然，也有可能这三个因素都不发生变动，基本情况无其变动。

(2) 确定各因素的变动幅度（或变动率），根据项目的具体情况，拟分别按单因素变动和多因素变动分别确定各因素的变动幅度。

1) 单因素变动幅度：①固定资产投资增加 10%；②工程年效益减少 15%；③建设期年限（工期）增加 1 年。

2) 多因素组合及其变动幅度：①固定资产投资增加 10%，同时工程年效益减少 15%；②固定资产投资增加 10%，同时工期增加工年；③工程年效益减少 15%，同时工期增加 1 年；④三个因素同时发生变动，固定资产投资增加 10%，工程年效益减少 15%，

工期增加 1 年；⑤固定资产投资不增加，工程年效益不减少，工期不延长，基本情况不变。

（3）选择敏感性分析的评价指标。当进行国民经济评价时，可选择经济内部收益率（$EIRR$）或经济净现值（$ENPV$）等评价指标；当进行财务评价时，可选择财务内部收益率（$FIRR$）、财务净现值（$FNPV$）或固定资产投资借款偿还期等评价指标。总之，根据项目分析的需要选定。本例进行敏感性分析时，拟选择财务净现值（$FNPV$）为评价指标加以说明。

（4）计算有关因素变动对评价指标的影响程度。在算出基本情况评价指标（本例用财务净现值 $FNPV$）的基础上，分别按单因素和各种组合多因素的变量幅度计算相应的评价指标，并找出其中对评价指标具有较大影响的变量因素。现将计算结果列入表 4.5。

表 4.5　　　　　　　　　　各种可能情况的敏感性分析

项目	情况	变量因素	变动幅度	财务净现值 $FNPV$/亿元	财务净现值的变动幅度/%
基本情况	1	投资 10 亿元，工期 5 年，工程年效益 2 亿元	无	5	—
单因素变动	2	投资 11 亿元，工程年效益 2 亿元，工期 5 年	投资：+10%	4	20
	3	工程年效益 1.7 亿元，投资 10 亿元，工期 5 年	效益：−15%	3.5	30
	4	工期 6 年，投资 10 亿元，工程年效益 2 亿元	工期：+1 年	2.8	44
多因素变动	5	投资 11 亿元，工期 5 年，工程年效益 1.7 亿元	投资：+10% 效益：−15%	2.5	50
	6	投资 11 亿元，工程年效益 2 亿元，工期 6 年	投资：+10% 工期：+1 年	1.8	64
	7	工程年效益 1.7 亿元，投资 10 亿元，工期 6 年	效益：−15% 工期：+1 年	1.3	74
	8	投资 11 亿元，工程年效益 1.7 亿元，工期 6 年	投资：+10% 效益：−15% 工期：+1 年	0.3	94

（5）对表 4.5 计算结果进行分析。

1）无论哪个因素向不利方向变动 10%～15% 或多因素同时向不利方向变动，计算所求出的财务净现值 $FNPV>0$，说明通过 8 个方案的敏感性分析，本例所求出的水利建设项目的财务净效益基本上是可靠的。

2）本例选择固定资产投资、工程年效益及建设期年限（工期）共三个变量因素，当单因素变动 10%～15% 时，对财务净现值的影响程度相差较大，为 20%～44%，其中工期变动对评价指标 $FNPV$ 的影响程度比较大一些。这说明在工程项目建设过程中必须加强施工管理，除保证工期并按时投产外，仍应严格控制固定资产投资，及早充分发挥工程效益。

3）在一般情况下，根据《水利建设项目经济评价规范》（SL 72—2013），应考虑主要因素的浮动幅度为：固定资产投资$\pm 10\%\sim\pm 20\%$；工程效益$\pm 15\%\sim\pm 25\%$；建设期年限增加或减少$1\sim 2$年。如果主客观条件发生变化，导致本例固定资产投资增加10%，工期增加2年，即使工程年效益不变，财务净现值$FNPV=-0.4$亿元；如果工期增加1.5年，固定资产投资增加20%，即使工程年效益不变，财务净现值$FNPV=-0.3$亿元。这说明只要工作上稍有疏漏，组织管理不到位，该工程项目在财务上仍然存在一定风险。所谓风险，是指预期结果由于出现不利因素可能造成的损失。

【例 4.5】 现拟结合［例 4.4］中某水利建设项目的评价指标——财务净现值（$FNPV$）的概率进行分析。

解： 根据近期该地区水利建设项目建成后的情况进行统计分析后，得到以下结论：

（1）固定资产投资增加10%左右的概率$P_1=0.1$，投资基本不增不减的概率$P_1'=0.9$，其他情况的概率为0。

（2）工程年效益减少15%左右的概率$P_2=0.2$，年效益基本不增不减的概率$P_2'=0.8$，其他情况的概率为0。

（3）建设期年限（工期）加20%左右的概率$P_3=0.3$，工期基本不增不减的概率$P_3'=0.7$，其他情况的概率为0。

根据表 4.5，可知某水利建设项目的情况 1 是：①投资 10 亿元，与预算比较基本上不增不减，设其概率为$P_1'=0.9$；②工程年效益 2 亿元，与原计划比较基本上不增不减，设其概率为$P_2'=0.8$；③建设期年限 5 年，与原规划比较基本上不增不减，设其概率为$P_3'=0.7$。由于这三个事件相互独立，故其同时发生的概率可采用概率乘法定理，可得

$$P(ABC)=P(A)P(B)P(C) \tag{4.24}$$

同理，根据表 4.5 某水利建设项目的 8 种情况，可分别求出各情况的发生概率。

情况 1：投资 10 亿元，年效益 2 亿元，工期 5 年同时发生的概率$P(1)=P_1'P_2'P_3'=0.9\times 0.8\times 0.7=0.504$。

情况 2：投资 11 亿元（增加10%），年效益 2 亿元（不增不减），工期 5 年（不增不减），同时发生的概率$P(2)=0.1\times 0.8\times 0.7=0.056$。

情况 3：投资 10 亿元（不增不减），年效益 1.7 亿元（减少15%），工期 5 年（不增不减），同时发生概率$P(3)=0.9\times 0.2\times 0.7=0.126$。

情况 4：投资 10 亿元（不增不减），年效益 2 亿元（不增不减），工期 6 年（增加20%），同时发生的概率$P(4)=0.9\times 0.8\times 0.3=0.216$。

情况 5：投资 11 亿元（增加10%），年效益 1.7 亿元（减少15%），工期 5 年（不增不减），同时发生的概率$P(5)=0.1\times 0.2\times 0.7=0.014$。

情况 6：投资 11 亿元（增加10%），年效益 2 亿元（不增不减），工期 6 年（增加20%），同时发生的概率$P(6)=0.1\times 0.8\times 0.3=0.024$。

情况 7：投资 10 亿元（不增不减），年效益 1.7 亿元（减少15%），工期 6 年（增加20%），同时发生的概率$P(7)=0.9\times 0.2\times 0.3=0.054$。

情况 8：投资 11 亿元（增加10%），年效益 1.7 亿元（减少15%），工期 6 年（增加20%），同时发生的概率$P(8)=0.1\times 0.2\times 0.3=0.006$。

由于上述 8 种情况为互不相容或互斥事件，根据概率加法定理，可得式（4.24）为

$$P[(1)+(2)+(3)+(4)+(5)+(6)+(7)+(8)]$$
$$=P(1)+P(2)+P(3)+P(4)+P(5)+P(6)+P(7)+P(8) \qquad (4.25)$$

根据式（4.28），某水利建设项目出现 8 种互斥情况（表 4.1）中的任一情况的概率为

$$P[(1)+(2)+(3)+(4)+(5)+(6)+(7)+(8)]$$
$$=P(1)+P(2)+P(3)+P(4)+P(5)+P(6)+P(7)+P(8)=1.0$$

根据某水利建设项目 8 种情况所求出的财务净现值（$FNPV$）及其发生的概率，可做出该项目财务净现值保证率（累计概率）曲线，见表 4.6。

表 4.6　　　　某水利建设项目财务净现值 $FNPV$ 的保证率曲线 $FNPV-P$

情况	变量因素	财务净现值 $FNPV$ /亿元	概率 P	累计概率 $\sum_{i=1}^{6} P_i$	保证率 P' /%
1	投资 10 亿元，工期 5 年，工程年效益 2 亿元	5.0	0.504	0.504	50.4
2	投资 11 亿元，工期 5 年，工程年效益 2 亿元	4.0	0.056	0.560	56.0
3	投资 10 亿元，工期 5 年，工程年效益 1.7 亿元	3.5	0.126	0.686	68.6
4	投资 10 亿元，工期 6 年，工程年效益 2 亿元	2.8	0.216	0.902	90.2
5	投资 11 亿元，工期 5 年，工程年效益 1.7 亿元	2.5	0.014	0.916	91.6
6	投资 11 亿元，工期 6 年，工程年效益 2 亿元	1.8	0.024	0.940	94.0
7	投资 10 亿元，工期 6 年，工程年效益 1.7 亿元	1.3	0.054	0.994	99.4
8	投资 11 亿元，工期 6 年，工程年效益 1.7 亿元	0.3	0.006	1.000	100

由表 4.6 通过内插法可求出：某水利建设项目在正常情况下财务净现值 $FNPV$ 与保证率 P' 的关系见表 4.7。

表 4.7　　　　某水利建设项目财务净现值 $FNPV$ 及其保证率 P'

财务净现值/亿元	5.0	4.0	3.0	2.0	1.0	0.3
保证率 P'/%	50.4	56.0	84	93.3	99.6	100

由上述讨论可知：

（1）用同法可以进行其他经济评价指标的概率分析，并可求出其保证率。

（2）用敏感性分析和概率分析的结果两者结合考虑后，才能对不确定性分析有个全面的理解。

（3）对上述某水利建设项目进行敏感性分析后认为，无论固定资产投资、工程年效益、建设期年限等变量因素在一定幅度内上下浮动，该项目的财务评价指标总是大于零，因而认为该建设项目财务上基本无风险。

【例 4.6】　设某工厂年生产某产品的设计规模 $x=1$ 万 t，年生产成本为 1000 万元，其中固定成本 $F=400$ 万元，单位产品可变成本 $v=600$ 元/t，预测单位产品价格 $p=1200$ 元/t，产品年销售税率 $\alpha=10\%$，问该工厂达到盈亏平衡的年产量 x_0 和产品价格 p_0 各为

多少？若该工厂某年产量增加至 1.2 万 t，问市场上该产品价格即使下降至何种程度该工厂仍能保持盈亏平衡？

解：（1）求工厂达到线性盈亏平衡的年产量 x_0。

由式（4.31），可得

$$x_0 = \frac{F}{(1-\alpha)p-v} = \frac{400 \times 10^4}{(1-10\%) \times 1200 - 600} \approx 8333(\text{t})$$

即该工厂达到线性盈亏平衡点的年产量为 8333t。

（2）求工厂达到线性盈亏平衡的产品价格 p_0，由式（4.32）可得

$$p_0 = \left(v + \frac{F}{x}\right)\frac{1}{1-\alpha} = \left(600 + \frac{400}{1}\right) \times \frac{1}{1-0.1} \approx 1111(\text{元/t})$$

由以上计算可知，当产品产量达到 8333t 以上或不低于设计规模的 83.33%，该工厂可以盈利；或者工厂产品产量保持设计规模不变（$x=1$ 万 t），只要产品价格不低于 1111 元/t 或不低于预测价格的 $\frac{1111}{1200}=92.58\%$，该工厂亦可盈利。

（3）当工厂年产量增加到 $x=12$ 万 t，市场上该产品价格下降了，此时该工厂保持盈亏平衡的产品价格应不低于 p_0，由式（4.32），$p_0 = \left(v + \frac{F}{x}\right)\frac{1}{1-\alpha} = \left(600 + \frac{400}{1.2}\right) \times \frac{1}{1-0.1} = 1037$（元/t）。虽然工厂希望该产品价格不低于 $p_0=1037$ 元/t，然而市场是无情的，当市场上该产品供应多了，产品价格即进一步降低到 1000 元/t，工厂为了保持盈亏平衡，除非提高产品质量因而可以提高产品价格外，只有进一步增加产量，按照式（4.31），可求出此时保持盈亏平衡的产量 $x_0 = \frac{F}{(1-\alpha)p-v} = \frac{400 \times 10^4}{(1-10\%) \times 1000 - 600} = 1.333$（万 t）。

学习单元 4.4 水利建设项目社会评价作用与内容

4.4.1 学习目标

（1）了解水利建设项目社会评价的作用。

（2）了解水利建设项目社会评价的原则。

（3）了解水利建设项目社会评价的特点。

（4）了解水利建设项目社会评价的内容。

4.4.2 学习内容

（1）水利建设项目社会评价的作用。

（2）水利建设项目社会评价的原则。

（3）水利建设项目社会评价的特点。

（4）水利建设项目社会评价的内容。

4.4.3 任务实施

"实施可持续发展战略，推进社会事业全面发展"，是我国的一项重要国策，在国民经济发展中，要求实现经济、社会、环境协调发展。水利建设项目社会评价，是运用社会调查和社会分析的方法，评价水利建设项目为实施国家和地区各项社会发展目标所作的贡献

与影响，是为选择最优方案、进行投资决策和保证建设项目顺利实施服务的。在当前投资决策中，往往偏重于从经济方面判断项目的优劣，尤其在市场机制作用下，投资者十分关心项目的经济合理性与财务可行性，往往忽视项目的社会可行性，结果造成经济上可行而社会、环境上的不可行，甚至产生负效应。因此，如何通过社会评价和建设项目的实施，在保证经济效益的同时，促进社会发展，实现国家宏观发展目标，这是当前一个十分重要的问题。

4.4.3.1　水利建设项目社会评价的作用

兴修水利工程，特别是修建大型水库：一方面发挥防洪、治涝、灌溉、发电、供水、航运、水产养殖、旅游等效益；另一方面要淹没耕地、城镇、村庄、交通设施等。由于我国人口多、耕地少，迁移安置库区居民是一个十分重大的社会问题。因此，对于水利建设项目必须进行社会评价，其主要作用如下。

1. 有利于国民经济与社会发展目标的顺利实施

水利建设项目的实施和运行，直接关系到国民经济和社会发展目标能否顺利实现。过去，有许多水库建设项目没有进行社会评价，因而移民安置问题解决不好，导致部分移民生产、生活水平下降，甚至有的移民重新返迁库区，这不但影响水库运行和效益的发挥，而且会产生一系列社会问题，甚至影响到社会安定团结。如果社会评价做好了，可以实现建设项目与社会协调发展，进一步促进社会进步和国民经济发展。

2. 有利于提高建设项目的决策水平

对水利建设项目开展社会评价，有利于全面提高投资效益。我国实行改革开放后，虽然国民经济有较快增长，但在建设中还存在低水平重复建设、环境恶化等问题，其中原因之一就是没有进行社会评价，造成决策失误，如果在前期工作中进行社会评价，则有利于选择经济效益、社会效益、环境效益兼顾的最佳方案，有利于全面提高建设项目的决策水平。

3. 有利于非自愿移民的妥善安置

水利建设项目往往涉及大量移民问题。库区居民迁移，涉及广大群众的切身利益，若安置不当，可能造成移民的不满情绪，甚至发生上访、械斗等过激行为。通过社会评价，可以采取切实有效措施，为移民和安置区原有居民共同创造生存和发展的良好空间，既有利于项目的顺利实施和效益的充分发挥，也有利于促进地区发展，保持社会稳定。

4. 有利于吸引外资和促进水利事业的进一步发展

当前，国际社会日益重视社会发展和环境问题。世界银行、亚洲开发银行等国际金融组织的贷款项目，均要求对建设项目作社会评价，不进行项目的社会评价，不予立项。现在我国正积极开展水利建设项目的社会评价，有利于进一步满足改革开放政策的要求，有利于引导外资投向水利建设项目，有利于获取世界银行、亚洲开发银行等国际金融组织的贷款，有利于促进水利事业的进一步发展。

4.4.3.2　水利建设项目社会评价的原则

对水利建设项目进行社会评价，其主要原则如下。

1. 贯彻国家有关的方针、政策和法律、法规

水利建设项目是国民经济的基础设施和基础产业，其项目行为具有很强的政策性，因

此水利建设项目社会评价，必须遵循国家有关经济与社会发展的方针、政策和法律、法规，这样才能使水利建设项目的社会评价更符合我国的社会实际情况和发展目标，更有利于我国水利建设事业的健康发展。

2. 以我国社会发展目标和流域水利规划为基础

我国社会发展目标是水利建设项目社会评价的基础，流域水利规划是水利建设项目进行社会评价的依据。水利建设项目的社会评价方法、指标体系及评价参数和准则，都应该与社会不断发展的目标相适应，与流域水利规划各个目标相适应。社会评价结论和建议要有利于推进社会的可持续发展，只有这样才能保证建设项目社会评价具有现实意义，为决策提供科学依据。

3. 坚持公众参与和实事求是

大型水利建设项目往往涉及河流的上下游、左右岸、受益区与受损区，需要有关地区、有关部门配合与协调，因此，坚持公众参与，从实际出发，实事求是，在社会评价中强调民主意识和按科学规律办事，这样水利建设项目的社会评价与实施，既有利于建设项目的顺利实施，又有利于项目建成后可以充分发挥经济效益、社会效益和环境效益。

4. 坚持公正公平

公正公平是项目评价人员进行社会评价时必须具备的思想品质和科学态度，这样才能保证一切从实际出发，客观地进行调查研究，使评价工作不受任何方面的干扰与阻碍，有利于项目决策更加符合人民的意愿，更加符合社会各方面的利益。

5. 全面分析与重点突出相结合

水利建设项目社会评价内容广泛，涉及有关防洪、治涝、灌溉、供水、航运、水力发电、水土保持、水库渔业等综合利用效益的各个部门，涉及政治、社会，经济、文化、教育，卫生、文物古迹等各个方面，应在广泛调查研究的基础上，进行全面分析，找出重点问题进行深入研究，采用科学适用的评价指标体系，以便进行方案比较。

4.4.3.3　水利建设项目社会评价的特点

水利建设项目的社会评价，既具有一般投资项目社会评价的基本特点，又具有专门的水利行业特征，现分述于下。

1. 评价内容比较广泛

项目经济评价的主要内容，是计算和分析国民经济评价指标和财务评价指标，评价内容比较单一。项目社会评价要涉及社会经济、社会环境、资源利用、劳动就业、社会安定、文教卫生、社会福利、建设挖压占地、水库淹没与移民安置，以及地区发展等各个方面的问题，各种社会因素纵横交错，互有影响相互关系十分复杂，其评价内容要比经济评价广泛得多。

2. 以调查、分析为主

与项目经济评价相比，项目社会评价的计算工作量较小，而调查、分析的工作量较大。社会评价中所需的社会信息和资料，都要通过社会调查取得，对社会情况的了解和掌握程度，直接影响甚至决定其分析判断结果的正确性。因此，要把搞好社会调查和对调查资料的分析研究，放在十分重要的地位。社会评价以调查、分析为主，是其主要特点。

3. 以宏观评价为主

项目社会评价涉及社会经济增长、效益公平分配、劳动就业、社会安定、人口控制等目标，一般都是根据社会发展需要制定的。因此，社会评价必须从全社会的宏观角度出发，考虑项目对全社会带来的各种影响，其中包括经济影响和大量非经济影响，故社会评价以宏观评价为主。

4. 以定性分析为主

水利建设项目对社会发展的影响很大，例如对社会安定的影响、对四周环境的影响、对人民身体健康和寿命的影响、对地区发展的影响等，很难进行定量计算，更不能用统一货币形式表示，只能进行定性分析；但有些指标如建设挖压占耕地、水库淹没损失补偿、移民计划安置数量等是可以定量计算的，因此，水利建设项目社会评价应采用定量分析、定性分析相结合的方法，而以定性分析为主。

5. 以人文分析为主

水利建设项目社会评价主要研究项目对社会发展的影响和项目与社会相互适应性分析。按照社会发展要以人为中心的观点，主要研究项目与人的协调，调整项目与人的关系，以达到项目与有关群体相互协调，相互适应，共同促进社会的持续发展和人类社会的不断进步。水利建设项目尤其大型水库淹没所引起的各种问题，例如库区移民生产生活水平、收入分配、文化、教育、卫生保健、宗教信仰、风俗习惯、人际关系等社会人文因素的变化，以及由此可能引发的社会不稳定风险，都要求水利建设项目重视人文分析，故社会评价应以人文分析为主。

4.4.3.4　水利建设项目社会评价的内容

水利建设项目社会评价的内容，主要包括对社会效益影响分析以及水利建设项目与社会发展相互适应性分析，现分述于下。

1. 水利建设项目对社会效益影响分析

水利建设项目社会效益巨大，社会影响深远，其评价内容可分为项目对社会环境、自然资源、社会经济、科学技术进步四个方面的影响。

（1）对社会环境的影响。水利建设项目对社会环境的影响，是影响分析的重点，包括项目对社会政治安定、民族团结、当地居民、就业、公平分配、文化教育、卫生保健等方面的影响。

（2）对自然资源的影响。主要分析评价水利建设项目对自然资源合理开发、综合利用等方面的影响，其内容包括对土地资源、能源、水资源、森林资源、矿产资源等合理利用的影响，对国土资源开发、改造和保护的影响，对水资源及水能资源开发利用程度的影响以及对自然资源综合利用效益的影响等。

（3）对社会经济的影响。水利建设项目对社会经济的影响，侧重于宏观分析项目对地区和部门经济发展的影响，其内容包括：分析项目在发挥效益前只有投入没有产出的不利影响，项目投入运行后对地区经济发展的有利影响，例如减少水旱灾害，提高土地利用价值，改善投资环境，增强经济实力等；对部门经济发展的影响主要包括：对农业发展的影响，对能源和电力工业发展的影响，对交通运输业的影响，对林、牧、副、渔业发展的影响，对旅游业发展的影响等。

（4）对科学技术进步的影响。大型水利建设项目往往涉及关键技术的科技攻关和新技术的推广应用，这对科学技术进步具有重要意义和促进作用，具体情况应根据项目的需求进行分析评价。

2. 水利建设项目与社会发展相互适应性分析

水利建设项目与社会发展相互适应性分析，包括项目对国家或地区发展的适应性分析，项目对当地人民需求的适应性分析，项目各方面参与程度分析以及项目的持续性发展分析等，现分述于下。

（1）项目对国家或地区发展的适应性分析。分析项目的发展目标与国家或地区的优先发展目标的一致性程度；分析国家或地区在多大程度上需要本项目的开发。

（2）项目对当地人民需求的适应性分析。分析当地人民的需求和对项目的实施结果能否适应一致；分析当地人民的文化教育程度和对项目的新技术的可接受程度。

（3）项目的社会风险分析。分析项目的社会风险及其严重程度。

（4）受损群体的补偿措施分析。水利建设项目涉及的受损群众主要是非自愿移民，他们为了国家和多数人的长远利益而牺牲自己当前的利益，对他们损失的土地、房屋、财产和迁移中造成的损失，是否都给予相应合理补偿，并进行妥善安排，要分析补偿措施的公正公平程度。

（5）项目各方面参与水平分析。在项目的规划、设计、立项、施工准备及实施阶段，如果得到各有关方面的参与，可以改进项目的规划设计和施工建设；如果获得当地人民和有关方面的支持和合作，可以保证项目的顺利实施和充分发挥效益。因此，项目获得各方面的参与，是实施预定目标的重要手段，是项目社会评价的一个重点内容。

（6）项目的持续性分析。项目的持续性分析，包括环境功能的持续性、经济增长的持续性和项目效果的持续性三个方面的内容。

在开展水利建设项目的社会评价中，要根据项目的具体情况，选择适用的社会评价内容。

学习单元 4.5   水利建设项目社会评价指标体系

4.5.1   学习目标
（1）了解水利建设项目社会评价指标体系构成。
（2）了解水利建设项目社会评价相关指标计算方法。

4.5.2   学习内容
（1）水利建设项目社会评价指标体系构成。
（2）水利建设项目社会评价相关指标计算方法。

4.5.3   任务实施
水利建设项目社会评价指标体系，应能反映项目对社会、经济、资源、环境等方面所产生的效益和影响，并体现水利建设项目的特点，社会评价指标要求具有客观性、可操作性、通用性和可比性。

社会评价指标体系，分属于除害兴利、扶贫脱贫、就业效果、文教事业、卫生事业、地区发展、淹没损失、移民安置、资源利用、生态环境 10 个方面。

必须指出，对社会评价指标的划分是相对的，其中许多内容具有交叉影响，关系密切。当某一水利建设项目进行社会评价时，应根据本项目的特点及存在的关键问题，有针对性地选用一些指标，应本着少而精的原则，只要能说明项目的主要问题及其特点即可。选用指标时要注意有项目和无项目两种情况的对比分析，判断其有利或不利影响及其影响程度。现分述各方面的社会评价指标体系。

4.5.3.1　除害兴利

实施水利建设项目，其主要目的就是防治灾害，除害兴利，包括防洪、治涝、灌溉、供水、水力发电、航运、水土保持等方面。

1. 防洪、治涝

（1）工程防洪、治涝的能力，从多少年一遇提高到多少年一遇。

（2）项目保护人口和移民人口比＝下游保护人口数/库区移民人数。

（3）项目保护耕地和淹没耕地比＝下游保护耕地面积/库区淹没耕地面积。

（4）单位保护面积投资＝总投资/保护面积，万元/km^2。

2. 灌溉

（1）人均增加灌溉面积＝项目区新增灌溉面积/项目区农业人口总数，亩/人。

（2）人均增加粮食产量＝项目区新增农业粮食总产量/项目区农业人口总数，kg/人。

（3）人均增加收入＝项目区新增农业总收入/项目区农业人口总数，元/人。

（4）单位新增灌溉面积投资＝灌溉工程投资/新增灌溉面积，元/亩。

3. 供水

（1）单方供水量投资＝供水工程投资/年供水量，元/m^3。

（2）工业万元产值耗水量＝工业总耗水量/工业总产值，m^3/万元。

（3）人均日生活用水量＝项目区日生活用水总量/城镇居民人口总数，L/（人·d）。

（4）单位新增灌溉面积投资＝灌溉工程投资/新增灌溉面积，元/亩。

4. 水力发电

（1）年人均用电量＝项目影响区年供电量/项目影响区人口总数，kW·h/（人·年）。

（2）单位装机容量投资＝水电站总投资/水电站装机容量，元/kW。

（3）单位供电量投资＝水电站总投资/水电站年供电量，元/（kW·h）。

5. 航运

（1）兴建水库后上下游干流及支流增加的通航里程，km。

（2）干、支流航道增加的年运输能力，t/年。

6. 水土保持

（1）人均家庭收入增加值＝治理区家庭总收入增加值/治理区人口总数，元/人。

（2）人均粮食产量增加值＝治理区粮食总产量增加值/治理区人口总数，kg/人。

（3）减少水土流失面积指数＝（项目减少水土流失面积/项目区土地总面积）×100%。

（4）森林覆盖率＝（森林面积/土地总面积）×100%。

（5）人均占有绿化面积＝绿化总面积/人口总数，亩/人。

4.5.3.2　促进文化、教育、卫生事业的发展

通过水利建设项目的综合开发，可以促进当地文化、教育和卫生事业的发展。社会评价可采用下列指标：

（1）学龄儿童入学率＝（项目区学龄儿童学生人数/项目区学龄儿童总数）×100%。

（2）每万人大专文化程度人数＝项目区大专文化程度人数/项目区人口总数，人/万人。

（3）每千人医疗卫生人数＝项目区医疗卫生人数/项目区人口总数，人/千人。

（4）每千人医疗床位数＝项目区医疗床位数/项目区人口总数，张/千人。

4.5.3.3　就业效果

兴修水利建设项目，可带来直接和间接就业效果。根据就业效果的大小，可以衡量项目在就业方面对社会所作出的贡献。社会评价可采用下列指标：

（1）直接就业效果＝项目提供的直接就业人数/项目直接投资，人/万元。

（2）间接就业效果＝间接就业人数/因水利项目带来的相关部门的投资，人/万元。

4.5.3.4　分配效果

公平分配是社会主义经济的一个主要特征，实现公平分配，主要通过政府的税收、价格以及工资制度等政策才能达到，其目的是为了减少地区间经济发展不平衡，缩小贫富差距，提高广大人民的生活水平。社会评价可采用下列指标：

（1）国家收入分配效果＝［国家从项目获得的利益分配额（税金、利润等）/项目国民收入总额］×100%。

（2）地方收入分配效果＝［地方从项目获得的利益分配额（当地工资收入、当地政府利税收入等）/项目国民收入总额］×100%。

（3）投资者收入分配效果＝［投资者从项目获得的利益分配额（利润、股息等）/项目国民收入总额］×100%。

（4）职工收入分配效果＝（职工总收入/项目国民收入总额）×100%。

4.5.3.5　水库淹没损失

修建水库一方面产生了巨大的经济效益，另一方面也带来了较大的淹没损失，因此必须作好淹没处理和移民安置规划。社会评价可采用下列指标：

（1）单位库容淹没耕地＝淹没耕地面积/总库容，亩/亿 m^3。

（2）单位库容移民人数＝移民总人数/总库容，人/亿 m^3。

4.5.3.6　移民安置

由于过去重修建水库，轻移民安置，现在已成为一个比较严重的社会问题。为此要确定今后水库移民实行开发性的移民方针，妥善安置移民生产、生活问题，以求达到长治久安。移民安置是社会评价的重点之一，可采用下列指标：

（1）移民人均安置投资＝移民总投资/移民总人数，元/人。

（2）移民安置前后人均产粮增长率＝［（安置后人均产粮－安置前人均产粮）/安置前人均产粮］×100%。

（3）移民安置前后人均年纯收入增长率＝［（安置后人均年纯收入－安置前人均年纯收入）/安置前人均年纯收入］×100%。

（4）移民安置完成率＝（已安置移民人数/应安置移民人数）×100%。

学习单元 4.6　水利建设项目社会评价方法

4.6.1　学习目标

了解水利建设项目社会评价方法。

4.6.2　学习内容

水利建设项目社会评价方法。

4.6.3　任务实施

水利建设项目社会评价方法，主要采用定量与定性分析相结合的方法、有无项目对比分析法和综合分析评价法等，现分述于下。

4.6.3.1　定量与定性分析相结合的方法

水利建设项目的社会效益与影响比较广泛，社会因素众多，关系复杂。有些社会效益和影响可以借助一定的计算公式进行定量计算，例如就业效益、节约自然资源效益等；但大量的社会效益和影响则很难定量计算，只能进行定性分析。但定性分析也要确定分析比较的基础，要在可比的基础上进行"有项目"与"无项目"的对比分析。根据水利建设项目的特点，在项目社会评价中宜采用定量分析与定性分析相结合、指标参数与经验判断相结合的方法。

4.6.3.2　有无项目对比分析法

有无对比分析，是指有项目情况与无项目情况的对比分析。社会评价所采用的有无项目对比分析法中，无项目情况是指项目开工前无项目时的社会、经济、环境情况以及在项目开工后假设仍无项目时的社会、经济、环境可能发生的变化。可根据项目开工前的历史统计资料，采用判断预测法、趋势外推法、与其他工程类比法等一般预测方法，预测这些数据的可能变化。

至于有项目情况，是指项目在建设和运行后所引起的各种社会经济变化情况。在同一时点比较的基础上，有项目情况减去无项目情况，即为建设项目引起的效益或影响变化。有无项目对比分析法是社会评价中通常采用的分析评价方法。

4.6.3.3　综合分析评价法

对社会效益和影响进行定量与定性分析后，有时还需要进行综合评价，确定项目的社会评价可行性，得出社会评价结论。综合分析评价方法主要有对比分析综合评价法和多目标多层次分析综合评价法。

1. 对比分析综合评价法

对比分析综合评价法，是将社会评价的各项定量与定性分析指标按照其权重由大到小依次列入"水利建设项目社会评价综合表"中，见表 4.8。

首先对该表中所列指标逐一进行分析，阐明每项指标的分析评价结果及其对项目的社会可行性的影响程度；然后逐步排除那些影响小的指标，重点分析影响较大且有风险的指标，权衡利弊得失，简要说明补偿措施及其所需费用；最后分析归纳，找出影响项目社会评价的关键问题，提出项目社会评价的结论。

该法比较直观，能够突出主要矛盾，结论容易被决策者认同和接受。

表 4.8　　　　　　　　　　　　　水利建设项目社会评价综合表

序号	社会评价指标 （定量与定性指标）	分析评价结果	简要说明 （包括补偿措施、补偿费用等）
1			
2			
3			
⋮			
n			
	总结评价		

2. 多目标多层次分析综合评价法

对多目标水利建设项目而言，由于指标多，内容复杂，定量与定性指标相互交叉，对其进行社会评价时，以采用多目标、多层次分析综合评价法为宜。

学习单元 4.7　水利建设项目综合评价简介

4.7.1　学习目标

（1）了解水利建设项目综合评价内容。

（2）了解水利建设项目综合评价指标体系。

（3）了解水利建设项目综合评价方法。

4.7.2　学习内容

（1）水利建设项目综合评价内容。

（2）水利建设项目综合评价指标体系。

（3）水利建设项目综合评价方法。

4.7.3　任务实施

水利建设项目除进行经济评价和社会评价外，还应考虑政治、技术、资源、环境及风险等诸多因素。因此，在项目方案评价和比较中，仅进行经济评价和社会评价是不够的，在建设中所涉及的有关问题，无论是直接的还是间接的，相互关联的或是相互独立的，都需进行认真的研究、分析和计算。为了保证方案选择的合理性和总体决策的正确性，必须对建设项目及其不同方案进行综合研究，即从政治、经济、环境影响等各个方面运用系统工程的思想和方法，定性分析和定量分析相结合，对建设项目进行全面和客观的评价，这就是综合评价。

4.7.3.1　综合评价内容

对于不同的建设项目，综合评价的内容和重点有所不同，大型建设项目涉及的范围广、内容多，而中小型建设项目则可结合具体情况适当加以简化。综合评价一般包括以下若干方面：

（1）政治社会评价。评价建设项目对国家政治威望、国际和国防安全的影响；对社会安定的影响（例如劳动就业、社会治安等）；对提高人民生活水平和改善劳动条件的影响；

对加强文化教育和精神文明建设的影响以及建设项目对本地区国民经济发展的影响等。

（2）技术评价。评价建设项目在技术上的可行性和可靠性，技术上是否先进，是否符合当时当地的客观技术条件。

（3）经济评价。按照有关规程和规定，对建设项目进行国民经济评价和财务评价；确定建设项目对促进国民经济发展的作用，政府对本工程在财力、物力、人力等方面的承受能力以及本项目在节约劳力、自然资源及改变经济结构等方面的影响。

（4）自然资源评价。主要从工程保护资源、合理开发和利用资源等方面进行评价。

（5）环境影响评价。主要评价建设项目对生态环境有利和不利的影响，以及当遭遇自然灾害时建设项目对生态环境的防护能力。

（6）风险评价。水利建设项目风险性较大，应从技术、资金、自然灾害等方面评价项目的风险性及其抗风险能力，对主要因素如资金、效益、施工期等进行敏感性分析和概率分析，以了解项目的抗风险能力。

4.7.3.2　综合评价指标体系

一般水利建设项目的综合评价指标体系应包括下列内容。

1. 经济效果

（1）投资费用类：固定资产投资、单位千瓦投资、单位电能投资、单位电能成本、投资完成率和自筹资金率等。

（2）技术经济类：装机容量、保证出力、年发电量以及防洪效益、灌溉效益、城镇供水效益以及其他水利工程效益。

（3）分析结果类：经济内部收益率、经济效益费用比、财务内部收益率、投资回收期、贷款偿还期、投资利税率等。

2. 管理效果

（1）管理类：管理体制、规章制度及管理水平，单位千瓦职工数，技术人员占职工总数比例等。

（2）设备类：主要设备完好率、供电保证率、电压周波合格率、平均功率因子、厂用电率、线损率或网损率等。

（3）科技类：设备先进性及自动化水平、职工文化程度、技术人员科技等级等。

（4）用电类：乡、村、户通电率，县人均、农民人均、居民生活人均用电量等。

3. 社会效果

（1）水利工程影响：防洪与治涝、灌溉、发电、城镇供水、航运、水产等正、负效应及其变化。

（2）社会经济影响：社会总产值、国民收入及其变化，一、二、三产业构成及其变化，利税、财政收入及其变化，农村人均纯收入及其变化，劳动生产率及其变化，就业率、劳动力转移及其变化等。

（3）文化教育影响：学龄人口入学率，初中以上文化程度人口比例，电话、电视、广播等占有率及其覆盖面，学校、文化站、图书室以及其他文化设施发展情况等。

（4）水库淹没及移民安置：水库淹地面积，移民安置人数，其他设施及文化古迹淹没、搬迁、补偿等情况。

（5）生态环境：对水文、水温、水质及泥沙运动的影响，对地貌、地质及土壤的影响，对陆生、水生动植物的影响以及对人体健康、地方病及传染病的影响等。

在综合评价指标体系中，一部分是难以用数量表达的定性指标，如政治社会影响、生态环境影响等，这些指标或因素在评价时，除进行定性描述外应尽量将其分解为若干个可以计量的指标；另一部分是可以精确计算并能用数字表达的定量指标，但它们的单位可能并不相同，如投资、年运行费、经济内部收益率、人均年收入等，这些指标在评价时应尽可能标准化。

4.7.3.3　综合评价方法

目前国内外使用的综合评价方法很多，大体上可以分为以下几大类。

1. 专家评价法

这是以专家经验为基础的主观评价法，通常以"评分""评语"等作为评价指标，根据不同方案的评价指标确定方案的优劣。

2. 经济分析法

最常用的是效益费用分析法，将评价指标分为效益（B）和费用（C）两大类，采用效益费用比（B/C）或效益费用差（$B-C$）以及经济内部收益率、投资回收期等作为综合评价指标。

3. 层次分析法

将多方面的指标（或因素）按其性质及其上下从属关系，分解组成有序的递阶层次结构，通过两两比较构成判断矩阵，计算其特征向量，以评价各方案的优劣次序。

4. 模糊综合评价法

利用模糊数学的基本原理及隶属度函数，构造各指标的模糊评判矩阵，将其与各指标的权重向量相组合，得到综合模糊评判矩阵，据此进行方案的排序与选优。

5. 其他方法

如数学规划法、系统决策法、效用函数法、网络分析法等。

以上各类方法，除用于建设项目的综合评价外，大都还可应用于多方案比较选优、投资决策和权重分析。

学习单元 4.8　水利建设项目后评价

4.8.1　学习目标

（1）了解水利建设项目后评价的特点。

（2）了解水利建设项目后评价的主要内容。

（3）理解后评价的步骤、方法和主要指标。

4.8.2　学习内容

（1）水利建设项目后评价的特点。

（2）水利建设项目后评价的主要内容。

（3）后评价的步骤、方法和主要指标。

4.8.3 任务实施

所谓建设项目后评价，是指建设项目已经建成通过竣工验收并经过一段时期的生产运营后，对项目全过程进行的总结评价。这是项目建设程序的最后阶段，其目的是总结经验，吸取教训，以便提高项目的决策水平和投资效益。

4.8.3.1 水利建设项目后评价的特点

项目后评价的性质和特点与项目前评价是不相同的。项目前评价是指在项目决策之前，在深入细致的调查研究和技术经济论证的基础上，分析项目的技术正确性、财务可行性和经济合理性，为项目决策提供可靠依据；项目后评价则是在项目建成并运用一段时间以后对项目进行回顾评价，总结经验教训，提出进一步提高效益等建议。项目后评价一般具有如下特点。

1. 现实性

项目后评价是分析研究项目从规划设计、立项决策、施工建设直到生产运行的实际情况，因而要求在项目建成并生产运行一段时间以后进行。对水利工程项目而言，一般要求建成并运行5～10年以后进行后评价。后评价所依据的数据是已经发生的实际数据或者根据现实情况重新预测的数据，而项目前评价或可行性研究，是分析研究项目的未来情况所采用的费用和效益数据都是预测估算的。

2. 全面性

项目后评价既要研究项目的投资和建设过程，还要分析效益和生产运行过程；既要深入分析项目的成败得失、总结项目的经验教训，又要提出进一步提高项目效益的意见和建议。

3. 公正性

项目后评价要分析已建成工程的现状，发现问题，研究对策，并探索未来的发展方向，因而要求后评价人员具有较高的业务水平和政治思想素质，要求参加项目的后评价人员具有不偏不倚的公正态度，因而该项目的决策者和前期咨询评估人员不宜参加本项目后评价工作。

4. 重点性

项目后评价既要全面分析项目的投入和产出、总结经验教训，又要突出重点，针对项目中存在的主要问题，提出切实可行的改进措施和建议。切忌面面俱到，没有重点，不解决主要问题的后评价报告。

5. 反馈性

项目后评价的成果应及时反馈给有关部门，如国家投资决策部门、设计施工单位、项目咨询评估机构等，使他们能够及时了解情况，吸取经验教训，改进和提高今后工作的质量。项目后评价成果还应有计划、有目的、有针对性地向社会反馈，通过新闻媒介加强社会各部门的监督作用。

4.8.3.2 水利建设项目后评价的主要内容

水利建设项目后评价的主要内容可分为两类：一类是全过程后评价，即从项目的勘测设计、立项决策等前期工作开始，直到项目建成投产运营若干年以后的全过程进行后评价；另一类是阶段性后评价或专项后评价，例如规划设计后评价、立项决策后评价、实施建设后评价、施工监理后评价、运行管理后评价、经济后评价、移民安置后评价、环境影响后评价、社会影响后评价等。

4.8.3.3　后评价的步骤、方法和主要指标

1. 水利建设项目后评价的步骤

（1）提出问题。首先要明确后评价的任务、具体对象、目的与要求，然后提出参加后评价的单位，可以是国家计划部门、水利主管部门，也可以是工程管理单位。

（2）筹划准备。项目后评价的提出单位，可以委托工程咨询公司或其他有资格的单位进行后评价，也可以自己组织实施。接受任务的承办单位即可组织一个相对独立的后评价小组，成员以后评价专家为主，积极进行筹备工作，制定较为详尽的后评价工作计划，其中包括组织机构的建立、人员配备、后评价内容、后评价方法、后评价指标，以及时间进度计划和工作经费预算等，报请上级有关部门批准后即可开始进行后评价工作。

（3）深入调查和收集资料。翔实的基本资料是进行项目后评价的基础，因此对基本资料的调查、搜集、整理、综合分析和合理性检查，是做好后评价工作的重要环节。

（4）选择后评价指标。选择后评价指标是后评价工作中关键的一步，要根据工程规划、设计、建设和运行管理状况，针对工程特点，结合工程本身存在的问题以及工程对所在地区经济、社会和环境的影响，选择合适的评价指标。

（5）分析评价。根据调查资料，对工程进行定量与定性分析评价，一般按下列步骤进行：

1）对调查资料和数据的完整性和准确性进行检验，并依据核实后的资料数据进行分析研究。

2）计算各项经济、技术、社会及环境评价指标，对比工程实际效果和原规划设计意图，对比分析实际值与前评价预测值，找出存在的问题，总结经验教训。

3）对难于定量的效益与影响应进行定性分析，揭示工程存在的经济、社会和环境问题，提出减轻或消除不利影响的措施和建议。

4）进行综合分析评价，采用有无对比分析方法或多目标综合分析评价方法得出后评价结论，提出今后的改进措施和建议。

（6）编制建设项目后评价报告。将上述调查分析和评价成果，写成书面报告，提交委托单位和上级有关部门。

2. 水利建设项目后评价的方法

水利建设项目后评价的方法，主要指调查搜集资料的方法和分析研究的方法，其中既有定量对比方法，也有定性分析方法。

（1）调查搜集资料的方法。调查搜集资料的方法很多，如利用现有资料，到现场进行观察，进行个别访谈，召开专题调查会，问卷调查、抽样调查等。一般根据后评价的具体要求和搜集资料的难易程度，选用适宜的方法。有时采用多种方法对同一内容进行调查分析，相互验证，以提高调查成果的可信度。

（2）分析研究的方法。常用的后评价分析研究的方法有定量分析方法、定性分析方法、有无项目对比分析方法和综合评价方法等。

3. 水利建设项目后评价的主要指标

水利建设项目后评价的内容较多，针对每一项内容都应设置相应的评价指标，要求能体现水利建设项目的特点，并具有针对性、重点性、可比性和可操作性。

知 识 训 练

1. 水利建设项目经济评价主要包括国民经济评价和财务评价两大部分，两者评价的目的何在？两者评价有何相同之处？有何不同之处？试说明之。

2. 水利建设项目国民经济评价与财务评价有何主要区别？在什么情况下可以只作国民经济评价而不作财务评价？在什么情况下只作财务评价而不作国民经济评价？

3. 为什么水利建设项目必须进行社会评价？其主要作用在哪几个方面？水利建设项目社会评价的原则是什么？水利建设项目社会评价有何特点？水利建设项目社会评价主要内容包括哪几个方面？

学习项目5 综合利用水利工程的投资费用分摊

学习单元5.1 概 述

5.1.1 学习目标
（1）了解综合利用水利工程投资费用分摊的含义。
（2）了解综合利用水利工程的投资费用分摊目的。

5.1.2 学习内容
（1）综合利用水利工程的投资费用分摊含义。
（2）综合利用水利工程的投资费用分摊目的。

5.1.3 任务实施
我国水利工程一般具有防洪、发电、灌溉、供水、航运等综合利用效益，在过去一段时间内由于缺乏经济核算，整个综合利用水利工程的投资，系由某一水利或水电部门负担，并不在各个受益部门之间进行投资费用分摊，结果常常发生以下几种情况：

（1）负担全部投资的部门认为，本部门的效益有限，而所需投资却较大，因而迟迟不下决心或者不愿兴办此项工程，使水利资源得不到应有的开发与利用，任其白白浪费。

（2）主办单位由于受本部门投资额的限制，可能使综合利用水利工程的开发规模偏小，因而其综合利用效益得不到充分的发展。

（3）如果综合利用水利工程牵涉的部门较多，相互之间的关系较为复杂，有些不承担投资的部门往往提出过高的设计标准或设计要求，使工程投资不合理的增加，工期被迫拖延，不能以较少的工程投资在较短的时间内发挥较大的综合利用效益。

在相当长时期内，某些水利工程的投资全部由水电站负担，致使水电站单位千瓦投资高于火电站较多。由于受电力部门总投资额的限制以及其他一些原因，为了尽快满足电力系统负荷日益增长的要求，较多地发展了火力发电。虽然火电厂本身的单位千瓦投资较低，但是为了提供火电所需的大宗燃料，煤炭工业部门不得不增加投资新建或扩建矿井，甚至铁道部门、环保部门亦须相应增加投资，总计折合火力发电单位千瓦的投资并不一定比水电站少，而火电站单位电能的年运行费却为水电站的数倍，但电价是一定的，结果国家纯收入（包括税金和利润）减少，资金积累减慢，反过来又影响水利、电力部门的投资额，降低扩大再生产的速度，而水利水能资源由于得不到充分的开发利用而年复一年地大量浪费，因此综合利用水利工程的投资在各个受益部门之间进行合理分摊是势在必行，不宜延缓。有些人认为，在社会主义国家工程投资分摊是可有可无的问题，这种缺乏经济核算的观点显然是有害的，结果使国家遭受很大的损失，国民经济发展速度被迫减慢。

由上述可知，对综合利用水利工程进行投资分摊的目的，主要如下：

（1）合理分配国家资金，正确编制国民经济发展规划和建设计划，保证国民经济各部门有计划按比例协调地发展。

（2）充分合理地开发和利用水利资源和各种能源资源，在满足国民经济各部门要求的条件下，使国家的总投资和运行费用最少。

（3）协调国民经济各部门对综合利用水利工程的要求，选择经济合理的开发方式和发展规模；分析比较综合利用水利工程各部门的有关参数或技术经济指标。

（4）充分发挥投资的经济效果，只有对综合利用水利工程进行投资和运行费用分摊，才能正确计算防洪、灌溉、水电、航运等部门的效益与费用，以便加强经济核算，制定各种合理的价格，不断提高综合利用水利工程的经营和管理水平。

国外对综合利用水利工程（一般称多目标水利工程）的投资分摊问题曾作过较多的研究，提出很多的计算方法。由于问题的复杂性，有些文献认为：直到现在为止，还提不出一个可以普遍采用的、能够被各方面完全同意的河流多目标开发工程的投资分摊公式。我国过去对这方面问题研究较少，亦缺乏投资分摊的实践经验。下面将介绍比较通用的投资分摊方法和有关部门建议的费用分摊方法，并对各种分摊方法进行讨论。

学习单元 5.2　综合利用水利工程的投资费用构成

5.2.1　学习目标
（1）了解综合利用水利工程投资构成分类。
（2）理解综合利用水利工程投资构成表达式。

5.2.2　学习内容
（1）综合利用水利工程投资构成分类。
（2）综合利用水利工程投资构成表达式。

5.2.3　任务实施

综合利用水利工程一般包括水库、大坝、溢洪道、泄水建筑物、引水建筑物、电厂、船闸以及鱼道等建筑物，其投资构成可以大致分为下列两大类：

第一类是把综合利用水利工程的投资划分为共用建筑物投资和专用建筑物投资两大部分，水库和大坝等建筑物可以为各受益部门服务，其投资可列为共用投资；电厂、船闸、灌溉引水建筑物等由于专为某一部门服务，故其投资应列为专用投资。

第二类是把综合利用水利工程的投资划分为可分投资和剩余投资两大部分。所谓某一部门的可分投资，是指水利工程中包括该部门与不包括该部门的总投资之差值。显然某一部门的可分投资，比它的专用投资要大一些，例如水电部门的可分投资除电厂、调压室等专用投资外，还应包括为满足电力系统调峰等要求而增大压力引水管道的直径，为满足最低发电水头和事故备用库容的要求而必须保持一定死库容所需增加的那一部分投资。所谓剩余投资，就是总投资减去各部门可分投资后的差值。

在投资分摊计算中，尚需考虑各个部门的最优替代工程方案，所谓最优替代工程方案，是指同等满足国民经济发展要求的且有同等效益的许多方案中，选择其中一个在技术上可行的，经济上最有利的替代工程方案。例如水电站的最优替代工程方案，在一般情况下是凝汽式火电站；水库对下游地区防洪的最优替代工程方案，可能是在沿河两岸修筑堤防或在适当地区开辟蓄洪、滞洪区；地表水自流灌溉的最优替代工程方案，可能是在当地抽引地下水灌溉等。

在具体研究综合利用水利工程投资构成时，还会遇到以下复杂的情况：

（1）天然河道原来是可以通航的，由于修建水利工程而被阻隔，为了恢复原有河道的通航能力而增加的投资，不应由航运部门负担，而应由其他受益部门共同承担。但是为了提高通航标准而专门修建的建筑物，其额外增加的费用则应由航运部门负担。

（2）泄洪道和泄洪建筑物及其附属设备的投资，常占水利枢纽工程总投资的相当大的比重。上述建筑物的任务包括两方面：一方面保证工程本身的安全，当发生稀遇洪水（例如千年一遇或万年一遇洪水）时，依靠泄洪建筑物的巨大泄洪能力而确保水库及大坝的安全；另一方面，对于一般洪水（例如 10 年一遇或 20 年一遇洪水），依靠泄洪建筑物及泄洪设备一部分的控泄能力就能确保下游河道的防汛安全。前一部分任务所需的投资，应由各个受益部门共同负担；后一部分任务所需增加的投资，则应由下游防洪部门单独负担。

（3）灌溉、工业和城市生活用水，常常需修建专用的取水口和引水建筑物，其所需的投资应列为有关部门的专用投资。当这些部门所引用的水量与其他部门用水（如发电用水）结合时，则在此情况下投资分摊计算比较复杂。但不论在上述何种情况下，一般认为任一部门所负担的投资，不应超过该部门的最优替代工程方案所需的投资，也不应少于专为该部门服务的专用建筑物的投资。

综上所述，综合利用水利工程的投资构成，一般可表示为

$$K_{总} = K_{共} + \sum_{j=1}^{n} K_{专,j} \quad (j = 1,2,\cdots,n) \tag{5.1}$$

式中　$K_{总}$——工程总投资；

　　　$K_{共}$——几个部门共同建筑物的投资；

　　　$K_{专,j}$——第 j 部门的专用建筑物的投资。

也可表示为

$$K_{总} = K_{剩} + \sum_{j=1}^{n} K_{分,j} \quad (j = 1,2,\cdots,n) \tag{5.2}$$

式中　$K_{分,j}$——第 j 部门的可分离部分的投资（简称可分投资）；

　　　$K_{剩}$——工程总投资减去各部门可分投资后所剩余的投资。

学习单元 5.3　现行投资费用的分摊方法

5.3.1　学习目标

理解综合利用水利工程投资费用分摊方法。

5.3.2　学习内容

综合利用水利工程投资费用分摊方法。

5.3.3 任务实施

5.3.3.1 按各部门的主次地位分摊

在综合利用水利工程中各部门所处的地位并不相同，往往某一部门占主导地位，要求水库的运行方式服从它的要求，其他次要部门的用水量及用水时间则处在从属的地位。在这种情况下，各个次要部门只负担为本身服务的专用建筑物的投资或可分投资，其余部分的投资则全部由主导部门承担。这种投资分摊方法适用于主导部门的地位十分明确，工程的主要任务是满足该部门所提出的防洪或兴利要求。

5.3.3.2 按各部门的用水量分摊

综合利用水利工程中的各个兴利部门，由水库引用的水量是各不相同的，但在一般情况下，某些兴利部门的用水是完全结合的或者部分结合的，但也有不结合的。例如冬季电力系统负荷较高，水电站常承担较多的峰荷，而灌溉此时并不用水，城市生活用水亦稍减少些，即此时发电用水与灌溉用水是不结合的，与城市用水是部分结合的。春季灌溉用水量较多，水库泄水发电后即把尾水引入灌溉渠道内，在此情况下两者用水是完全结合的。总之，各部门用水量亦可分为两部分：一部分是共用水量（或称结合水量）；另一部分是专用水量。因此，可以根据各部门所需调节水量的多少，按比例分摊共用建筑物的投资。至于专用建筑物的投资，则应由受益部门单独负担。此法似较公平，但某些部门并不消耗水量，例如防洪部门仅要求保留一定的库容，航运要求保持一定的水深，因而运用此法进行投资费用分摊具有一定的局限性。

5.3.3.3 按各部门所需的库容分摊

与上法相似，根据各部门所需库容的大小分摊共用建筑物的投资，专用建筑物的投资则由受益部门单独负担。但防洪库容与兴利库容在一般情况下，是能部分结合的，在某些情况下完全不能结合，也有个别情况两者完全结合，这要视洪水预报精度及汛后来水量与用水量等具体条件而定。至于兴利库容，常为若干个兴利部门所共用，如按所需库容大小进行投资分摊，往往防洪部门所分摊的投资可能偏多，各个兴利部门所负担的投资可能偏小。实际上防洪库容也是为各个兴利部门服务的，因此这种按所需库容大小进行投资分摊也不尽合理。

5.3.3.4 可分费用剩余效益法（SCRB 法）

欧美、日本等国家一般采用所谓"可分费用剩余效益法"（The Seperable Costs—Remaining Benefits Method，简称 SCRB 法），其要点与计算步骤如下所述。

（1）计算整个水利工程的投资、年费用和年平均效益，求出各部门的可分费用及其替代工程和专用工程的投资和年费用，见表 5.1。

（2）确定本部门及其替代工程的投资年回收值时，须事先定出利率或折现率 i 以及各部门的经济寿命 n（年），参阅表 5.1。

（3）各部门的年效益有两种表达方式：一是本部门的直接收益（一般在财务评价时采用，如发电部门的电费收益）；二是最优替代工程的年费用（一般在国民经济评价时采用），如修建水电站可以用相应规模的凝汽式火电站来作替代工程，从而后者的年费用（包括投资年回收值、年运行费及燃料费）可以节省下来，当作该水电站的年效益。

表 5.1　　　　　　　　　各部门的投资、年费用和年效益表　　　　　单位：万元

项　　目		投资	年　费　用			年平均效益
			投资年回收值	年运行费	合计	
综合水利工程		20000	1635	1000	2635	3000
可分费用	发电	10000	817	600	1417	2000
	灌溉	4000	327	150	477	1000
替代工程	发电	14000	1144	1000	2144	2000
	灌溉	8000	654	100	754	1000
专用工程	发电	7000	572	520	1092	
	灌溉	2000	164	120	284	

　　注　投资年回收值＝投资$[A/P,i,n]$，在本表计算中，假设 $n=50$ 年，$i=8\%$。
　　　　共用工程年费用＝综合水利工程年费用－专用工程年费用＝2635－（1092＋284）＝1259（万元）。

　　（4）有些作法在上述两者之中选择较小者作为本部门的选用年效益，见表 5.2 中"年费用分摊"中的 c。

表 5.2　　　　　　　　　用 SCRB 法进行分摊计算表　　　　　单位：万元

项目	内　　容	发电	灌溉	合计	备　　注
年费用分摊	a. 年平均效益	2000	1000	3000	表 5.1
	b. 替代工程年费用	2144	754	2898	表 5.1
	c. 选用年效益	2000	754	2754	选用 a、b 中较小者
	d. 可分年费用	1417	477	1894	表 5.1
	e. 剩余效益	583	277	860	c－d
	f. 分摊百分比	67.8%	32.2%	100%	按本栏中的 e 比例
	g. 剩余年费用分摊	502	239	741	（2635－1894）按本栏中的 f 分摊
	h. 总分摊额	1919	716	2635	d＋g
年运行费分摊	a. 可分年运行费	600	150	750	表 5.1
	b. 剩余年运行费分摊	170	80	250	（1000－750）按第 1 栏中的 f 分摊
	c. 总分摊额	770	230	1000	a＋b
投资分摊	a. 可分投资	10000	4000	14000	表 5.1
	b. 剩余投资分摊	4068	1932	6000	按第 1 栏中的 f 分摊
	c. 总分摊额	14068	5932	20000	a＋b

　　（5）各部门的选用年效益减去其可分年费用，即得剩余效益，然后求出分摊百分比，见表 5.2 中"年费用分摊"中的 e 和 f。

　　（6）整个水利工程的年费用，减去各个部门的可分年费用，即得各部门的剩余年费用，按表 5.2 中"年费用分摊"中的分摊，即得 g。

　　（7）各部门的年运行费的分摊，亦按上述步骤求得，见表 5.2 中"年运行费分摊"中的 b 和 c。

　　（8）按上述步骤对各部门进行投资分摊，各部门的可分投资，加上所求得的剩余投资的分摊额，即得综合利用水利工程各部门应承担的投资额，计算结果见表 5.2 中"投资分摊"中的 c 项。

5.3.3.5 合理替代费用分摊法

与上述 $SCRB$ 法不同之处在于，本法用各部门专用工程的投资与年费用，代替上述的可分投资与可分年费用，其余计算方法与计算步骤与 $SCRB$ 法基本相同。

合理替代费用分摊法与 $SCRB$ 法的另一相似之处为：某一部门投资的最小分摊额，就是该部门的专用投资或可分投资；某一部门投资的最大分摊额，就是相应替代工程的投资。虽然合理替代费用分摊法的计算工作量较小些，但 $SCRB$ 法用各部门的可分投资代替前者的专用投资，可以使投资分摊的误差尽可能减少至最低程度，所以欧美、日本等国家现在比较广泛采用 $SCRB$ 法，已逐渐取代其他投资分摊方法。

5.3.3.6 我国有关部门曾建议的费用分摊方法

当设计的水利工程具有防洪、发电、灌溉、航运、供水等综合利用效益时，应在各有关部门之间进行费用分摊。建议根据具体情况按下列方法之一进行费用分摊：

（1）按各部门利用的水量或库容等指标分摊共用工程费用。

（2）按各部门获得效益现值的比例分摊共用工程费用。

（3）按各部门等效替代工程方案费用现值的比例分摊共用工程费用。

（4）按"可分离费用—剩余效益法"分摊剩余共用工程费用。

（5）按工程任务的主次关系分摊。当综合利用工程各部门之间的主次关系明显，主要部门的效益占工程总效益的比重较大时，可由主要受益部门承担大部分费用，次要部门只承担其可分离费用或专用工程费用。

下面重点介绍按各部门的效益比例分摊工程费用。各部门的效益一般用等效替代工程方案的费用表达，当不具备等效替代方案条件时，则可按各部门的效益现值的比例进行费用分摊。

替代工程方案的总费用（F），包括共用工程费用（F_0）、单独为某一部门使用面设置的专用设施费用（F_j^s）和与之相应的保证其正常受益的配套设施费用（F_j^c）三部分所组成，即

$$F = F_0 + \sum_{j=1}^{x} F_j^s + \sum_{j=1}^{x} F_j^c \tag{5.3}$$

式中　j——第 j 个部门，$j=1, 2, \cdots, x$；

　　　x——综合利用部门的组成数。

建议根据工程具体条件与计算要求，选用下列三种方法之一进行费用分摊：

（1）按效益比例分摊总费用：

$$F_j = F \frac{F_j^a}{\sum_{j=1}^{x} F_j^a} \tag{5.4}$$

（2）按剩余效益分摊共用工程费用：

$$F_j = F_0 \frac{F_j^a - F_j^s - F_j^c}{\sum_{j=1}^{x}(F_j^a - F_j^s - F_j^c)} + F_j^s + F_j^c \tag{5.5}$$

（3）按剩余效益分摊剩余费用（即总费用扣除可分离费用后的余额）：

$$F_j = \frac{F_j^a - \Delta F_j}{\sum\limits_{j=1}^{x}(F_j^a - \Delta F_j)} \left(F - \sum\limits_{j=1}^{x}\Delta F_j\right) + \Delta F_j \tag{5.6}$$

其中
$$\Delta F_j = F_{k+j} - F_k \tag{5.7}$$

以上式中 F_j^a——替代工程方案满足第 j 部门效益所需的费用；

F——综合利用工程的总费用；

ΔF_j——某部门的可分离费用，系指考虑第 j 部门受益与不受益时工程总费用的差值，也是第 j 部门至少应承担的费用；

F_{k+j}、F_k——包括第 j 部门和不包括第 j 部门效益时的工程总费用。

最后须指出，当采用按效益比例分摊总费用法进行费用分摊时，任一部门所承担的费用一般不应小于该部门的专用工程和配套设施费用之和，但也不得大于其替代工程的费用。当综合利用各部门的主次关系明显时，次要部门的效益所占的比重很小时，可只承担其可分离费用，其余则由主要部门承担。分摊后的费用，如系投资和运行费的总和，其两者之间的分配，可采用各部门分摊的投资和运行费各占工程总投资和总运行费的同一比例，必要时可作适当调整。

5.3.4 案例分析

【例 5.1】 设某综合利用工程的基本经济资料见表 5.1，现拟按所建议的三种费用分摊方法计算。

解：为简化计算，假设该工程各部门的经济寿命均为 50 年，在经济比较阶段，$i = 0.08$。其计算结果见表 5.3～表 5.5。

表 5.3   **按效益（用替代工程费用表示）分摊工程总费用**   单位：万元

项 目	内 容	发电	灌溉	合计	备 注
年费用分摊	工程年费用 F			2635	见表 5.1
	替代工程年费用 F_j^a	2144	754	2898	见表 5.1
	年费用分摊额 F_j	1950	685	2635	按式（5.4）
投资分摊	投资分摊额 K_j	14800	5200	20000	按式（5.4）
年运行费分摊	年运行费分摊额 u_j	740	260	1000	按式（5.4）

表 5.4   **按剩余效益分摊共用工程费用**   单位：万元

项 目	内 容	发电	灌溉	合计	备 注
年费用分摊	替代工程年费用 F_j^a	2144	754	2898	见表 5.1
	专用工程年费用 $F_j^s + F_j^c$	1092	284	1376	见表 5.1
	$F_j^a - (F_j^s + F_j^c)$	1052	470	1522	剩余效益
	共用工程年费用分摊 F_0	870	389	1259	按式（5.5）
	年费用分摊额 F_j	1962	673	2635	$F_0 + F_j^s + F_j^c$

续表

项　目	内　　容	发电	灌溉	合计	备　注
投资分摊	共用投资分摊 K_0	7600	3400	11000	按式（5.5）
	专用投资 $K_j^s + F_j^c$	7000	2000	9000	见表 5.1
	投资分摊额 K_j	14600	5400	20000	
年运行费分摊	共用年运行费分摊 u_0	249	111	360	按式（5.5）
	专用年运行费 $u_j^s + u_j^c$	520	120	640	见表 5.1
	年运行费分摊额 u_j	769	231	1000	

表 5.5　　　　　　　　　　　　　　　按剩余效益分摊剩余费用　　　　　　　　　单位：万元

项目	内　　容	发电	灌溉	合计	备　注
年费用分摊	替代工程年费用 F_j^a	2144	754	2898	见表 5.1
	可分年费用 ΔF_j	1417	477	1894	见表 5.1
	$F_j^a - \Delta F_j$	727	277	1004	剩余效益
	剩余年费用分摊	537	204	741	按式（5.6），$F_剩 = 2635 - (1417 + 477)$
	年费用分摊额 F_j	1954	681	2635	
投资分摊	剩余投资分摊 K_j'	4345	1655	6000	$K' = 20000 - (10000 + 4000)$，按式（5.6）
	可分投资 ΔK_j	10000	4000	14000	见表 5.1
	投资分摊额 K_j	14345	5655	20000	
年运行费分摊	剩余年运行费分摊 u_j'	181	69	250	$u' = 1000 - (600 + 150)$，按式（5.6）
	可分年运行费 Δu_j	600	150	750	见表 5.1
	年运行费分摊额 u_j	781	219	1000	

【例 5.2】　对［例 5.1］各种投资费用分摊方法的分析。

由表 5.6 可知，本例各种分摊方法对计算结果的影响并不算很大，例如发电部门所负担的投资占 70%～74%，年运行费占 74%～78%；灌溉部门所负担的投资占 26%～30%，年运行费占 22%～26%。可以认为，尽管综合利用水利工程的费用分摊理论尚不够完善，但一般采用不同分摊理论与计算方法所求出的计算成果可能相差不大，因此可以根据各部门的具体情况，制定出各方面都能接受的比较简明的投资费用分摊方法。

表 5.6　　　　　　　　　　　　　各种费用分摊方法的计算成果

序号	分　摊　方　法		投资分摊额		年运行费分摊额		年费用分摊额	
			发电	灌溉	发电	灌溉	发电	灌溉
1	按效益分摊总费用法	万元	14800	5200	740	260	1950	685
			74%	26%	74%	26%	74%	26%
2	按剩余效益分摊共用工程费用法	万元	14600	5400	769	231	1962	673
			73%	27%	77%	23%	75%	25%
3	按剩余效益分摊剩余费用法	万元	14345	5655	781	219	1954	681
			72%	28%	78%	22%	74%	26%
4	SCRB 法（见表 5.2）	万元	14068	5932	770	230	1919	716
			70%	30%	77%	23%	73%	27%

知 识 训 练

1. 在社会主义制度下，大型多目标综合利用水利工程一般均为国家投资，在规划设计阶段是否有必要进行投资费用分摊？当工程建成后，在运行管理阶段是否有必要进行年收益与年运行费（年经营成本费）分摊？两者效益、费用分摊方法有何区别？

2. 以地方为主修建的中小型综合利用水利工程，其投资费用分摊方法与上述大型综合利用水利工程有何区别？现行投资费用分摊方法很多，有按主次地位分摊的，有按各部门用水量分摊的，有按所需库容分摊的，有按各部门效益分摊的，试述各在何种条件下采用？

3. 如果综合利用水利工程某一部门（如水力发电）效益较大，某一部门（如航运）效益有得有失，某一部门有负效益，某一部门占有专用库容较大或专用水量较多（如灌溉），但效益相对较小，对上述各部门应如何进行投资费用分摊？

学习项目6 水利工程经济分析

学习单元6.1 防洪工程经济分析

6.1.1 学习目标
（1）了解洪水灾害的类型及防洪措施。
（2）理解防洪工程经济分析的特点及其内容。
（3）理解防洪工程的经济效益。

6.1.2 学习内容
（1）洪水灾害的类型及防洪措施。
（2）防洪工程经济分析的特点及其内容。
（3）防洪工程的经济效益。

6.1.3 任务实施

6.1.3.1 洪水灾害的类型及防洪措施

洪水灾害主要是指河流洪水泛滥成灾，淹没广大平原和城市；或者山区山洪暴发，冲毁和淹没土地村镇和矿山；或者由洪水引起的泥石流压田毁地以及冰凌灾害等，均属洪水灾害的范畴。在我国，比较广泛而又影响重大的是平原地区的洪灾，对我国经济发展影响很大，是防护的重点。

洪水灾害按洪水特性可分为主要由洪峰造成的和主要由洪量造成的洪水灾害；按漫溢、决堤成灾的影响，可分为洪水漫决后能自然归槽只危害本流域的洪水灾害，和不能归槽、危害其他流域的洪水灾害；按洪水与涝水的关系，可分为纯洪水灾害和先涝后洪或洪涝交错的混合型洪水灾害。

防洪是指用一定的工程措施或其他综合治理措施，防止或减轻洪水的灾害。人类在与自然的斗争中，早已掌握若干不同的防洪措施。但随着人类社会的发展和进步，这些工程措施现在更趋于完善和先进，效益更为显著，并由单纯除害发展为除害与兴利相结合的综合治理工程措施。

防治洪水的措施，可分为两大类。第一类是治标性的措施，这类措施是在洪水发生以后设法将洪水安全排泄而减免其灾害，其措施主要包括堤防工程、分洪工程、防汛、抢险及河道整治等。第二类是治本性的措施，其中一类是在洪水未发生前就地拦蓄径流的水土保持措施，另一类是具有调蓄洪水能力的综合利用水库等。

堤防工程是在河流两岸修筑堤防，进一步增加河道宜泄洪水的能力，保卫两岸低地，这种措施最古老，也最广泛采用，在现阶段仍不失为防御洪灾的一种重要措施。例如我国黄河下游两岸大堤及长江中游的荆江大堤等。

分洪工程是在河流上（一般是在中、下游）适当地点修建分洪闸、引洪道等建筑物，将一部分洪水分往别处，以减轻干流负担。例如黄河下游的北金堤分洪工程及长江中游的荆江分洪工程等。

河道整治也是增加河道泄洪能力的一种工程措施，其内容包括拓宽和浚深河道，裁弯取直，消灭过水卡口，消除河道中障碍物以及开辟新河道等。

水土保持是防治山区水土流失，从根本上消除洪水灾害的一项措施。水土保持分为坡面和沟壑治理两方面，一般需要采用农、林、牧及工程等综合措施。水土保持不但能根治洪水，而且能蓄水保土，有利于农业生产，是发展山区经济的一种重要措施。

蓄洪工程是在干、支流的上、中游，兴建水库以调蓄洪水。这种措施不但从根本上控制下游洪水的灾害，而且与发电、灌溉、供水及航运发展等结合，是除害兴利、综合利用水资源的根本措施。

除上述各项工程措施外，亦可采用"非工程防洪措施"。这是指在受洪水威胁的地区，采用一水一麦、种植高秆作物、加高房基等防御洪水的措施，或者加强水文气象预报，及时疏散受洪水威胁地区的人口，甚至有计划采取人工决口等措施，尽可能减轻洪水灾害及其损失。

防洪措施，常常是上述若干措施的组合，包括治本的和治标的、工程性和非工程性的措施，通过综合治理，联合运用，尽可能减免洪水灾害，并进一步达到除害兴利的目的。

6.1.3.2　防洪工程经济分析的特点及其内容

1. 洪灾损失及其特点

洪水灾害的最大特点，是洪水在时间出现上具有随机分布的特性。年内或年际间不同频率洪水的差别很大，相应的灾情变化亦很大。在大多数情况下，一般性的或较小的洪水虽然经常出现，但并不具有危害性或危害性较小；稀遇特大洪水则危害性甚大，甚至影响本区域或全国的经济发展计划。

洪灾损失亦分直接损失和间接损失两方面，有的能用实物和货币表达，有的则不易用货币表达。在能用实物或货币表达的损失中，不少也难以估计准确。因此洪灾损失的计算，由于考虑的深度和广度不同，可能有很大差别。

在受洪水威胁的范围内，无论农、工、商业和其他各种企业的动产与不动产，无论是个人的、集体的和国家的财产，随着国民经济的发展均在逐年递增，其数量和质量均在不断变化。因此，即使同一频率的洪水，发生在不同年份其损失也不一样，有随时间变化的特性。

洪水灾害的大小，与暴雨大小、雨型分布、工程标准等因素有关。在洪灾损失中，有些可以直接估算出来，而另有一些损失如人民生命安全、对生产发展的影响等，一般难以用实物或货币直接估算。

能用实物或货币计算的损失，按受灾对象的特点和计算上的方便，一般可以考虑以下几个方面。

（1）农产品损失：洪水泛滥成灾，影响作物收成，农作物遭受自然灾害的面积，称作受灾面积，减产 30% 以上的称作成灾面积。一般可将灾害程度分为四级：毁灭性灾害，作物荡然无存，损失 100%；特重灾害，减产大于 80%；重灾害，减产 50%～80%；轻灾害，减产 30%～50%。

在估算农作物损失时，为了反映其价值的损失，有人建议采用当地集市贸易的年平均价格计算；亦有人提出用国际市场价格计算，再加上运输费用及管理损耗等费用。在计算农作物损失时，秸秆的价值亦应考虑在内，可用农作物损失的某一百分数表示。

（2）房屋倒塌及牲畜损失：在计算这些损失时，要考虑到随着整个国民经济及农村经济的发展，房屋数量增多，质量提高，倒塌率降低，倒塌后残余值回收率增大等因素。

（3）人民财产损失：城乡人民群众的生产设施，如机具、肥料、农药、种子、林木等；以及个人生活资料，如用具、粮食、衣物、燃料等因水淹所造成的损失，一般可按某一损失率估算。20 世纪 50 年代在淮河流域规划时，曾拟定过损失率：长期浸水为 25%～50%，短期浸水为 5%～25% 等。

（4）工矿、城市的财产损失：包括城市、工矿的厂房、设备、住宅、办公楼、社会福利设施等不动产损失以及家具、衣物、商店百货、交通工具、可移动设备等动产损失。在考虑损失时，对城市、工矿区的洪水位、水深、淹没历时等要详细调查核定，并要考虑设备的原有质量、更新程度、洪水来临时转移的可能性、水毁后复建性质等因素，以确定损失的种类、数量及其相应的损失率，不能笼统地全部按原价或新建价折算成为洪灾损失城市、工矿企业因水灾而停工停产的损失，亦不应单纯按产值计算，一般只估算停工期间工资、管理、维修以及利润和税金等损失，而不计入原材料、动力、燃料等消耗。

（5）工程损失：洪水冲毁水利工程，如水库、水电站、堤防、涵闸、桥梁、码头、护岸、渠道、水井、排灌站等；冲毁交通运输工程，如公路、铁路、通信线路、航道船闸等；冲毁公用工程，如输电高压线、变电站、电视塔、自来水设施、排水设施以及淤积下水道等。所有上述各项工程损失，可用国家和地方拨付的工程修复专款来估算。

（6）交通运输中断损失：包括铁路、公路、航运、电信等因水毁中断，客、货运被迫停止运输所遭受的损失。

（7）其他损失：包括水灾后国家和地方支付的生产救灾、医疗救护、病伤、抚恤等经费，洪水袭击时抗洪抢险费用，堤防决口、洪水泛滥、泥沙毁田、淤塞河道及排灌设施和土地地力恢复等损失费用。

2. 防洪工程经济分析的内容和计算步骤

防洪的目的，是要求采用一定的工程措施防止或减少洪水灾害，其所减少的灾害损失就是防洪工程的效益。

对一条河流或一个区域而言，防止或减少洪灾的措施，常常有很多可能的方案可供选择。它们的投资、淹没占地、防洪能力、综合效益以及对环境的影响等均不尽相同。在一定的条件下，需要比较分析不同方案的可能性和合理性。防洪工程经济分析的内容和任务，就是对技术上可能的各种措施方案及其规模进行投资、年运行费、年平均效益等经济分析计算，并综合考虑其他因素，确定最优防洪工程方案及其相应的技术经济参数和有关指标。不同的防洪标准、不同的工程规模、不同的技术参数，均可视为经济分析计算中的不同方案。

防洪工程经济分析的计算步骤是：

（1）根据国民经济发展的需要与可能，结合当地的具体条件，拟定技术上可能的各种方案，并确定相应的工程指标。

（2）调查分析并计算各个方案的投资、年运行费、年平均效益等基本经济数据。

1）防洪工程投资。这主要指主体工程、附属工程、配套工程、移民安置费用以及环境保护、维持生态平衡所需的投资。分洪滞洪工程淹没耕地和迁移居民，如果是若干年才遇到一次，且持续时间不长，则可根据实际损失情况给予赔偿，可不列入基建投资，而作为洪灾损失考虑。

2）防洪工程的年运行费。这主要包括工程运行后每年须负担的岁修费、大修费、防汛费等项。一般岁修费率为防洪工程固定资产值的 0.5%～1.0%，大修理费率为 0.3%～0.5%，两者合计为 0.8%～1.5%，防汛费是防洪工程的一项特有费用，与防洪水位、工程标准、防汛措施等许多因素有关，一般随工程防洪标准的提高而减少。此外，年运行费还包括库区及工程的其他维护费、材料、燃料及动力费、工资及福利费等。

3）分析计算各个方案的主要经济效果指标及其他辅助指标，然后对各个方案进行经济分析和综合评价，确定比较合理的可行方案。

6.1.3.3　防洪工程的经济效益

防洪工程的效益，与灌溉或发电工程的效益不同，它不是直接创造财富，而是把因修建防洪工程而减少的洪灾损失作为效益。因此，防洪工程效益只有当遇到原来不能防御的大洪水时才能体现出来。如果遇不上这类洪水，效益就体现不出来，有人称这种效益为"潜在效益"。

防洪工程从防御常遇洪水提高到防御稀遇洪水所需工程规模及其投资和年运行费等。均要相应大幅度地增加，虽然遇上稀遇洪水时一次防洪效益很大，但因其出现机会稀少，因此若按其多年平均值计算，比起防御常遇洪水所增加的效益可能并不很大。但工程修建后，若很快遇上一次稀遇大洪水，其防洪效益可能比工程本身的投资大若干倍；若在很长时间内甚至在工程有效使用期内遇不到这种稀遇洪水，则长期得不到较大的防洪效益，就形成投资积压，每年还得支付防汛和运行管理费等。因此，防洪效益分析是一个随机问题，具有不确定性和不准确性。

洪灾损失与淹没的范围、淹没的深度、淹没的历时和淹没的对象有关，还与决口流量、行洪流速等有关，这些因素是估计洪灾损失的基本资料。

不同频率洪水的各年损失不同，一般在经济分析中要求用年平均损失值衡量，因此需要计算工程修建前后不同频率洪水的灾害损失，求出工程修建前后的年平均损失差值。

洪灾损失一般可通过历史资料对比法和水文水利计算法确定，具体计算步骤和内容如下。

1. 洪水淹没范围

根据历史上几次典型洪水资料，通过水文水利计算，求出兴建防洪工程前后河道、分蓄洪区，淹没区的水位和流量，由地形图和有关淹没资料，查出防洪工程兴建前后的淹没范围、耕地面积、迁移人口以及淹没对象等。

在进行水文水利计算时，要考虑防护地区的具体条件，如河道、地形特点，拟定防洪工程（如水库、分蓄洪工程）的控制运用方式，堤防决口、分蓄洪区行洪的水力学条件等，作为计算依据。这种方法现已被广泛应用，其优点是能进行不同方案各种典型洪水的计算，同时能考虑各种具体条件，其缺点是工作量大，有些假定可能与实际有较大的出入。

2. 水灾损失率

目前此值都是通过在本地区或经济和地形地貌相似的其他地区对若干次已经发生过的大洪水进行典型调查分析后确定的。以下是调查实例,见表 6.1 和表 6.2。

表 6.1　若干省区典型调查洪水灾害损失率表

地 区 及 洪 水		损失率 /(元/亩)	备　注
调查单位	洪水灾情		
河南	某地区 1975 年 8 月洪水	475	受灾面积 297 万亩
河南	某县 1982 年洪水	263	受灾面积 51 万亩
安徽	某地区 1979 年洪水	560	受灾面积 85.3 万亩
广东	某县 1979 年洪水	600	
黄河水利委员会	某地区 1975 年 8 月洪水 某滞洪区 1979 年洪水	340 450	受灾面积 1000 万亩
长江水利委员会	长江流域几个分洪区调查	905～986	

表 6.2　某省某地区 1975 年 8 月洪水淹没损失统计表（成灾面积 297 万亩）

项　目	数量	单价	损失总值/万元
一、直接损失			117350
1. 农业			31991
粮食作物	178.84 万亩	100 元/亩	17884
经济作物	117.56 万亩	120 元/亩	14107
2. 粮食储备	27000 万 kg	0.4 元/kg	10800
3. 水利工程			2461
堤防			2075
小型水库	8 座		386
4. 群众财产			64507
房屋	107.8 万间	500 元/间	53900
家庭日用品			10394
牛、骡、马	2070 头		137
猪、羊	12930 头		76
5. 冲毁铁路路基、钢轨、桥涵,损失机车、货车等			175
6. 其他（通信设备、仓库等）			7416
二、间接损失			23733
1. 生产救灾			13900
2. 工厂停产（仓库受淹、工厂停产 1 个月）			7600
3. 京广路运输（中断 1 个月）			2233
三、总计			141083
平均每亩损失		元/亩	475

3. 洪灾损失计算

洪灾损失包括农业、林业、工程设施、交通运输以及个人、集体、国家财产等损失，通常根据受淹地区典型调查材料，确定淹没损失指标，一般用每亩综合损失率表示，然后根据每亩综合损失率指标和淹没面积，确定洪灾损失值。

由于调查的是各种典型年的洪灾损失，防洪的年平均效益则为防洪措施实施前的年平均损失，减去防洪措施实施后的年平均损失，可以采用频率曲线法、实际年系列平均法求出，现分述于下：

（1）频率曲线法。

洪水成灾面积及其损失，与暴雨洪水频率等有关，因此必须对不同频率的洪水进行调查计算，以便制作洪灾损失频率曲线，从而求算年平均损失值。其计算步骤如下：

1）对未修建工程前和修建防洪工程后分别计算不同频率洪水时受灾面积及其相应的洪灾损失，由此即可绘制修建工程前后的洪灾损失频率曲线，如图 6.1 所示。

2）曲线与两坐标轴所包括的面积，即为修建工程前、后各自的多年洪灾损失（oac、obc），并求出相应整个横坐标轴（$0\sim100\%$）上的平均值，其纵坐标即为各自的年平均洪灾损失值。如图 6.1 中的 oe，即为未修工程前的年平均值，而 og 为修建该工程后的年平均值。两者之差值（ge）即作为有、无防洪工程的年平均洪灾损失的差值，此即作为工程的防洪效益。

根据洪灾损失频率曲线，可用式（6.1）计算年平均损失值 S_0。

图 6.2 中 S_0 以下的阴影面积，即为多年平均洪灾损失值，即

$$S_0 = \sum_{P=0}^{1}(P_{i+1}-P_i)(S_i+S_{i+1})/2 = \sum_{P=0}^{1}\Delta P\,\overline{S} \tag{6.1}$$

式中　P_i、P_{i+1}——两相邻频率；

　　　S_i、S_{i+1}——两相邻频率的洪灾损失；

　　　ΔP——频率差，$\Delta P = P_{i+1}-P_i$；

　　　$\overline{S}$——平均经济损失，$\overline{S}=(S_i+S_{i+1})/2$。

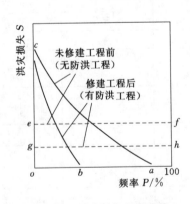

图 6.1　洪灾损失频率曲线

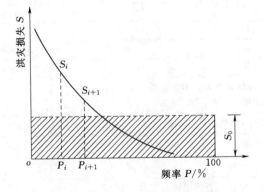

图 6.2　多年平均洪灾损失计算

（2）实际年系列法。

从历史资料中选择一段洪水灾害资料比较齐全的实际年系列，逐年计算洪灾损失，取其平均值作为年平均洪灾损失。这种方法所选用的计算时段，对实际洪水的代表性和计算

成果有较大影响。

4. 考虑国民经济增长率的防洪效益计算

随着国民经济的发展，在防洪保护区内的财产是逐年递增的，一旦遭受淹没，其单位面积的损失值也是逐年递增的。设 S_0、A 分别为防洪工程正常运行期初防洪减淹范围内单位面积的年防洪效益及年减淹面积，则年防洪效益为

$$b_0 = S_0 A \qquad (6.2)$$

设防洪区内由于生产水平逐年增长，洪灾损失的年增长率（即防洪效益年增长率）为 j，则

$$b_t = b_0(1+j)^t \qquad (6.3)$$

式中　b_t——防洪工程经济寿命期内第 t 年后的防洪效益期值；

　　　t——年份序号，$t = 1, 2, \cdots, n$，n 为经济寿命，年。

设计算基准年在防洪工程的正常运行期初，则在整个正常运行期（即经济寿命期）内的防洪效益现值为

$$B = \sum_{t=1}^{n} b_0(1+j)^t(1+i)^{-t} = \frac{1+j}{i-j}\left[\frac{(1+i)^n - (1+j)^n}{(1+i)^n}\right]b_0 \qquad (6.4)$$

6.1.4　案例分析

【例 6.1】　某江现状能防御 200 年一遇洪水，超过此标准即发生决口。该江某水库建成后，能防御 4000 年一遇洪水，超过此标准时也假定决口，修建水库前（现状）与修建水库后在遭遇各种不同频率洪水时的损失值，见表 6.3，试计算水库防洪效益。

表 6.3　　　　　　　　　　　　　　洪 灾 损 失 计 算 表

工程情况	洪水频率 P	经济损失 S /亿元	频率差 ΔP	$\bar{S} = \frac{S_1 + S_2}{2}$ /亿元	$\Delta P \bar{S}$ /万元	年平均损失 $\sum \Delta P \bar{S}$ /万元	年平均效益 B/万元
无水库	>0.005	0					
	≤0.005	33					
			0.004	37	1480	1894	
	0.001	41					
			0.0009	46	414		
	0.0001	51					
修建水库后	>0.00025	0					
	≤0.00025	33					
			0.00015	36	54	54	1840
	0.0001	39					

解：根据表 6.3 所列数据进行洪灾损失计算，由式（6.1）可求得有水库比无水库年平均减少洪灾损失 1894－54＝1840（万元），即年平均防洪效益 b＝1840 万元。

【例 6.2】　某水库 1950 年建成后对下游地区发挥了较大的防洪效益，据调查，在 1951—1990 年间共发生 4 次较大洪水（1954 年、1956 年，1958 年、1981 年），由于修建

了水库，这4年该地区均未发生洪水灾害。假若未修建该水库，估计受灾面积及受灾损失见表6.4。

表6.4   某地区1951—1990年在无水库情况下受灾损失估计

年　份	1954	1956	1958	1981
受灾面积/万亩	10	84	17	15
受灾损失/万元	3000	25200	5100	4500

解： 在这40年内，若未修建水库，总计受灾损失共达37800万元，相应年平均防洪效益约为945万元/年。

【例6.3】 已知某防洪工程在正常运行期初的年防洪效益 $b_0=945$ 万元/年，该工程的经济寿命 $n=50$ 年，社会折现率 $i=12\%$，设防洪效益年增长率 $j=0$、$j=3\%$ 及 $j=5\%$ 共三种情况，试分别求出在不同 j 值情况下该工程的防洪效益现值 B（计算基准年在正常运行期初）。

解： 当 $j=0$ 时，则 $B=b_0\left[\dfrac{(1+i)^n-1}{i\ (1+i)^n}\right]=945\times 8.3045=7848$（万元）

当 $j=3\%$ 时，则 $B=\sum\limits_{t=1}^{n}b_0(1+j)^t(1+i)^{-t}=\dfrac{1+j}{i-j}\left[\dfrac{(1+i)^n-(1+j)^n}{(1+i)^n}\right]b_0$

$$=\dfrac{1+0.03}{0.12-0.03}\times\left[\dfrac{(1+0.12)^{50}-(1+0.03)^{50}}{(1+0.12)^{50}}\right]b_0$$

$$=945\times 11.27=10650\text{（万元）}$$

当 $j=5\%$ 时，则 $B=\dfrac{1+0.05}{0.12-0.05}\times\left[\dfrac{(1+0.12)^{50}-(1+0.03)^{50}}{(1+0.12)^{50}}\right]b_0$

$$=945\times 14.4=13608\text{（万元）}$$

学习单元6.2   治涝工程经济分析

6.2.1   学习目标

（1）了解涝沥灾害及其治理标准。

（2）理解治涝工程经济分析的特点及其内容。

（3）理解治涝工程的经济效益。

6.2.2   学习内容

（1）涝沥灾害及其治理标准。

（2）治涝工程经济分析的特点及其内容。

（3）治涝工程的经济效益。

6.2.3   任务实施

6.2.3.1   涝沥灾害及其治理标准

农作物在正常生长时，植物根部的土壤必须有相当的孔隙率，以便空气及养分流通，促使作物生长。地下水位过高或地面积水时间过长，土壤中的水分接近或达到饱和的时间超过了作物生长期所能忍耐的限度，必将造成作物的减产或萎缩死亡，这就是涝沥灾害。

因此做好排水系统，提高土壤调蓄能力，也是保证农业增产的基本措施。内涝的形成，主要是暴雨后排水不畅，形成积水而造成灾害。

平原地区的灾害，常常是洪、涝、渍、旱、碱灾交替发生。当上游洪水流经平原或圩区因超过河道宣泄能力而决堤、破圩时常引起洪灾。若暴雨后由于地势低洼平坦，排水不畅或因河道排泄能力有限，或受到外河（湖）水位顶托，致使地面长期积水，造成作物淹死，是为涝灾。成灾程度的大小，与降雨量多少、外河水位的高低及农作物耐淹程度、积水时间长短等因素有关，这类灾害可称为暴露性灾害，其相应的损失称为涝灾的直接损失。有的由于长期阴雨和河湖长期高水位，致使地下水位抬高，抑制农作物生长而导致减产，是为渍灾，或称潜在性灾害，其相应损失称为涝灾的间接损失。在土壤受盐碱威胁的地区，当地下水位抬高至临界深度以上，常易形成土壤盐碱化，造成农作物受灾减产，是为碱灾。北方平原例如黄淮海某些地区，由于地势平坦，夏伏之际暴雨集中，常易形成洪涝灾害；如久旱不雨，则易形成旱灾；有时洪、涝、旱、碱灾害伴随发生，或先洪后涝，先涝后旱，或洪涝之后土壤发生盐碱化。因此对其必须坚持洪、涝、旱、碱灾综合治理，才能保证农业高产稳产。

治涝必须采取一定的工程措施，当农田中由于暴雨产生多余的地面水和地下水时可以通过排水网和出口枢纽排泄到容泄区（指承泄排水的江、河、湖泊或洼地等），其目的为及时排除由于暴雨所产生的地面积水，减少淹水时间及淹水深度，不使农作物受涝；并及时降低地下水位，减少土壤中的过多水分，不使农作物受渍。在盐碱化地区，要降低地下水位至土壤不返盐的临界深度以下，达到改良盐碱地和防止次生盐碱化。当条件允许时，尚应发展井灌、井渠，可综合控制地下水位，在干旱季节则可保证必要的农田灌溉。

6.2.3.2　治理标准

修建治涝工程，减免涝、渍、碱灾害，首先要确定治理标准，现分述于下。

1. 治涝标准

治涝工程的设计，必须根据遇旱有水、遇涝排水、改良土壤，达到农业高产稳产的要求。考虑涝区的地形、土壤、水文气象、涝灾情况、现有治涝措施等因素，正确处理大中小、近远期、上下游、泄与蓄、自排与抽排以及工程措施与其他措施等关系，合理确定工程的治涝任务和选择治涝标准。治涝设计标准一般应以涝区发生一定重现期的暴雨而不受灾为准，重现期一般采用5～10年。条件较好的地区或有特殊要求的棉粮基地和大城市郊区，可以适当提高标准。条件较差的地区，可采取分期提高的办法。治涝设计中除应排除地面涝水外，还应考虑作物对降低地下水位的要求。

我国各地区降雨特性不同，应根据当地的自然条件、涝渍灾害、工程效益等情况进行经济分析，合理选择治涝标准。设计排涝天数应根据排水条件和作物不减产的耐淹历时和耐淹深度而定，参阅表6.5。

表6.5　　　　　　　　几种旱作物耐淹历时及耐淹水深表

作物	小麦	棉花	玉米	高粱	大豆	甘薯
耐淹时间/d	1	1～2	1～2	5～10	2～3	2～3
耐淹水深/cm	10	5～10	8～12	30	10	10

2. 防渍标准

防渍标准是要求地下水位在降雨后一定时间内下降到作物的耐渍深度以下，作物耐渍的地下水深度，因气候、土壤、农作物品种、不同的生长期而不同，应根据试验资料而定。缺乏资料时可参阅表6.6。

表 6.6　　　　　　　　几种旱作物耐渍时间与耐渍地下水深度表

作　物	小麦	棉花	玉米	高粱	大豆	甘薯
耐渍时间/d	8～12	3～4	3～4	12～15	10～12	7～8
耐渍水深/cm	1.0～1.2	1.0～1.2	1.0～1.2	0.8～1.0	0.8～1.0	0.8～1.0

3. 防碱标准

治碱措施可分为农业、水利、化学等改良盐碱地措施。水利措施主要是建立良好的排水系统，控制地下水位。不使土壤返盐的地下水深度，常被称为地下水的临界深度。有关灌区地下水的临界深度，可参阅表6.7。

表 6.7　　　　　　　　若干灌区地下水的临界深度表

地　区（灌区）	河南人民胜利灌区	河北深县	鲁北	山东打渔张	陕西人民引洛灌区	新疆沙井子
土壤性质	中壤土	轻壤土	轻壤土	壤土	壤土	砂壤土
地下水矿化度/(g/L)	2～5	3～5	3	1	1	10
临界深度/m	1.7～2.0	2.1～2.3	1.8～2.0	2.0～2.4	1.8～2.0	2.0

6.2.3.3　治涝工程经济分析的特点及其内容

1. 治涝工程经济分析的特点

治涝工程具有除害的性质，工程效益主要表现在涝灾的减免程度上，即与工程有、无对比在修建工程后减少的那部分涝灾损失，即为治涝工程效益。

在一般情况下，涝灾损失主要表现在农田减产方面。只有当遇到大涝年份涝区长期大量积水时，才有可能发生房屋倒塌、工程或财产损毁等情况。涝灾的大小与暴雨发生的季节、雨量强度、积涝水深、历时、作物耐淹能力等许多因素有关。计算治涝工程效益或估计工程实施后灾情减免程度时，均须作某些假定并采用简化方法，根据不同的假定和不同的计算方法，其计算结果可能差别很大。因此在进行治涝经济分析时，应根据不同地区的涝灾成因、排水措施等具体条件，选择比较合理的计算分析方法。

治涝工程效益的大小，与涝区的自然条件、生产水平关系甚大。自然条件好、生产水平高的地区，农产品产值大，受灾时损失亦大，但治涝后效益也大；反之，原来条件比较差的地区，如治涝后生产仍然上不去，相应工程效益也就比较小。此外，规划治涝工程时，应统筹考虑除涝、排渍、治碱、防旱诸问题，只有综合治理，才能获得较大的综合效益。

2. 治涝工程经济分析的任务与步骤

（1）治涝工程经济分析的任务，就是对治涝规划区选择合理的治涝标准、工程规模和治涝措施，对于已建的治涝工程，亦可提出进一步提高经济效果的建议。

（2）治涝工程经济分析的步骤如下：

1）根据治涝任务，拟定技术上可行的、经济上合理的若干个比较方案。

2）收集历年的雨情、水情、灾情等基本资料，分析治涝区致涝的原因。

3）计算各个方案的投资、年运行费和年效益以及其他经济指标。

4）分析各个方案的经济效果指标、辅助指标及其他非经济因素；经济效果指标有效益费用比、内部收益率、经济净现值等；辅助指标有年平均减涝面积、工程占地面积、盐碱化地区的治碱面积等。

5）对各个比较方案进行国民经济评价，并进行敏感性分析。进行经济分析时，应注意各个方案的条件具有可比性，基本资料、计算原则、研究深度应具有一致性，并以国家有关的方针、政策、规程或规范作为准绳。

3. 治涝工程的投资和年运行费

（1）投资计算。治涝工程的投资，应包括使工程能够发挥全部效益的主体工程和配套工程所需的投资，主体工程一般为国家基建工程，例如输水渠、排水河道、容泄区以及有关的工程设施和建筑物等，配套工程包括各级排水沟渠及田间工程等，一般为集体筹资、群众出劳力，应分别计算投资。对于支渠以下及田间配套工程的投资，一般有两种计算方法：

1）根据主体工程设计资料及施工记载，对主体及附属工程进行投资估算；当有较细项目的基建投资或各基层的用工、用料记载的，则可进行统计分析计算。

2）通过典型区资料，按扩大指标估算投资。治涝工程是直接为农业服务的排水渠系，所占农田应列入基建工程赔偿费中。

（2）年运行费计算。治涝工程的年运行费，是指保证工程正常运行每年所需的经费开支，其中包括维护费（含定期大修费）、河道清淤维修费、燃料动力费、生产行政管理费、工作人员工资等。治涝工程的年运行费，可根据工程投资的一定费率进行估算，可参考有关规程的规定。

6.2.3.4 治涝工程的经济效益

治涝工程的效益，已如上述，是以修建工程措施后可减少的涝灾损失值表示的。涝灾的损失主要是农作物的减产损失，可通过内涝积水量法、合轴相关分析法以及其他方法求出，现分述于下。

1. 内涝积水量法

形成内涝的因素是很复杂的，农作物减产的多少与积水深度、积水历时、地下水位变化情况、作物品种、作物生长期等因素均有关系，而内涝积水量在一定条件下可以代表积水深度、积水历时和地下水位变化等因素。因此拟从内涝积水量着手，研究农作物的减产百分数，从而求出内涝损失。

农作物的减产程度，一般用减产率指标表示。其计算方法是，将调查得来的历年涝渍成灾面积及减产程度换算为绝产面积，再根据绝产面积与总播种面积的比例求出减产率可用式（6.5）表示，即

$$F_c = \sum_{i=1}^{m} t_i f_i + f_c \tag{6.5}$$

式中 F_c——换算的绝产面积；

f_i——减产 t_i（%）的受灾面积；

m——减产等级数；

f_c——调查的实际绝产面积。

减产成灾程度一般分为轻、中、重灾和绝产四级。如有的地方规定减产 20%～40% 为轻灾，40%～60% 为中灾，60%～80% 为重灾，80% 以上为绝产。

根据换算的绝产面积，即可求出减产率 β，即

$$\beta = \frac{F_c}{F} \times 100\% \tag{6.6}$$

式中　β——减产率；

F——本地区内的总播种面积。

为了计算治涝工程前后各种情况的内涝损失，作了以下几个假定：

（1）农业减产率 β 随内涝积水量 V 变化，即 $\beta = f(V)$。

（2）内涝积水量 V 是涝区出口控制站水位 Z 的函数，即 $V = f(Z)$，并假设内涝积水量仅随控制站水位而变，不受河槽断面大小的影响。

（3）假定灾情频率与降水频率和控制站的流量频率是一致的。

内涝损失的具体计算步骤如下：

（1）根据水文测站记录资料，绘制治涝工程前涝区出口控制站的历年实测流量过程线。

（2）假设不发生内涝积水，绘制无工程时涝区出口控制站的历年理想流量过程线。所谓理想流量过程线是指假定不发生内涝积水，所有排水系统畅通时的流量过程线，一般用小流域径流公式或用排水模数公式计算洪峰流量；再结合当地地形地貌条件，用概化公式分析求得理想流量过程线。

（3）推求单位面积的内涝积水量 V/A。把历年实测流量过程线及其相应的历年理想流量过程线对比，即可求出历年内涝积水量 V，如图 6.3 所示。除以该站以上的积水面积 A，即得出单位面积的内涝积水量 V/A。

（4）求单位面积内涝积水量 V/A 和农业减产率 β 的关系曲线，根据内涝调查资料，求出历年农业减产率 β，把历年单位面积内涝积水量 V/A 和相应的历年农业减产率 β 的关系曲线绘制在图 6.4 上，该曲线即为内涝损失计算的基本曲线，可用于计算各种不同治理标准的内涝损失值。

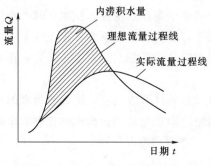

图 6.3　实测与理想流量过程线

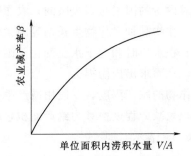

图 6.4　减产率 β-内涝积水量关系

（5）求不同治理标准的各种频率单位面积的内涝积水量。根据各种频率的理想流量过

程线，运用调蓄演算，即可求出不同治理标准（例如不同河道开挖断面）情况下，各种频率的单位面积内涝积水量。

（6）求内涝损失频率曲线。有了各种频率的单位面积内荡积水量 V/A 及 $\beta - V/A$ 关系曲线后，即可求得农业减产率 β，乘以计划产值，即可求得在不同治理标准下各种频率内涝农业损失值。求出农业损失值后，再加上房屋、居民财产等其他损失，就可绘出原河道（治涝工程之前）和各种治涝开挖标准的内涝损失频率曲线，如图 6.5 所示。

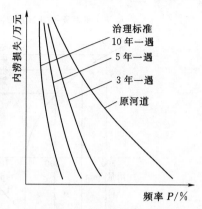

图 6.5　内涝损失-频率关系

（7）求多年平均内涝损失和工程效益。对各种频率曲线与坐标轴之间的面积，取其纵坐标平均值，即可求出各种治涝标准的多年平均内涝损失值。它与原河道（治涝工程之前）的多年平均内涝损失的差值，即为各种治涝标准的工程年效益。

2. 合轴相关分析法

本法是利用修建治涝工程前的历史涝灾资料，来估计修建工程后的涝灾损失。

（1）本法的几个假定。

1）涝灾损失随某一个时段的雨量而变。

2）降雨频率与涝灾频率相对应。

3）小于和等于工程治理标准的降雨不产生涝灾，超过治理标准所增加的灾情（涝灾减产率）与所增加的雨量相对应。

（2）计算步骤。

1）选择不同雨期（例如 1 天、3 天、7 天、…、60 天）的雨量，与相应涝灾面积（或涝灾损失率）进行分析比较，选出与涝灾关系较好的降雨时段作为计算时期，绘制计算雨期的雨量频率曲线，如图 6.6 所示。

2）绘制无工程计算用期的降雨量 P 加前期影响雨量 P_a 与相应年的涝灾损失（涝灾减产率 β）关系曲线，如图 6.7 所示。

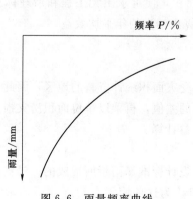

图 6.6　雨量频率曲线

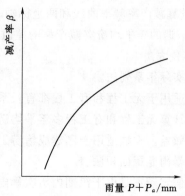

图 6.7　无工程雨量-涝灾减产率曲线

3）根据雨量频率曲线、雨量（$P+P_a$）-涝灾减产率曲线，用合轴相关图解法，求得无工程涝灾减产率频率曲线，如图 6.8 中的第一象限所示。

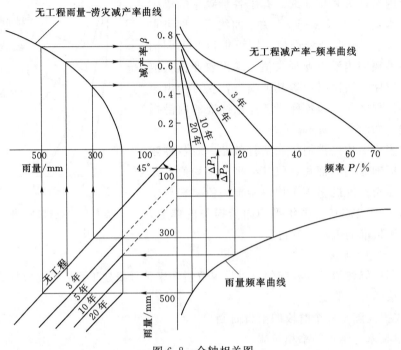

图 6.8　合轴相关图

4）按治涝标准修建工程后，降雨量大于治涝标准的雨量（$P+P_a$）时才会成灾，例如治涝标准 3 年一遇或 5 年一遇的成灾降雨量较无工程的成灾降雨量各增加 ΔP_1 和 ΔP_2，则 3 年一遇或 5 年一遇治涝标准所减少的灾害即由 ΔP_1 或 ΔP_2 造成的。因此在图 6.8 的第三象限作 3 年一遇和 5 年一遇两条平行线，其与纵坐标的截距各为 ΔP_1 和 ΔP_2 即可。对其他治涝标准，其作图方法相同。

5）按照图 6.8 中的箭头所示方向，可以求得治涝标准 3 年一遇和 5 年一遇的减产率频率曲线。

6）量算减产率频率曲线和两坐标轴之间的面积，便可求出无工程和治理标准 3 年一遇、5 年一遇的年平均涝灾减产率的差值，由此算出治涝的年平均效益。

3. 其他方法

（1）实际年系列法。

此法适用于无工程和有工程都有长系列多年受灾面积统计资料的地区，因此可以根据实际资料计算无工程和有工程多年平均涝灾面积的差值，再乘以单位面积涝灾损失率，这就是治涝效益。本法适用于已建成治涝工程的效益计算。

（2）暴雨笼罩面积法。

此法假定涝灾是由于汛期内历次暴雨量超过设计标准暴雨量所形成的。涝灾虽与暴雨的分布、地形、土壤、地下水位等因素有关，但认为这些因素在治理前后的影响是相同的，涝灾只发生在超标准暴雨所笼罩的面积范围内，年涝灾面积与超标准暴雨笼罩面积的比值假设在治理前后是相等的。

根据历年灾情系列资料，计算并绘制无工程的减灾减产率频率曲线，统计流域内各雨量站的降雨量 P 及其相应的前期影响雨量 P_a，绘制雨量（$P+P_a$）和暴雨笼罩面积关系曲线。计算无工程各年超标准暴雨笼罩面积及其实际涝灾面积的比值，用此比值乘治理后不同治涝标准历年超设计标准暴雨的笼罩面积，即可计算出治理后各不同治涝标准的年平均涝灾面积和损失值，其与无工程年平均涝灾损失的差值，即为治涝工程的效益。

对于上述各种内涝损失的计算方法，由于基本假设与实际情况总有些差距，因而尚不很完善，但用于不同治涝效益方案比较还是可以的。必要时可采用几种方法相互检验计算成果的合理性。

4. 治渍、治碱效益估算

治涝工程往往对排水河道采取开挖等治理措施，从而降低了地下水位，因此，同时带来了治碱、治渍效益。当地下水埋深适宜时，作物的产量和质量都可以得到提高，从而达到增产效益，其估算方法如下：

（1）首先把治渍、治碱区划分成若干个分区，调查无工程各分区的地下水埋深情况、作物种植情况和产量产值收入等情况，然后分类计算各种作物的收入、全部农作物的总收入和单位面积的平均收入。

（2）拟定几个治渍、治碱方案，分区控制地下水埋深，计算各地下水埋深方案的农作物收入、全区总收入，其与无工程总收入的差值，即为治渍、治碱效益。

学习单元 6.3　灌溉工程经济分析

6.3.1　学习目标

（1）了解灌溉工程的类型和灌水方法。

（2）理解灌溉工程经济分析的任务与内容。

（3）理解灌溉工程的经济效益与计算方法。

6.3.2　学习内容

（1）灌溉工程的类型和灌水方法。

（2）灌溉工程经济分析的任务与内容。

（3）灌溉工程的经济效益与计算方法。

6.3.3　任务实施

6.3.3.1　灌溉工程的类型和灌水方法

1. 灌溉工程类型

灌溉工程按照用水方式，可分为自流灌溉和提水灌溉；按照水源类型，可分为地表水灌溉和地下水灌溉；按照水源取水方式，又可分为无坝引水、低坝引水、抽水取水和由水库取水等。

当灌区附近水源丰富，河流水位、流量均能满足灌溉要求时，即可选择适宜地点作为取水口，修建进水闸引水自流灌溉。在丘陵山区，当灌区位置较高，当地河流水位不能满足灌溉要求时可从河流上游水位较高处引水，借修筑较长的引水管渠以取得自流灌溉的水头，此时修建引水工程一般较为艰巨，通常在河流上筑低坝或闸，抬高水位，以便引水自流灌溉。与无坝引水比较，虽然增加了拦河闸坝工程，但可缩短引水管渠，经济上可能是合理的，应作方案比较，才能最终确定。

若河流水量丰富，但灌区位置较高时，则可考虑就近修建提灌站。这样，引水管渠工程量小，但增加了机电设备投资及其年运行费，一般适用于提水水头较大而所需提水灌溉流量较小的山区、丘陵区。

当河流来水与灌溉用水不相适应时，即河流的水位及流量均不能满足灌溉要求时，必须在河流的适当地点修建水库提高水位并进行径流调节，以解决来水和用水之间的矛盾，并可综合利用河流的水利资源。采用水库取水，必须修建大坝、溢洪道、进水闸等建筑物，工程量较大，且常带来较大的水库淹没损失。对于地下水丰富地区，应以井灌提水为主；或井渠结合相互补充供水灌溉。对某些灌区，可以综合各种取水方式，形成蓄、提相结合的灌溉系统。在灌溉工程规划设计中，究竟采用何种取水方式，应通过不同方案的技术经济分析比较，才能最终确定最优方案。

2. 灌水方法

根据灌溉用水输送到田间的方法和湿润土壤的方式，灌溉方法大致可分为地面灌溉、渗灌和滴灌以及喷灌几大类。

（1）地面灌溉。这是目前应用最广泛的一种灌溉方式。水进入田间后，靠重力和毛细管作用浸润土壤。按湿润土壤方式的不同，又可分为畦灌、沟灌、淹灌和漫灌四种方式。

（2）渗灌和滴灌。

1）渗灌：又称地下灌溉，系在地面下铺设管道系统，将灌溉水引入田间耕作层中靠毛细管作用自下而上湿润土壤。优点是灌水质量好，蒸发损失少，少占耕地，便于机耕；缺点是造价高，检修困难。

2）滴灌：利用一套低压塑料管道系统将水直接输送到每棵果树或作物的根部，水由滴头直接滴注在根部的地表土，然后浸润作物根系。其主要优点是省水，自动化程度高，使土壤湿度保持在最优状态；缺点是需要大量塑料管，投资大。本法适用于果园。

（3）喷灌。利用专门设备将压力水喷射到空中散成细小水滴，像天然降雨般地进行灌溉。其优点为地形适应性强，灌水均匀，灌溉水利用系数高，尤其适合于透水性强的土壤；缺点是基建投资较高，喷灌时受风的影响大。

由于我国水资源短缺，应提倡采用节水灌溉，尽量提高水的利用率。

6.3.3.2　灌溉工程经济分析的任务与内容

1. 灌溉工程经济分析的任务

灌溉工程经济分析的任务，就是对技术上可能的各种灌溉工程方案及其规模进行效益、投资、年运行费等因素的综合分析，结合政治、社会等非经济因素，确定灌溉工程的最优开发方案，其中包括灌溉标准、灌区范围、灌溉面积、灌水方法等各种问题。灌溉工程的经济效果，主要反映在有无灌溉或者现有灌溉土地经过工程改造后农作物产量和质量的提高以及产值的增加。

2. 灌溉工程的投资与年运行费

灌溉工程的投资与年运行费是指全部工程费用的总和，其中包括渠道工程、渠系建筑物和设备、各级固定渠道以及田间工程等部分。进行投资估计时，应分别计算各部分的工程量、材料量以及用工量，然后根据各种工程的单价及工资、施工设备租用费、施工管理费、土地征收费、移民费以及其他不可预见费，确定灌溉工程的总投资，在规划阶段，由于尚未进行详细的工程设计，常用扩大指标法进行投资估算。灌溉工程的投资构成，一般包括国家及地方的基本建设投资、农田水利事业补助费、群众自筹资金和劳务投资。

灌溉工程的年运行费，主要包括：①维护费，一般以投资的百分数计，土建工程为 $0.5\% \sim 1.0\%$，机电设备为 $3\% \sim 5\%$，金属结构为 $2\% \sim 3\%$；②管理费，包括建筑物和设备的经常管理费；③工资及福利费；④水费；⑤灌区作物的种子、肥料等；⑥材料、燃料、动力费，当灌区采用提水灌溉或喷灌方法时，必须计入该项费用，该值随灌溉用水量的多少与扬程的高低等因素而定。灌溉工程的流动资金，是指工程为维持正常运行所需的周转资金，一般按年运行费的某一百分数取值。

6.3.3.3 灌溉工程的经济效益与计算方法

1. 灌溉工程的经济效益

灌溉工程的国民经济效益，是指灌溉和未灌溉相比所增加的农、林、牧产品按影子价格计算的产值。前面已经提到，灌区开发后农作物的增产效益是水利和农业两种措施综合作用的结果，应该对其效益在水利和农业之间进行合理的分摊。一般说来，有两大类计算方法：一类是对灌溉后的增产量进行合理分摊，从而计算出水利灌溉分摊的增产量，常用分摊系数 ε 表示部门间的分摊比例；另一类是从产值中扣除农业生产费用，求得灌溉后增加的净产值作为水利灌溉分摊的效益。

2. 灌溉效益的计算方法

（1）分摊系数法。

灌区开发以后，农业技术措施一般亦有较大改进，此时应将灌溉效益进行合理分摊，以便计算水利工程措施的灌溉效益，其计算表达式为

$$B = \varepsilon \left[\sum_{i=1}^{n} A_i (Y_i - Y_{oi}) V_i + \sum_{i=1}^{n} (Y_i' - Y_{oi}') V_i' \right] \tag{6.7}$$

式中　B——灌区水利工程措施分摊的多年平均年灌溉效益，元；

　　A_i——第 i 种作物的种植面积，亩；

　　Y_i——采取灌溉措施后第 i 种作物单位面积的多年平均产量，kg/亩；

　　Y_{oi}——无灌溉措施时，第 i 种作物单位面积的多年平均年产量，kg/亩；

　　V_i——相应于第 i 种农作物副产品的价格，元/kg；

Y_i'、Y_{oi}'——有、无灌溉的第 i 种农作物副产品如棉籽、棉秆、麦秆等单位面积的多年平均年产量，kg/亩；

　　V_i'——相应于第 i 种农作物副产品的价格，元/kg；

　　i——表示农作物种类的序号；

　　n——农作物种类的总数目；

　　ε——灌溉效益分摊系数。

计算时，多年平均产量应根据相似灌区调查材料分析确定。若利用试验小区的资料，则应考虑大面积上的不均匀折减系数。当多年平均产量调查有困难时，也可以用近期的正常年产量代替。因采取灌溉工程措施而使农业增产的程度，各地区变幅很大，在确定相应数值时应慎重。对于各种农作物的副产品，亦可合并以农作物主要产品产值的某一百分数计算。

现将灌溉效益分摊系数的计算方法简要介绍如下。

1）根据历史调查和统计资料确定分摊系数 ε。对具有长期灌溉资料的灌区，进行深入细致的分析研究后，常常可以把这种长系列的资料划分为三个阶段：

a. 在无灌溉工程的若干年中，农作物的年平均单位面积产量，以 $Y_无$ 表示。

b. 在有灌溉工程后的最初几年，农业技术措施还没有来得及大面积展开，其年平均单位面积的产量，以 $Y_水$ 表示。

c. 农业技术措施和灌溉工程同时发挥综合作用后，其年平均单位面积产量，以 $Y_{水+农}$ 表示，则灌溉工程的效益分摊系数为

$$\varepsilon = \frac{Y_水 - Y_无}{Y_{水+农} - Y_无} \tag{6.8}$$

2）根据试验资料确定分摊系数。设某灌溉试验站，对相同的试验田块进行下述不同试验：

a. 不进行灌溉，但采取与当地农民基本相同的旱地农业技术措施，其单位面积产量为 $Y_无$（kg/亩）。

b. 进行充分灌溉，即完全满足农作物生长对水的需求，但农业技术措施与上述基本相同，其单位面积产量为 $Y_水$（kg/亩）。

c. 不进行灌溉，但完全满足农作物生长对肥料、植保、耕作等农业技术措施的要求，其单位面积产量为 $Y_农$（kg/亩）。

d. 使作物处在水、肥、植保、耕作等灌溉和农业技术措施都是良好的条件下生长，其单位面积产量为 $Y_{水+农}$（kg/亩）。当 $Y_水 + Y_农 = Y_{水+农}$，则

$$\text{灌溉工程的效益分摊系数 } \varepsilon_水 = \frac{Y_水 - Y_无}{(Y_水 - Y_无) + (Y_农 - Y_无)} \tag{6.9}$$

$$\text{农业措施的效益分摊系数 } \varepsilon_农 = \frac{Y_农 - Y_无}{(Y_水 - Y_无) + (Y_农 - Y_无)} \tag{6.10}$$

且 $\varepsilon_水 + \varepsilon_农 = 1.0$

我国东部半湿润半干旱实行补水灌溉的地区，灌溉项目兴建前后作物组成基本没有变化时，灌溉效益分摊系数大致为 0.2～0.6，平均为 0.4～0.45，丰、平水年和农业生产水平较高的地区取较低值，反之取较高值；我国西北、北方地区取较高值，南方、东南地区取较低值。在年际间亦有变化，丰水年份水利灌溉作用减少，而干旱年份则水利灌溉作用明显增加。在具体确定灌溉工程的效益分摊系数时，应结合当地情况，尽可能选用与当地情况相近的试验研究数据。

（2）扣除农业生产费用法。

本法是从农业增产的产值中，扣除农业技术措施所增加的生产费用（包括种子、肥料、植保、管理等所需的费用）后，所求得农业增加的净产值作为水利灌溉效益；或者从

有、无灌溉的农业产值中，各自扣除相应的农业生产费用。分别求出有、无灌溉的农业净产值，其差值即为水利灌溉效益。

（3）以常源保证率为参数推求多年平均增产效益。

灌溉工程建成后，当保证年份及破坏年份的产量均有调查或试验资料时，则其多年平均增产效益 B 可按式（6.11）进行计算。

$$B = A[Y(P_1 - P_2) + (1 - P_1)\alpha_1 Y - (1 - P_2)\alpha_2 Y]V$$
$$= A[YP_1 + (1 - P_1)\alpha_1 Y - (1 - P_2)\alpha_2 Y - YP_2]V$$
$$= A[YP_1 + (1 - P_1)\alpha_1 Y - Y_0]V \tag{6.11}$$

式中　　A——灌溉面积，亩；

P_1、P_2——有、无灌溉工程时的灌溉保证率；

Y——灌溉工程保证年份的多年平均亩产量，kg/亩；

$\alpha_1 Y$、$\alpha_2 Y$——有、无灌溉工程在破坏年份的多年平均亩产量，kg/亩；

α_1、α_2——有、无灌溉工程在破坏年份（非保证年份）的减产系数；

Y_0——无灌溉工程时多年平均亩产量，kg/亩；

V——农产品价格，元/kg。

当灌溉工程建成前后的农业技术措施有较大变化时，均需乘以灌溉工程效益分摊系数 ε。

减产系数 α 取决于缺水数量及缺水时期，一般减产系数和缺水量、缺水时间存在如图 6.9 所示的关系。

图 6.9 中：

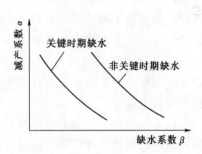

图 6.9　减产系数 α 与缺水系数 β 的关系

缺水系数为 $\beta = \dfrac{\text{缺水量}}{\text{作物中该生育阶段的需水量}}$ (6.12)

减产系数为 $\alpha = \dfrac{\text{该生育阶段缺水后实际产量}}{\text{水分得到满足情况下的产量}}$ (6.13)

以上两个系数均可通过调查或试验确定。

学习单元 6.4　水力发电工程经济分析

6.4.1　学习目标

（1）了解电站的投资与年运行费。

（2）理解水电站的经济效益。

6.4.2　学习内容

（1）电站的投资与年运行费。

（2）水电站的经济效益。

6.4.3　任务实施

一般电力系统是把若干座不同类型的发电站（水电站、火电站、核电站、抽水蓄能电站等）用输电线、变电站、供电线路联络起来成为一个电网，统一向许多不同性质的用户供电，满足各种负荷要求。由于各种电站的动能经济特性不同，不同类型电站在统一的电力系统中运行，可以使各种能源得到更充分合理的利用，电力供应更加安全可靠，供电费用更加节省。现简要介绍水、火电站的主要经济特性。

6.4.3.1　电站的投资与年运行费

1. 水电站的投资

水电站的投资，一般包括永久性建筑工程（如大坝、溢洪道、输水隧洞发电厂房等）、机电设备的购置和安装、施工临时工程及库区移民安置等费用所组成。从水电工程基本投资的构成比例看，永久性建筑工程占 $32\%\sim45\%$，主要与当地地形、地质、建筑材料和施工方法等因素有关；机电设备购置和安装费用占 $18\%\sim25\%$，其中主要为水轮发电机组和升压变电站，其单位千瓦投资与机组类型、单机容量大小和设计水头等因素有关；施工临时工程投资占 $15\%\sim20\%$，其中主要为施工队伍的房建投资和施工机械的购置费等；库区移民安置费用和水库淹没损失补偿费以及其他费用共占 $10\%\sim35\%$，这与库区移民的安置数量、水库淹没的具体情况与补偿标准等因素有关。关于远距离输变电工程投资，一般并不包括在电站投资内，而是单独列为一个工程项目。由于水电站一般远离负荷中心地区，输变电工程的投资有时可能达到水电站本身投资的 30% 以上，当与火电站进行经济比较时，应考虑输变电工程费用。

2. 水电站的年运行费

水电站为了维持正常运行每年所需要的各种费用，统称为水电站的年运行费，其中包括下列各个部分。

（1）维护费（包括大修理费）。为了恢复固定资产原有的物质形态和生产能力，对遭到耗损的主要组成部件进行周期性的更换与修理，统称为大修理。为了使水电站主要建筑物和机电设备经常处于完好状态，一般每隔两三年须进行一次大修理。由于大修理所需费用较多，因此每年从电费收入中提存一部分费用作为基金供大修理时集中使用。

$$大修理费＝固定资产原值×大修理费率 \qquad (6.14)$$

此外，尚需对水库和水电站建筑物及机电设备进行经常性的检查、维护与保养，包括对一些小零件进行修理或更换所需的费用。

（2）材料、燃料及动力费。水电站材料费系指库存材料和加工材料的费用，其中包括各种辅助材料及其他生产用的原材料费用。燃料及动力费系指水电站本身运行所需的燃料及厂用电等动力费。

（3）工资。包括工资和福利费以及各种津贴和奖金等，可按电厂职工编制计算。

（4）水费。水电厂与水库管理处往往隶属于不同的行政管理系统，由于近来强调进行企业管理，因此电厂发电所用的水量应向水库管理处或其主管单位缴付水费。发电专用水的水价应与诸部门（发电、灌溉、航运等）综合利用水量的水价有所不同。汛期内水电站为了增发电量减少无益弃水量的水价应更低廉些。

（5）其他费用。包括保险费、行政管理费、办公费、差旅费等。

以上各种年运行费，可根据电力工业有关统计资料结合本电站的具体情况计算求出。当缺乏资料时，水电站年运行费可按其投资或造价的 $1\%\sim2\%$ 估算。大型电站取较低值，中小型电站取较高值。

3. 水电站的年费用

为了综合反映水电站所需费用（包括一次性投资和经常性年运行费）的大小，常用年费用表示。

（1）当进行静态经济分析时，水电站年费用为年折旧费与上述年运行费之和，其中

$$年折旧费＝固定资产原值×年综合折旧费率 \qquad (6.15)$$

根据资本保全原则，当项目建成投入运行时，其总投资形成固定资产、无形资产、递延资产和流动资产四部分，因此从水电站总投资中扣除后三部分后即得固定资产原值。关于年综合折旧率，当采用直线折旧法并不计其残值时，则

$$年综合折旧费率＝1/固定资产综合折旧年限 \qquad (6.16)$$

式中，折旧年限一般采用经济使用年限（即经济寿命）。设水电站主要建筑物的经济寿命定为 50 年，则其折旧率为 2％；设水电站机电设备的经济寿命为 25 年，则其折旧率为 4％，余类推。根据水电站各固定资产原值及其折旧年限，可求出其综合折旧年限。

根据现行财税制度，水电站发电成本主要包括年折旧费与年运行费两大部分，此即为水电站的年费用。

（2）当进行动态经济分析时，水电站年费用 $NF_水$ 为资金年摊还值（资金年回收值）与年运行费之和，即

$$年费用 NF_水＝水电站固定资产原值×[A/P,i,n]＋年运行费 \qquad (6.17)$$

当进行国民经济评价时，式（6.17）中固定资产原值与年运行费均应按影子价格计算，i_s 为社会折现率；当进行财务评价时，则按财务价格计算，i 为行业基准收益率；n 为水电站的经济寿命；$[A/P,i,n]$ 为资金摊还因子（或称资金回收因子）。

4. 火电站的投资

火电站的投资应包括火电厂、煤矿、铁路运输、输变电工程及环境保护等部门的投资。火电厂本身单位千瓦投资比水电站少，主要由于其土建工程及移民安置费用比水电站少得多，据统计，在火电厂投资中土建部分约占 24％～36％，机电设备部分占 43％～54％，安装费用占 15％～18％，其他费用占 3％～8％。关于煤矿投资，各地区由于煤层地质构造及其他条件的影响，吨煤投资差别较大，火电厂单位千瓦装机容量年需原煤 2.5t 左右，相应煤矿投资约为火电厂单位千瓦投资的 40％～50％。火电厂的地点可以修建在负荷中心地区，这样可以节省输变电工程费用；或者修建在煤矿附近，一般称为坑口电厂，这样可以节省铁路运输费用，均应根据技术经济条件而定。有关火电输变电工程及铁路运输的投资合计折算为火电厂单位千瓦投资的 50％～60％。此外，火电厂及煤矿对设施等投资，约为火电厂本身投资的 25％左右。综上所述，仅就火电厂本身投资而言，约为同等装机容量水电站投资的 1/2～2/3，但如包括煤矿、铁路、输变电工程及环境保护措施在内的总投资，一般与同等装机容量的水电站投资（也包括输变电工程等投资）相近。

5. 火电厂的年运行费

火电厂的年运行费包括固定年运行费和燃料费两大部分，固定年运行费主要与装机容量的大小有关，燃料费主要与该年发电量的多少有关。现分述于下。

（1）固定年运行费。主要包括火电厂的大修理费、维修费、材料费、工资及福利费、水费（冷却用水等）以及行政管理费等。以上各种固定年运行费可以根据电力工业有关统计资料结合本电站的具体情况计算求出。由于火电厂汽轮发电机组、锅炉、煤炭运输、传动、粉碎、燃烧及除灰系统比较复杂，设备较多，因而运行管理人员亦比同等装机容量的水电站要增加若干倍。当缺乏资料时，火电厂固定年运行费可按其投资的6%左右估算。

（2）燃料费。火电厂的燃料费 $u_燃$，主要与年发电量 $E_火$（kW·h）、单位发电量的标准煤耗 e[kg/(kW·h)]及折合标准煤的到厂煤价 $p_燃$（元/kg）等因素有关，即

$$u_燃 = E_火 \, e p_燃 \tag{6.18}$$

必须说明，如果火电站的投资中包括了煤矿及铁路等部门所分摊的投资，则燃料费应该只计算到厂燃煤所分摊的年运行费；如果火电站的投资中并不考虑煤矿及铁路等部门的投资，仅指火电厂本身的投资，则燃料费应按照当地影子煤价（国民经济评价时）或财务煤价（财务评价时）计算。

6. 火电站的年费用

（1）当进行静态经济分析时，火电站年费用主要为固定资产折旧费与上述固定年运行费和燃料费三者之和，即

$$年费用＝固定资产年折旧费＋固定年运行费＋年燃料费 \tag{6.19}$$

火电站固定资产年综合折旧率一般采用4%。

火电站固定资产＝火电站总投资×固定资产形成率（一般采用0.95），或从其总投资中扣除无形资产、递延资产和流动资金后求出。

（2）当进行动态经济分析时，火电站年费用 $NF_火$ 为资金年摊还值（资金年回收值）与固定年运行费与燃料费三者之和，即

$$年费用 NF_火 ＝火电站固定资产原值×[A/P, i_s, n]＋固定年运行费＋年燃料费 \tag{6.20}$$

式中　$[A/P, i_s, n]$——资金摊还因子（资金年回收因子）；

n——火电站经济寿命，一般采用25年；

i_s——社会折现率（国民经济评价时）或行业基准收益率（财务评价时）。

6.4.3.2　水电站的经济效益

1. 水电站的国民经济效益

在水电建设项目国民经济评价中，水电站工程效益可以用下列两种方法之一表示其国民经济效益。

（1）用同等程度满足电力系统需要的替代电站的影子费用，作为水电站的国民经济效益。

在目前情况下，水电站的替代方案应是具有调峰、调频能力并可担任电力系统事故备用容量的火力发电站。一般认为，为了满足设计水平年电力系统的负荷要求，如果不修建某水电站，则必须修建其替代电站，两者必居其中之一。换句话说，如果修建某水电站则可不修建其替代电站，所节省的替代电站的影子费用（包括投资、燃料费与运行费），可

以认为这就是修建水电站的国民经济效益。由于火电站的厂用电较多，为了向电力系统供应同等的电力和电量，因此替代电站的发电出力 $N_火$，应为水电站发电出力 $N_水$ 的 1.1 倍，即 $N_火 = 1.1N_水$；替代电站的年发电量 $E_火$，应为水电站年发电量 $E_水$ 的 1.06 倍，即 $E_火 = 1.06E_水$。因此根据设计水电站的装机容量和年发电量，即可换算出替代电站的装机容量和年发电量及其所需的固定年运行费和燃料费，根据式（6.20），即可求出替代电站的年费用 $NF_火$，这就是水电站的国民经济年效益 $B_水$，即 $B_水 = NF_火$。此法为国内外广泛采用。

（2）用水电站的影子电费收入作为水电站的国民经济效益。

$$水电站国民经济效益(B_水) = 水电站年供电量(E_水) × 影子电价(S_电) \qquad (6.21)$$

用此法计算水电站的国民经济效益比较直截了当，容易令人理解，但困难在于如何确定不同类电量（峰荷电量、基荷电量、季节性电量等）的影子电价 $[元/(kW·h)]$。在有关部门尚未制定出各种影子电价之前，可参照国家发展与改革委员会颁布的《建设项目经济评价方法与参数》中的有关规定，结合电力系统和电站的具体条件，分析确定影子电价。

对于具有综合利用效益的水电建设项目，应以具有同等效益的替代建设项目的影子费用作为该水电建设项目的效益；或者采用影子价格直接计算该水电建设项目的综合利用效益。

2. 水电站的财务效益

在水电建设项目的财务评价中，水电站工程效益通常用供电量销售收入所得的电费，作为水电站的财务效益，一般按下列两种情况进行核算。

（1）实行独立核算的水电建设项目。

$$销售收入所得电费 = 上网电量 × 上网电价$$

其中　　　　上网电量 = 有效发电量 × (1−厂用电率) × (1−配套输变电损失率)

有效发电量是指根据系统电力电量平衡得出的电网可以利用的水电站多年平均年发电量。

上网电价 = 发电单位成本（按上网电量计）+ 发电量单位税金 + 发电量单位利润

当采用多种电价制度时，销售收入为按不同电价出售相应电量所得的总收入。

（2）实行电网统一核算的水电建设项目。

$$电网销售收入所得电费 = 总有效发电量 × (1−厂用电率) × (1−线损率) × 售电单价$$

$$(6.22)$$

$$水电站分摊效益 = 电网销售收入所得电费 × \frac{水电站发电成本}{电网售电成本} \qquad (6.23)$$

此外，还应根据贷款本息偿还条件，测算为满足本建设项目还贷需要的电网销售电价。必要时还应根据水电站发电量的峰、谷特性或在丰、枯水季节，分析实行多种电价的现实性与可行性。

水电建设项目的实际收入，主要是发电量销售收入所得的电费，有时还有从综合利用效益中可以获得的其他实际收入。

学习单元 6.5　城镇水利工程供水价格及经济分析

6.5.1　学习目标

（1）了解城镇水利工程供水经济效益估算。

（2）理解水利工程供水价格的制定。

（3）了解水利工程供水价格的核定。

6.5.2　学习内容

（1）城镇水利工程供水经济效益估算。

（2）水利工程供水价格的制定。

（3）水利工程供水价格的核定。

6.5.3　任务实施

6.5.3.1　城镇水利工程供水经济效益估算

城市供水效益主要反映在提高工业产品的数量和质量以及提高居民的生活水平和健康水平上。城市供水效益不仅仅是经济效益，更重要的具有难以估算的社会效益，目前尚无完善的计算方法。根据《水利建设项目经济评价规范》（SL 72—2013），城镇供水项目的效益是指有、无项目对比可为城镇居民增供生活用水和为工矿企业增供生产用水所获得的国民经济效益。其计算方法有以下几种。

1. 按举办最优等效替代工程或采取节水措施所需的年折算费用表示

为满足城镇居民生活用水和工业生产用水，往往在技术上有各种可能的供水方案，例如河湖地表水、当地地下水、由水库供水、从外流域调水或海水淡化等。该方法以节省可获得同等效益的替代措施中最优方案的年费用 $NF_{替}$ 作为某供水工程的年效益，见式（6.24）。例如引黄（河）济青（岛）工程的年效益，是以引用当地径流和海水淡化两项替代措施的年费用表示。

设 K_t 为替代方案在建设期（$t_0 \sim t_b$）第 t 年的投资，u 为替代方案的年运行费，T 为计算基准年，可选择在建设期末（或建设期初）为计算基准点。设社会折现率 $i=8\%$，经济使用期限 $n=40$ 年，则引黄济青工程年效益 B 为

$$B = NF_{替} = \sum_{t=t_0}^{t_b} K_t (1+i)^{T-t} \left[\frac{i(1+i)^n}{(1+i)^n - 1} \right] + u \tag{6.24}$$

经计算，替代方案中引用当地径流工程的年费用 $NF_1 = 3798$ 万元，多年平均供水量 $W_1 = 6410$ 万 m^3；海水淡化工程的年费用 $NF_2 = 21718$ 万元，多年平均供水量 $W_2 = 10290$ 万 m^3。因此，引黄济青引水工程的年效益 $B = NF_1 + NF_2 = 25516$（万元/年），相应单位供水量的效益 $b = 1.53$ 元/m^3。

2. 按曾因缺水使工业生产遭受的损失计算供水效益

在水资源贫乏地区，可按缺水曾使工矿企业生产遭受的损失计算新建供水工程的效益。在进行具体计算时，应使现有供水工程发挥最大的经济效益，尽可能使不足水量造成的损失最小。在由于供水不足造成减少的产值中，应扣除尚未消耗掉的原材料、燃料、动力等可变费用，这样因缺水所减少的净产值损失，才算作为新建供水工程的效益。

根据统计资料，在引黄济青供水工程未修建前，1981 年曾因减少供水量 3660 万 m^3，共损失净产值 6380 万元，相应单位水量的供水效益 $b=1.75$ 元/m^3。现在该工程年平均增加供水量 $W=1.67$ 亿 m^3，可保证城市居民生活及工业发展生产所需水量，故可认为该供水工程的年效益 $B=Wb=29225$ 万元/年。附带说明，城镇居民生活供水的效益应大于工业供水的效益，当供水量不足，在两者之间发生矛盾时，应优先照顾前者。由于生活供水效益主要表现在政治、社会方面，但难于具体计算其经济效益，考虑到城市生活用水量一般小于工业用水量，因此可把两者供水经济效益合并按上述近似计算。

3. 根据供水在工矿企业生产中的地位采用工矿企业的净效益泵分掉系数计算

此法的关键问题在于如何确定分摊系数。一般采用供水工程的投资（或固定资金）与工矿企业（包括供水工程，下同）的投资（或固定资金）之比作为分摊系数，或者按供水工程占用的资金（包括固定资金和流动资金）与工矿企业占用资金之比作为分摊系数。

根据统计资料，在引黄济青工程供水范围内综合万元产值的耗水量为 110m^3，相应供水量 1.67 亿 m^3 的工业产值为 151.8 亿元。净效益（利润与税金）占工矿企业产值的比例平均为 17.7%，而供水工程占用资金约为供水范围内工矿企业总占用资金的 8%，因此供水工程的年平均效益为 2.15 亿元，相应单位水量的供水效益 $b=2.15/1.67=1.28$ 元/m^3。

本方法仅适用于供水方案已优选后对供水工程效益的近似计算，否则会形成哪个方案占用资金（或投资）愈多，其供水效益愈大的不合理现象。

4. 在已进行水资源影子价格分析研究的地区可按供水量和影子水价的乘积表示效益

根据国家计委颁布的《建设项目经济评价方法与参数》，项目的效益是指项目对国民经济所作的贡献，其中直接效益是指项目产出物（商品水）用影子水价计算的经济价值。因此用影子水价与供水量计算供水工程的经济效益是可行的、有理论根据的。

存在的问题是由于商品水市场具有区域性、垄断性和无竞争性等特点，因此尚需研究相向的影子水价，当求出某地区的影子水价后即可根据供水工程的供水量估算其经济效益。

现将用各种方法估算引黄济青供水工程效益的计算结果列于表 6.8。

表 6.8　　　　　　　　　　供水效益计算结果比较

计算方法 供水效益	替代工程法	工业缺水损失法	分摊系数法	影子水价法
年平均供水效益/亿元	2.552	2.922	2.150	—
单位供水量效益/（元/m^3）	1.53	1.75	1.28	—

现对上述各种供水效益计算方法进行如下的探讨。

（1）最优等效替代工程法，适用于具有多种供水方案的地区。该方法能够较好地反映替代工程的劳动消耗和劳动占用，避免了直接进行供水经济效益计算中的困难，替代工程的投资与年运行费是比较容易确定和计算的，因此本方法为国内外广泛采用。

（2）工业缺水损失法，认为缺水曾使工业生产遭受的损失，可由新建的供水工程弥补这个损失，以此算作为新建工程的效益，关键问题在于如何估算损失值。由于缺水，工厂企业不得不停产、减产，因一部分原材料、燃料、动力并不需要投入，因此减产、停产的总损失值应扣除这部分后的余额，才是缺水减产的损失值。

在水资源缺乏地区，当供水工程不能满足各部门的需水要求时，可按产品单位水量净产值的大小进行排队，以便进行水资源优化分配，使因缺水而使工业生产遭受的损失值最小。如可能，应找出缺水量与工矿企业净损失值的相关关系，求出不同供水保证率与工业净损失值的关系曲线，由此求得的期望损失值作为新建供水工程的年效益更为合理些。

（3）分摊系数法，认为按供水在生产中的地位分摊总效益，求出供水效益。现在把供水工程作为整个工矿企业的有机组成部分之一，按各组成部分占用资金的大小比例确定效益的分摊系数。此法没有反映水在生产中的特殊重要性，没有体现水利是国民经济的基础产业，因此用此法所求出的供水效益可能是偏低的。

由于上述计算供水效益的几种方法均存在一些问题，应根据当地水资源特点及生产情况与其他条件，选择其中比较适用的计算方法。由于天然来水的随机性，丰水年供水量多，城市需水量并不一定随之增加，甚至有可能减少，枯水年情况可能恰好相反，因此应通过调研，根据统计资料求出供水效益频率曲线，由此求出各种保证率的供水量及其供水效益。

附带说明，在国民经济评价阶段，应按影子价格计算供水工程的经济效益；在财务评价阶段，应按财务价格及有关规定计算供水工程实际财务收益。

6.5.3.2 水利工程供水价格的制定

2003 年 7 月，国家发展和改革委员会与水利部联合制定了《水利工程供水价格管理办法》（以下简称《水价办法》）。《水价办法》明确规定，水利工程供水价格是指供水经营者通过拦、蓄、引、提等水利工程设施销售给用户的天然水价格，同时规范了水价构成，明确水价由供水生产成本费用、利润和税金构成。现分述于下。

供水生产成本费用如按经济用途分类，则包括生产成本和生产费用，即

$$供水生产成本费用 = 供水生产成本 + 供水生产费用 \qquad (6.25)$$

供水生产成本费用如按经济性质分类，则包括固定资产的折旧费、无形资产及递延资产的摊销费、借贷款利息净支出以及年运行费。

1. 供水生产成本

供水生产成本是指正常供水生产过程中发生的直接工资、直接材料、其他直接支出以及制造费用等构成，即

$$供水生产成本 = 直接工资 + 直接材料费 + 其他直接支出 + 制造费用 \qquad (6.26)$$

式中，直接工资是指直接从事生产运行人员的工资、奖金、津贴、补贴以及社会保险支出等；直接材料费是指生产运行过程中实际消耗的原材料、辅助材料、备品配件、燃料、动力费等；其他直接支出是指直接从事生产运行人员的职工福利费以及供水工程的观测费、临时设施费等；制造费用包括固定资产的折旧费、保险费、维护修理费（包括工程维护费和库区维护费）、水资源费、办公费等。

2. 供水生产费用

供水生产费用是指为组织和管理供水生产、经营而发生的合理销售费用、管理费用和财务费用，统称期间费用。其构成如下：

$$供水生产费用（期间费用）= 销售费用 + 管理费用 + 财务费用 \qquad (6.27)$$

式中，销售费用是指在供水销售过程中发生的各项费用，包括运输费、包装费、保险费、

广告费等；管理费用是指行政管理部门为组织和管理生产经营活动所发生的各项费用；财务费用是指为筹集生产经营所需资金而发生的费用，包括汇兑净损失、金融机构手续费以及筹资发生的其他财务费用。

3. 各类用水生产成本费用分摊系数计算

综合利用水利工程一般具有除害（例如防洪等）、兴利（例如供水、发电等）两大功能。工程投资及其生产成本费用，根据《水利工程管理单位财务制度》规定，首先应在除害兴利两大部门之间进行分摊，可采用库容比例法，其计算公式为

$$防洪部门分摊的生产成本费用＝总生产成本费用×\frac{防洪库容}{死库容＋兴利库容＋防洪库容}$$

$$(6.28)$$

$$兴利部门分摊的生产成本费用＝总生产成本费用×\frac{死库容＋兴利库容}{死库容＋兴利库容＋防洪库容}$$

$$(6.29)$$

然后在兴利部门内各类用水之间进行分摊，参照水利部印发的《水利工程供水生产成本费用核算管理规定》中的供水保证率法，计算有关成本费用的分摊，其计算公式如下：

$$城镇供水的生产成本费用＝兴利分摊的生产成本费用×\frac{AA'}{AA'＋BB'＋CC'} \quad (6.30)$$

$$农业供水的生产成本费用＝兴利分摊的生产成本费用×\frac{BB'}{AA'＋BB'＋CC'} \quad (6.31)$$

$$水力发电供水的生产成本费用＝兴利分摊的生产成本费用×\frac{CC'}{AA'＋BB'＋CC'} \quad (6.32)$$

式中　A——城镇年供水量；

$\qquad B$——农业年供水量；

$\qquad C$——水力发电年供水量（不结合其他用水，即发电专用水量）；

$\qquad A'$——城镇供水保证率；

$\qquad B'$——农业供水保证率；

$\qquad C'$——水力发电供水保证率。

6.5.3.3　利润

《水价办法》规定，利润是指供水经营者从事正常供水生产经营所应获得的合理收益。供水经营者的合理利润，是指交纳所得税后的净利润。供水利润的基本计算公式为

$$供水利润＝供水资金占有量×资金利润率 \quad (6.33)$$

或
$$供水利润＝供水净资产×资金利润率 \quad (6.34)$$

式中，净资产包括实收资本（或者股本）、资本公积金、盈余公积金和未分配利润等；供水净资产是将工程净资产中非供水部分（包括防洪、发电等）分摊出去，剩下单独用于"供水"的净资产。核定供水利润的方法有两种：一是按资本金（即资金占有量，包括固定资金与流动资金两部分）的利润率确定；二是按净资产利润率确定。《水价办法》规定利润率按高于同期银行贷款利率 2～3 个百分点核定，例如当前银行长期贷款利率为 6%，则供水资金的利润率为 8%～9%。

6.5.3.4　供水价格核定

《水价办法》规定，水利工程供水价格按照补偿成本、合理收益、优质、优价、公平

负担的原则制定，并根据供水成本费用和市场供求的变化情况适时调整。一般商品价格不能低于生产成本费用，否则就要赔本，再生产就难以为继。所以，商品价格必须高于生产成本费用，这样才能补偿物质消耗和劳动报酬支出，才能维持简单再生产。水利工程供水价格除考虑补偿生产成本费用外，还要计入税金和利润，即

$$供水价格＝供水成本费用＋税金＋利润 \tag{6.35}$$

在核定水价之前，要认真学习、领会《水价办法》对水价核定的原则和要求，收集有关资料，调阅、对比该供水工程各年的供水成本、费用、利润和税金。如均在正常生产情况下，在核定水价时可采用最近几年的发生数进行计算；然后核定农业、城镇生活和工业以及水力发电的定额用水量、供水保证率以及实际年平均用水量。如有多年资料（一般不少于 10 年），应尽量采用，否则按实测资料计算；如无实测资料，则按实际用水量和设计保证率计算。

6.5.4　案例分析

【例 6.4】　某水库工程城镇供水量 $A＝1$ 亿 m^3，农业供水量 $B＝4$ 亿 m^3，水力发电专用供水量 $C＝5$ 亿 m^3，泄洪水量 $D＝2$ 亿 m^3；城镇供水保证率 $A'＝95\%$，农业供水 $B'＝65\%$，水力发电保证率 $C'＝98\%$，该水库工程的供水成本费用为 6500 万元。在水库工程清产核资后的账面数中，实收资本 38000 万元，资本公积金 1200 万元，盈余公积金 800 万元：资金利润率采用 8%，营业税率 3%，随营业税附征城市维护建设税 5%、教育费附加 2%。试求农业供水水价、城镇供水水价及水力发电供水水价。

解：（1）求各类供水的成本费用。

根据式 (6.30)～式 (6.32)，可求出

$$城镇供水的成本费用＝兴利分摊的生产成本费用×\frac{AA'}{AA'+BB'+CC'}$$

$$＝6500×\frac{1×0.95}{1×0.95＋4×0.65＋5×0.98}$$

$$＝6500×0.1124＝730（万元）$$

$$农业供水的成本费用＝兴利分摊的生产成本费用×\frac{BB'}{AA'+BB'+CC'}$$

$$＝6500×0.3076＝2000（万元）$$

$$水力发电供水的成本费用＝兴利分摊的生产成本费用×\frac{CC'}{AA'+BB'+CC'}$$

$$＝6500×0.58＝3770（万元）$$

（2）求供水净资产分摊系数及城镇供水净资产。

$$净资产＝实收资本＋资本公积金＋盈余公积金$$

$$＝38000＋1200＋800＝40000 万元$$

$$供水净资产＝水库工程净资产×供水分摊系数$$

$$＝40000×\frac{A+B+C}{A+B+C+D}$$

$$＝40000×\frac{1+4+5}{1+4+5+2}＝33200（万元）$$

$$城镇供水净资产 = 供水净资产 \times \frac{AA'}{AA' + BB' + CC'}$$

$$= 33200 \times \frac{1 \times 0.95}{1 \times 0.95 + 4 \times 0.65 + 5 \times 0.98} = 3720(万元)$$

（3）各类供水价格的核定。

1）农业供水价格的核定（不计税金与利润）。

$$农业供水价格 = \frac{农业供水成本费用}{农业供水量} = \frac{2000}{40000} = 0.05(元/m^3)$$

2）城镇供水价格的核定。

$$城镇供水价格 = \frac{城镇供水成本费用 + 城镇供水净利润/(1-所得税率)}{城镇供水量 \times [1-营业税率 \times (1+城市维护税率+教育附加税率)]}$$

$$(6.36)$$

由式（6.34）得

城镇供水净利润 = 城镇供水净资产 × 资金利润率 = 3720 万元 × 8% = 327 万元

$$城镇供水价格 = \frac{730 + 327/(1-0.33)}{10000 \times [1-3\% \times (1+5\%+2\%)]} = \frac{730+488}{9679} = 0.126(元/m^3)$$

3）水力发电供水价格的核定。《水价办法》规定，水力发电专用供水的价格（元/m³），按照水电站所在电网销售电价 [元/(kW·h)] 的 1.6%~2.4% 核定。已知水电站所在电网的销售电价为 0.62 元/(kW·h)，故水力发电专用供水的价格 = 0.62 × (1.6%~2.4%) = 0.01~0.015 元/m³；结合其他兴利目的的发电用水价格 = 0.62 × 0.8% = 0.005 元/m³。

知 识 训 练

1. 水利工程防洪效益主要表现在哪几方面？当国民经济年增长率 $j=0$ 或 $j \neq 0$ 两种情况时，如何计算防洪效益？

2. 某坝址有 100 年实测洪水资料及各年洪灾损失记录，遇到大洪水时洪灾损失很大，遇到中小洪水时洪灾损失很小，遇到一般年份则无洪灾损失；修建水库后洪灾损失大大减轻，试问如何用随机变量表达该水库的防洪年效益？

3. 一般在什么条件下产生洪、涝、渍、碱灾害？这些灾害既有区别，又有联系，主要区别表现在哪几个方面？相互联系表现在哪几个方面？

4. 计算治涝工程效益一般采用内涝积水量法与合轴相关分析法，其计算理论与计算方法有何区别？

5. 如何计算灌溉工程的效益？如何确定灌溉效益的分摊系数？

6. 从系统工程观点看，应如何计算水电、火电、核电的投资、年运行费及年费用？

7. 供水生产成本费用包括生产成本与生产费用两部分，试问生产成本包括哪几部分？生产费用包括哪几部分？年运行费包括哪几部分？

8. 可计入水价的税金包括哪几部分？供水利润如何计算？供水价格（水价）如何计算？试结合举例和有关公式进行复习。

第 2 部分

综合训练领域

训练项目7　财务分析案例

7.1　基本情况

投资与资金筹措某枢纽工程项目建设期 3 年，第 4 年投产，第 5 年进入正常运行期。投产期生产能力达设计能力的 85％，工程使用寿命 10 年，计算期为 13 年。财务基准折现率取 8％。

本项目建设投资估算额为 2370 万元，正常运行期流动资金估算额为 77 万元。流动资金估算见表 7.1。固定资产投资中，自有资金 900 万元，其余由银行贷款。流动资金 1/3 自筹，2/3 由银行贷款。两种贷款年利率均为 7.5％。项目投资使用计划与资金筹措见表 7.2。

表 7.1　　　　　　　　　　　　　流动资金估算表　　　　　　　　　　单位：万元

序号	项目	运行期	正常运行期								
		4	5	6	7	8	9	10	11	12	13
1	流动资金	81	94	94	94	94	94	94	94	94	94
1.1	应付账款	16	16	16	16	16	16	16	16	16	16
1.2	存货	55	68	68	68	68	68	68	68	68	68
1.3	现金	10	10	10	10	10	10	10	10	10	10
1.4	预付账款	0	0	0	0	0	0	0	0	0	0
2	流动负债	17	17	17	17	17	17	17	17	17	17
2.1	应付账款	17	17	17	17	17	17	17	17	17	17
2.2	预收账款	0	0	0	0	0	0	0	0	0	0
3	流动资金	64	77	77	77	77	77	77	77	77	77

表 7.2　　　　　　　　　　项目总投资使用计划与资金筹措表　　　　　单位：万元

序号	项目	建设期			运行期	正常运行期	合计
		1	2	3	4	5	
1	总投资	808.38	846.5	887.49	64	17	2623.37
1.1	建设投资	790	790	790			2370
1.2	建设期利息	18.38	56.5	97.49			172.37
1.3	流动资金				64	17	81
2	资金筹措	808.38	846.5	887.49	64	17	2623.37
2.1	项目资本金	318.38	356.5	397.49	19.2	17	1108.57

续表

序号	项目	建　设　期			运行期	正常运行期	合计
		1	2	3	4	5	
2.1.1	用于建设投资	300	300	300			900
2.1.2	用于流动资金				19.2	17	36.2
2.1.3	用于建设期利息	18.38	56.5	97.49			172.37
2.2	债务资金	490	490	490	44.8	0	1514.8
2.2.1	用于建设投资	490	490	490			1470
2.2.2	用于流动资金				44.8	0	44.8

7.1.1　总成本费用估算

（1）材料费。运行初期和正常运行年份外购原材料费分别为 7.2 万元和 8.5 万元。

（2）燃料及动力费。运行初期和正常运行年份外购燃料及动力费分别为 75 万元和 88 万元。

（3）工资及福利费。项目工作人员工资总额 94 万元/年，福利费按工资总额的 20% 计取，则全年工资及福利费为 110 万元。

（4）修理费。维护修理费按固定资产原值的 3.2% 计算，每年 75.65 万元。

（5）其他费用。其他费用按以上费用的 10% 估算。

（6）固定资产折旧。固定资产余值按固定资产原值的 5% 考虑，采用直线折旧法计算年折旧费。各年折旧费及固定资产净值计算结果填入表 7.3 中。表 7.3 中固定资产原值等于表 7.2 中建设投资加建设期利息，再减去无形资产和其他资产。总成本费用估算表见表 7.4。

表 7.3　　　　　　　　　　　固定资产折旧估算表　　　　　　　　单位：万元

项目	合计	运行期	正 常 运 行 期								
		4	5	6	7	8	9	10	11	12	13
固定资产原值	2417.37										
当前折旧费	2296.50	229.65	229.65	229.65	229.65	229.65	229.65	229.65	229.65	229.65	229.65
净值	120.87	2187.72	1958.07	1728.42	1498.77	1269.12	1039.47	809.32	580.17	350.52	120.87

表 7.4　　　　　　　　　　　总 成 本 费 用 估 算 表　　　　　　　　单位：万元

序号	项目	合计	初运	正 常 运 行 期							
			4	5	6	7	8	9	10	11	12	13
	生产负荷		85	100	100	100	100	100	100	100	100	100
1	材料费	83.7	7.2	8.5	8.5	8.5	8.5	8.5	8.5	8.5	8.5	8.5
2	燃料及动力费	867	75	88	88	88	88	88	88	88	88	88
3	工资及福利费	1100	110	110	110	110	110	110	110	110	110	110
4	修理费	756.5	75.65	75.65	75.65	75.65	75.65	75.65	75.65	75.65	75.65	75.65
5	其他费用	280.77	26.79	28.22	28.22	28.22	28.22	28.22	28.22	28.22	28.22	28.22

续表

序号	项目	合计	初运 4	正常运行期 5	6	7	8	9	10	11	12	13
6	年运行费（经营成本）	3087.97	294.64	310.37	310.37	310.37	310.37	310.37	310.37	310.37	310.37	310.37
7	折旧费	2296.5	229.65	229.65	229.65	229.65	229.65	229.65	229.65	229.65	229.65	229.65
8	摊销费	125	15	15	15	15	15	10	10	10	10	10
9	利息支出	474.6	113.61	97.86	82.11	66.36	50.61	34.86	19.11	3.36	3.36	3.36
10	总成本费用合计	5984.07	652.9	652.88	637.13	621.38	605.63	584.88	569.13	553.38	553.38	553.38

（7）无形资产摊销。无形资产为 100 万元，按 10 年摊销。其他资产为 25 万元，按 5 年摊销。摊销计算结果填入表 7.5。

表 7.5　　　　　　　　　　无形资产及递延资产摊销估算表　　　　　　单位：万元

序号	项目	合计	运行期 4	正常运行期 5	6	7	8	9	10	11	12	13
1	无形资产											
	原值	100										
	当期摊销费		10	10	10	10	10	10	10	10	10	10
	净值		90	80	70	60	50	40	30	20	10	0
2	递延资产											
	原值	25										
	当期摊销费		5	5	5	5	5					
	净值		20	15	10	5	0					
3	合计											
	原值	120										
	当期摊销费		15	15	15	15	15	10	10	10	10	10
	净值		110	95	80	65	50	40	30	20	10	0

（8）利息支出。

7.1.2　营业收入

项目正常运行收入为 855 万元，投产期营业收入按正常运行期营业收入的 80% 估计。

7.1.3　营业税金及附加

营业税税率为 3.0%，城市维护建设税和教育费附加分别为营业税的 5% 和 3%，因此得综合税率为 3.24%。

7.1.4　利润与利润分配

营业收入减去总成本费用、营业税金及附加，得利润总额。所得税金按利润总额的 25% 计取，法定盈余公积金按当年净利润的 10% 提取，任意盈余公积金不考虑提取。本项目提取的年折旧费和摊销费足够用来偿还长期贷款本金，因此可供投资者分配的利润全部用于利润分配，不考虑未分配利润。利润与利润分配见表7.6，总成本费用、利息支出、折旧、摊销见表7.4。

表7.6　　　　　　　　　　利润与利润分配表　　　　　　　　单位：万元

序号	项目	合计	初运	正常运行期								
			4	5	6	7	8	9	10	11	12	13
	生产负荷/%		80.0	100.0	100.0	100.0	100.0	100.0	100.0	100.0	100.0	100.0
1	营业收入	8379.0	684.0	855.0	855.0	855.0	855.0	855.0	855.0	855.0	855.0	855.0
2	营业税及附加	271.5	22.2	27.7	27.7	27.7	27.7	27.7	27.7	27.7	27.7	27.7
3	总成本费用	5984.1	652.9	652.88	637.13	621.38	605.63	584.88	569.13	553.38	553.38	553.38
4	补贴收入											
5	利润总额	2123.5	8.9	174.4	190.2	205.9	221.7	242.4	258.2	273.9	273.9	273.9
6	弥补以前年度亏损											
7	应纳税所得额（＝5）	2123.5	8.9	174.4	190.2	205.9	221.7	242.4	258.2	273.9	273.9	273.9
8	所得税（25%）	530.9	2.2	43.6	47.5	51.5	55.4	60.6	64.5	68.5	68.5	68.5
9	净利润（7－8）	1592.6	6.7	130.8	142.6	154.4	166.3	181.8	193.6	205.4	205.4	205.4
10	期初未分配利润			0.0	0.0	0.0	0.0	0.0	0.0	0.0	0.0	0.0
11	可供分配的利润	1592.6	6.7	130.8	142.6	154.4	166.3	181.8	193.6	205.4	205.4	205.4
12	提法定盈余公积金（10%）	159.3	0.7	13.1	14.3	15.4	16.6	18.2	19.4	20.5	20.5	20.5
13	可供消费者分配的利润（11－12）	1433.3	6.0	117.7	128.4	139.0	149.6	163.6	174.3	184.9	184.9	184.9
14	提任意盈余公积金											
15	应付利润	1433.3	6.0	117.7	128.4	139.0	149.6	163.6	174.3	184.9	184.9	184.9
16	累计未分配利润（13－14－15）		0.0	0.0	0.0	0.0	0.0	0.0	0.0	0.0	0.0	0.0
17	息税前利润（5＋利息支出）	2598.1	122.5	272.3	272.3	272.3	272.3	277.3	277.3	277.3	277.3	277.3
18	税息折旧摊销前利润（17＋折旧＋摊销）	5019.6	367.2	516.9	516.9	516.9	516.9	516.9	516.9	516.9	516.9	516.9

7.2　要　　求

（1）根据已知条件完成表7.4和表7.6。

（2）进行财务盈利能力分析：制作项目投资财务现金流量表7.7（融资前）；计算所得税前内部收益率、财务净现值、投资回收期；所得税后内部收益率、财务净现值、投资回收期。制作融资后项目资本金现金流量表7.8；计算内部收益率、财务净现值、投资回收期。

（3）进行财务偿债能力分析，制作资产负债表7.9和借款还本付息计算表7.10，计算利息备付率和偿债备付率。

（4）进行财务生存能力分析，制作财务计划现金流量表7.11。

7.3　财　务　分　析

7.3.1　财务盈利能力分析

编制项目投资财务现金流量表，见表7.7。表中营业收入、营业税及附加、所得税取自表7.6，回收固定资产余值取自表7.3，建设投资、流动资金取自表7.2，经营成本取自表7.4。

根据财务现金流量表，所得税前财务内部收益率为13%，财务净现值为623.15万元，投资回收期为8年。所得税后财务内部收益率为11%，财务净现值为359.99万元，投资回收期为8.5年。

融资后项目资本金现金流量表，见表7.8。表中权益投资取自表7.2，借款本金偿还、借款利息支付取自表7.10。根据项目资本金现金流量表，资本金内部收益率为13%，净现值557.56万元。

以上结果表明，本项目具有较好的盈利能力。

7.3.2　财务偿还能力分析

编制资产负债表，见表7.9。表中货币资金、应收账款、存货、应付账款取自表7.1，累计盈余资金取自表7.11，建设投资借款、流动资金借款取自表7.10，资本金根据表7.2各年投入的资本金确定，累计盈余公积金、累计未分配利润根据表7.6确定。

经计算，还贷期各年负债率表7.9最后一行，除建设期第一年外，各年资产负债率均在60%以下，因此债权人风险小。

编制项目借款还本付息计算表，见表7.10。表中利息备付率等于表7.6中息税前利润除以本表中付息，偿付备付率等于表7.6中息税折旧摊销前利润除以本表中当期还本付息。根据借款还本付息计算表，项目在正常运行期的每年利息备付率均大于2，表明利息偿付的保障程度高，偿债风险小。偿债备付率除运行初期，其他各年偿债备付率均大于1.3。因此，本项目具有较强的财务清偿能力。

7.3.3　财务生存能力分析

项目财务计划现金流量表见表7.11。表中营业收入、营业税及附加、所得税、应付利润取自表7.6，建设投资、流动资金、权益资本金投入、建设投资借款、流动资金借款取自表7.2，各种利息支出、偿还债务本金取自表7.10。

从表7.11中数据可知，项目具有较大的经营活动净现金流量，且各年盈余资金均大于零，因此具有较好的财务生存能力。若各年盈余资金出现小于零的情况，应减少应付利润，即保留未分配利润，确保各年盈余资金均大于零。

单位：万元

项目投资财务现金流量表

表 7.7

序号	项　　目	合计	建设期			初运	正常运行期								
			1	2	3	4	5	6	7	8	9	10	11	12	13
	生产负荷/%					80.0	100.0	100.0	100.0	100.0	100.0	100.0	100.0	100.0	100.0
1	现金流入	7725.9				684.0	855.0	855.0	855.0	855.0	855.0	855.0	855.0	855.0	1056.9
1.1	营业收入	7524.0				684	855	855	855	855	855	855	855	855	855
1.2	补贴收入														
1.3	回收固定资产余值	120.9													120.9
1.4	回收流动资金	81													81
2	现金流出	5810.5	790.0	790.0	790.0	380.8	355.1	338.1	338.1	338.1	338.1	338.1	338.1	338.1	338.1
2.1	建设投资	2370.0	790.0	790.0	790.0										
2.2	流动资金	81.0				64.0	17.0								
2.3	年运行费（经营成本）	3088.0				294.64	310.37	310.37	310.37	310.37	310.37	310.37	310.37	310.37	310.37
2.4	营业税金及附加	271.5				22.2	27.7	27.7	27.7	27.7	27.7	27.7	27.7	27.7	27.7
2.5	更新改造投资（维持运营投资）														
3	所得税前净现金流量（1-2）	2770.4	-790.0	-790.0	-790.0	303.2	499.9	516.9	516.9	516.9	516.9	516.9	516.9	516.9	718.8
4	累计所得税前净现金流量		-790.0	-1580.0	-2370.0	-2066.8	-1566.9	-1050.0	-533.1	-16.1	500.8	1017.7	1534.7	2051.6	2770.4
5	所得税	530.8				2.2	43.6	47.5	51.5	55.4	60.6	64.5	68.5	68.5	68.5
6	所得税后净现金流量（3-5）	2239.6	-790.0	-790.0	-790.0	301.0	456.3	469.4	465.4	461.5	456.3	452.4	448.4	448.4	650.3
7	累计所得税后净现金流量		-790.0	-1580.0	-2370.0	-2069.0	-1612.7	-1143.3	-677.9	-216.3	240.0	692.4	1140.9	1589.3	2239.6

单位：万元

表7.8　项目资本金现金流量表

序号	项目	合计	建设期			初运	正常运行期									
			1	2	3	4	5	6	7	8	9	10	11	12	13
	生产负荷/%					80.0	100.0	100.0	100.0	100.0	100.0	100.0	100.0	100.0	100.0
1	现金流入	8580.9				684.0	855.0	855.0	855.0	855.0	855.0	855.0	855.0	855.0	1056.9
1.1	营业收入	8379.0				684	855	855	855	855	855	855	855	855	855
1.2	补贴收入	0.0													
1.3	回收固定产值余值	120.9													120.9
1.4	回收流动资金	81.0													81
2	现金流出	6988.2	318.4	356.5	397.5	661.9	706.5	677.7	665.9	654.1	643.5	631.7	409.9	409.9	454.7
2.1	权益投资	1108.6	318.38	356.5	397.49	19.2	17								
2.2	借款本金偿还	1514.8				210	210	210	210	210	210	210			
2.3	借款利息支付	474.6				113.61	97.86	82.11	66.36	50.61	34.86	19.11	3.36	3.36	3.36
2.4	年运行费（经营成本）					294.64	310.37	310.37	310.37	310.37	310.37	310.37	310.37	310.37	310.37
2.5	营业税及附加	271.5				22.2	27.7	27.7	27.7	27.7	27.7	27.7	27.7	27.7	27.7
2.6	所得税	530.8				2.2	43.6	47.5	51.5	55.4	60.6	64.5	68.5	68.5	68.5
2.7	更新改造投资（维持运营投资）														
3	净现金流量（1－2）	1592.7	-318.4	-356.5	-397.5	22.1	148.5	177.3	189.1	200.9	211.5	223.3	445.1	445.1	602.2

表 7.9

资产负债表

单位：万元

序号	项目	合计	建设期			初运		正常运行期							
			1	2	3	4	5	6	7	8	9	10	11	12	13
1	资产		808.4	1654.9	2542.4	2476.4	2307.6	2126.8	1947.3	1768.9	1587.1	1406.0	1437.0	1467.6	1453.3
1.1	流动资产总额		18.4	74.9	172.4	288.7	349.5	398.4	448.5	499.8	547.7	596.7	856.9	1117.0	1332.4
1.1.1	货币资金					10.0	10.0	10.0	10.0	10.0	10.0	10.0	10.0	10.0	10.0
1.1.2	应收账款					16.0	16.0	16.0	16.0	16.0	16.0	16.0	16.0	16.0	16.0
1.1.3	预付账款														
1.1.4	存货					55.0	68.0	68.0	68.0	68.0	68.0	68.0	68.0	68.0	68.0
1.1.5	累计盈余资金		18.4	74.9	172.4	207.7	255.5	304.4	354.5	405.8	453.7	502.7	762.9	1023.0	1238.4
1.2	在建工程		790.0	1580.0	2370.0										
1.3	固定资产净值					2187.7	1958.1	1728.4	1498.8	1269.1	1039.5	809.3	580.2	350.5	120.9
1.4	无形及其他资产净值														
2	负债及所有者权益 (2.4+2.5)		808.4	1654.9	2542.4	2414.0	2234.1	2038.4	1843.8	1650.5	1458.6	1268.0	1288.5	1264.3	1284.8
2.1	流动负债总额		0	0	0	17	17	17	17	17	17	17	17	17	17
2.1.1	短期借款														
2.1.2	应付账款					17	17	17	17	17	17	17	17	17	17
2.1.3	预收账款														
2.1.4	其他														
2.2	建设投资借款		490	980	1470	1260	1050	840	630	420	210	0		0	
2.3	流动资金借款					44.8	44.8	44.8	44.8	44.8	44.8	44.8	44.8	0	
2.4	负债小计 (2.1+2.2+2.3)		490	980	1470	1321.8	1111.8	901.8	691.8	481.8	271.8	61.8	61.8	17	17
2.5	所有者权益		318.4	674.9	1072.4	1092.2	1122.3	1136.6	1152.0	1168.7	1186.6	1206.2	1226.7	1247.3	1267.8
2.5.1	资本金		318.4	674.9	1072.4	1091.6	1108.6	1108.6	1108.6	1108.6	1108.6	1108.6	1108.6	1108.6	1108.6
2.5.2	资本公积金														
2.5.3	累计盈余公积金					0.7	13.8	28.0	43.5	60.1	78.3	97.6	118.2	138.7	159.3
2.5.4	累计未分配利润														
	资产负债率/%		60.6	59.2	57.8	53.4	48.2	42.4	35.5	27.2	17.1	4.4	4.3	1.2	1.2

表 7.10　　　　借款还本付息计算表

单位：万元

序号	项目	合计	建设期			初运	正常运行								
			1	2	3	4	5	6	7	8	9	10	11	12	13
1	建设投资借款														
1.1	期初借款余额	1470	490	490	490										
1.2	当期还本付息	1911				320.25	304.5	288.75	273	257.25	241.5	225.75			
	其中：还本	1470				210	210	210	210	210	210	210			
	付息	441				110.25	94.5	78.75	63	47.25	31.5	15.75			
1.3	期末借款余额		490	980	1470	1260	1050	840	630	420	210	0			
2	流动资金借款														
2.1	期初借款余额	44.8				44.8	44.8	44.8	44.8	44.8	44.8	44.8	44.8	44.8	44.8
2.2	当期还本付息	78.4				3.36	3.36	3.36	3.36	3.36	3.36	3.36	3.36	3.36	48.16
	其中：还本	44.8													44.8
	付息	33.6				3.36	3.36	3.36	3.36	3.36	3.36	3.36	3.36	3.36	3.36
2.3	期末借款余额					44.8	44.8	44.8	44.8	44.8	44.8	44.8	44.8	44.8	0
3	借款合计														
3.1	期初借款余额	1514.8	490	490	490	44.8									
3.2	当期还本付息	1941.24				323.61	307.86	292.11	276.36	260.61	244.86	229.11	3.36	3.36	48.16
	其中：还本	1470				210	210	210	210	210	210	210	0	0	44.8
	付息	471.24				113.61	97.86	82.11	66.36	50.61	34.86	19.11	3.36	3.36	3.36
3.3	期末借款余额					1304.8	1094.8	884.8	674.8	464.8	254.8	44.8	44.8	44.8	0
计算指标	利息备付率/%					1.08	2.78	3.32	4.10	5.38	7.95	14.51	82.53	82.53	82.53
	偿债备付率/%					1.13	1.54	1.61	1.68	1.77	1.86	1.97	133.45	133.45	9.31

表 7.11　　　　　　　　　　　　　　财务计划现金流量表

单位：万元

序号	项目	合计	建设期			初运	正常运行期								
			1	2	3	4	5	6	7	8	9	10	11	12	13
1	经营活动净现金流量(1.1-1.2)	4488.73				364.96	473.33	469.43	465.43	461.53	456.33	452.43	448.43	448.43	448.43
1.1	现金流入	8379				684	855	855	855	855	855	855	855	855	855
1.1.1	营业收入	8379				684	855	855	855	855	855	855	855	855	855
1.1.2	其他流入														
1.2	现金流出	3890.27				319.04	381.67	385.57	389.57	393.47	398.67	402.57	406.57	406.57	406.57
1.2.1	年运行费(经营成本)	3087.97				294.64	310.37	310.37	310.37	310.37	310.37	310.37	310.37	310.37	310.37
1.2.2	营业税金及附加	271.5				22.2	27.7	27.7	27.7	27.7	27.7	27.7	27.7	27.7	27.7
1.2.3	所得税	530.8				2.2	43.6	47.5	51.5	55.4	60.6	64.5	68.5	68.5	68.5
1.2.4	其他流出	0													
2	投资活动净现金流量(2.1-2.2)	-2451	-790	-790	-790	-64	-17								
2.1	现金流入	0													
2.2	现金流出	2451	790	790	790	64	17								
2.2.1	建设投资	2370	790	790	790										
2.2.2	更新改造投资(维持运营投资)	0													
2.2.3	流动资金	81				64	17								
2.2.4	其他流出	0													
3	筹资活动净现金流量(3.1-3.2)	-566.27	808.38	846.5	887.49	-265.61	-408.56	-420.51	-415.36	-410.21	-408.46	-403.41	-188.26	-188.26	-233.06
3.1	现金流入	2623.37	808.38	846.5	887.49	64	17								
3.1.1	权益资本投入	1108.57	318.38	356.5	397.49	19.2	17								
3.1.2	建设投资借款	1470	490	490	490										
3.1.3	流动资金借款	44.8				44.8									
3.1.4	其他流入														
3.2	现金流出	3189.64				329.61	425.56	420.51	415.36	410.21	408.46	403.41	188.26	188.26	233.06
3.2.1	各种利息支出	471.24				113.61	97.86	82.11	66.36	50.61	34.86	19.11	3.36	3.36	3.36
3.2.2	偿还债务本金	1470				210	210	210	210	210	210	210	0	0	44.8
3.2.3	应付利润	1248.4				6	117.7	128.4	139	149.6	163.6	174.3	184.9	184.9	184.9
3.2.4	其他流出														
4	净现金流量(1+2+3)	1023.03	18.38	56.5	97.49	35.35	47.77	48.92	50.07	51.32	47.87	49.02	260.17	260.17	215.37
5	累计盈余资金	1023.03	18.38	74.88	172.37	207.72	255.49	304.41	354.48	405.8	453.67	502.69	762.86	1023.03	1238.4

训练项目 8　防洪工程经济分析案例

设某水库的主要任务为防洪。该工程于 1988 年建成，总投资 $K=26327$ 万元，年运行费 $u=380$ 万元。经调查，在未建水库前，下游地区遇 5 年一遇洪水（$P=20\%$）时即发生洪灾损失。为了计算水库的防洪效益，须分别计算有水库和无水库当发生不同频率洪水时的洪灾损失，两者的差值即为水库的防洪效益。现将根据 1982 年生产水平所求出的无水库和有水库两种情况下的洪灾损失值，分别列于表 8.1。

表 8.1　　　　　　　　在不同频率洪水情况下有、无水库时洪灾

洪水频率 $P/\%$	33	20	10	0.5	0.1	0.01
无水库时损失 $S_1/$万元	0	3699	7212	16135	19248	20766
有水库时损失 $S_2/$万元	0	0	0	6432	16210	19248

8.1　求水库费用和效益的现值与年值

在推求水库工程的防洪效益之前，须确定动态经济分析所需的社会折现率 i_s 及防洪地区防洪效益年增长率 j。一般可先按 $i_s=12\%$ 的社会折现率进行计算和比较，再按 $i_s=7\%$ 的社会折现率进行计算和比较。

在国民经济评价中，无论投资、年运行费及经济效益等均应采用影子价格计算。现根据表 8.1 所列出的在不同频率洪水情况下的洪灾损失值、学习项目 6 计算式（6.1）和表 6.3 的计算方法可求出水库的年平均防洪效益 $b=1617$ 万元（1982 年生产水平）。

根据当地国民经济发展状况，防洪效益年增长率 $j=3\%$。设在水库开始发挥防洪效益前的 1988 年，其年效益 $b=b_0(1+j)^6=1931$ 万元。现将该水库历年的投资、年运行费、年效益的现值及年值计算列于表 8.2，各年投资、年运行费及年效益均发生在年末，计算基准点定在建设期初，即 1984 年的年初。水库建设期 5 年（1984—1988 年），正常运行期 50 年（1989—2038 年），计算期为 55 年（1984—2038 年）。

表 8.2　　　　某水库防洪效益及费用现值及年值计算（社会折现速 $i_s=12\%$）　　　单位：万元

年　份	投　资	年运行费	年效益
1984	2500		
1985	4000		
1986	4200		
1987	6000		

年　份	投　资	年运行费	年 效 益
1988	5200		
1989		380	1931×1.03
1990		380	1931×1.03^2
⋮		⋮	⋮
2038		380	1931×1.03^{50}
总现值	15174	1790	12350
年值	1825	215	1485

注　1. 投资现值 $K=2500\times1.12^{-1}+4000\times1.12^{-2}+\cdots+5200\times1.12^{-5}=15174$ 万元；

　　　投资年值 $k=$ 投资现值 $\times[A/P,i=0.12,n=50]=15174\times0.12042=1825$ 万元。

　　2. 年运行费的现值 $U=380\times[P/A,i.n][P/F,i,m=5]=380\times8.304\times0.5674=1790$ 万元；

　　　年运行费的年值 $u=$ 年运行费现值 $\times[A/P,i=0.12,n=50]=1790\times0.12042=215$ 万元。

　　3. 防洪效益现值 $B=1931\times\dfrac{1+j}{i-j}\left[\dfrac{(1+i)^n-(1+j)^n}{(1+i)^n}\right][P/F,i,m=5]=12350$ 万元；

　　　防洪效益年值 $b=B[A/P,i,n=50]=12350\times0.12042=1485$ 万元。

8.2　采用社会折现率 $i_s=12\%$ 进行国民经济评价

　　防洪工程国民经济评价可采用经济内部收益率 $EIRR$、经济净现值 $ENPV$、经济效益费用比 B/C 等评价指标，无论采用哪一个评价指标均可定出该工程对国民经济是否有利而且绝不会产生这三个评价指标有相互矛盾之处。即当社会折现率 $i_s=12\%$，如果 $EIRR>i_s$，则可肯定 $ENPV>0$，$B/C>1$；反之，如果 $EIRR<i_s$，则可肯定 $ENPV<0$，$B/C<1$，现结合表 8.2 计算结果，对上述防洪工程进行国民经济初步评价。

　　由表 8.2 可知，该工程在计算期内的投资现值 $K=15174$ 万元，年运行费现值 $U=1790$ 万元，即其费用现值 $C=K+U=15174+1790=16964$（万元）；该工程的防洪效益现值 $B=12350$ 万元，由此可求出该工程的经济净现值 $ENPV=B-C=12350-16964=-4614$（万元）$(<0)$，$B/C=12350/16964=0.728$ (<1.0)，由此说明当社会折现率 $i=12\%$，该工程对国民经济并不有利。如果用该工程的防洪效益年值 b、投资年值 k 及年运行费的年值 u，计算上述评价指标亦可，由表 8.2 经济净年值 $ENAV=b-c=b-(k+u)=1485-(1825+215)=-555$（万元）$(<0)$，效益费用比 $b/c=1485/2010=0.728$ (<1.0)，其结论是一致的。

8.3　采用社会折现率 $i_s=7\%$ 进行国民经济评价

　　工程历年投资、年运行费及年效益等基本资料以及水库下游地区的防洪效益年增长率 $j=0.03$ 等均不变，社会折现率改变为 $i_s=7\%$，计算结果见表 8.3。

　　由表 8.3 可求出该工程在计算期内的投资现值 $K=17545$ 万元，年运行费的现值 $U=3739$ 万元，即该工程的费用现值 $C=K+U=17545+3739=21284$（万元），该工程的防

表 8.3　　　　　　某水库防洪效益及费用现值及年值计算 ($i_s=7\%$)　　　　　单位：万元

年　份	投　资	年运行费	年效益
1984	2500		
1985	4000		
1986	4200		
1987	6000		
1988	5200		
1989		380	1931×1.03
1990		380	1931×1.03^2
⋮		⋮	⋮
2038		380	1931×1.03^{50}
总现值	17545	3739	36508
年值	1272	271	2647

注　1. 投资现值 $=2500\times1.07^{-1}+4000\times1.07^{-2}+\cdots+5200\times1.07^{-5}=17545$（万元）；
　　投资年值 $=$ 投资现值 $\times[A/P,i=0.07,n=50]=17545\times0.0725=1272$（万元）。
　　2. 年运行费的现值 $=380\times[P/A,i,n][P/F,i,m=5]=380\times13.801\times0.713=3739$（万元）；
　　年运行费的年值 $=$ 年运行费的现值 $\times[A/P,i,n]=3739\times0.0725=271$（万元）。
　　3. 水库防洪效益的现值 $B=1931\times\dfrac{1+j}{i-j}\left[\dfrac{(1+i)^n-(1+j)^n}{(1+i)^n}\right][P/F,i,m=5]=36508$（万元）；
　　水库防洪效益的年值 $b=B[A/P,i,n]=36508\times0.0725=2647$（万元）。
　　4. 当社会折现率 $i_s=7\%$，再次对该工程进行国民经济评价。

洪效益现值 $B=36508$ 万元，经济净现值 $ENPV=B-C=15224$（万元）（>0），效益费用比 $B/C=36508/21284=1.715$（>1.0）。由此说明当社会折现率 $i_s=7\%$，该工程对国民经济是有利的。

8.4　敏　感　性　分　析

水利建设项目在评价中所采用的数据主要来自预测和估算，许多数据难于准确定出。为了分析这些数据变化对评价指标的影响，需进行敏感性分析。

在上述不确定性分析中，已知当采用社会折现率 $i_s=12\%$ 对防洪工程进行国民经济评价的结果是，经济净现值 $ENPV=B-C=-4614$ 万元（<0），经济效益费用比 $B/C=0.728$（<1.0），因而初步认为该工程对国民经济是不利的；但需进行敏感性分析，如果费用 C 减少 15%，效益 B 增加 $15\%\sim20\%$，究竟对国民经济评价指标影响如何？

当采用社会折现率 $i_s=7\%$ 对该防洪工程进行国民经济评价的结果是，经济净现值 $ENPV=B-C=15224$ 万元（>0），经济效益费用比 $B/C=1.715$（>1.0），因而认为该工程对国民经济是有利的。还需进行敏感性分析，如果费用 C 增加 15%，效益 B 减少 $15\%\sim20\%$，国民经济评价指标影响见表 8.4。

表 8.4   敏 感 性 分 析   单位：万元

社会折现率	敏 感 性 因 素	效益 B	费用 C	效益费用比 B/C	经济净现值 $B-C$
$i_s=12\%$	基本方案	12350	16964	0.728	-4614
	B 增加 15%，C 减少 15%	14203	14419	0.985	-216
	B 增加 20%，C 减少 15%	14820	14419	1.028	$+401$
$i_s=7\%$	基本方案	36508	21284	1.715	$+15224$
	B 减少 15%，C 增加 15%	31032	24477	1.268	$+6555$
	B 减少 20%，C 增加 15%	29206	24477	1.193	$+4729$

　　由表 8.4 计算结果可知，当防洪工程国民经济评价采用社会折现率 $i_s=7\%$，基本方案 $B/C=1.715$，$B-C=+15224$ 万元；在费用 C 增加 15%、效益减少 15%～20% 的情况下，$B/C=1.268\sim1.193$，$B-C=+6555\sim+4729$ 万元，说明在效益 B 和费用 C 两项主要因素同时向不利方向浮动的情况下，其国民经济评价指标总是 $B/C>1.0$，$B-C>0$，这表明该工程当社会折现率 $i_s=7\%$ 时对国民经济总是有利的；但当社会折现率 $i_s=12\%$ 时，情况有些不同，其基本方案 $B/C=0.728$（<1.0），$B-C=-4614$ 万元（<0），只有在效益 B 增加 20%，费用 C 减少 15% 同时浮动的情况下，其国民经济评价指标 $B/C=1.028$（>1.0），$B-C=+401$ 万元（>0），才变为对国民经济有利。究竟如何决策，该防洪工程是否应该修建，尚需从其他方面进行分析。

训练项目9　治涝工程经济分析案例

9.1　概　　况

某河流位于河北省滨海地区，面积1328km²，农业人口56万人，耕地128万亩。该地区地形封闭平缓，向东倾斜，低洼易涝，土质黏重，盐碱地分布较广。该河流治涝工程可分为三个阶段，现分述于下。

第一阶段：1949—1966年，这一阶段基本上属于无治涝工程状态，洪涝渍灾害交替发生，造成该地区农业产量低而不稳，年平均涝渍面积50多万亩。

第二阶段：1967—1975年，开辟了入海排水河，干、支排水渠均按3年一遇标准开挖，斗渠以下的田间配套工程是逐年进行的。

第三阶段：1977年以后为了进一步提高治涝标准，拟扩建治涝工程，曾对不同治涝标准进行了经济评价。

9.2　费　用　分　析

拟对5年一遇、10年一遇和20年一遇3种治涝标准进行比较。其工程量与投资均按原规划阶段的概算进行分析。表9.1列出原3年一遇治涝标准的投资与年运行费，在此基础上列出各扩建方案所需增加的投资与年运行费。

表9.1　　　　　　　　　　治涝扩建工程的投资与年运行费

治　涝　标　准	投资/万元	年运行费/（万元/年）
无工程～3年一遇	7809	234
3～5年一遇	7512	225
5～10年一遇	4678	140
10～20年一遇	4300	129

9.3　效　益　分　析

9.3.1　多年平均涝灾损失

根据对本流域有无工程资料分析，认为30天雨量与涝灾面积相关关系较好，故选择30天作为计算雨期。根据对历年涝（渍）灾害和作物减产程度的调查资料，可以算出减

产率 β，如表 9.2 所示，减产率 β 的计算公式为

$$\beta=\frac{涝灾面积\times作物减产程度}{作物播种面积} \tag{9.1}$$

式中，作物播种面积在本例计算中采用 128 万亩。现将某河流 1967 年治理前后涝灾面积及减灾率 β 等计算成果分别列于表 9.2。

表 9.2　　　某河流 1967 年之前有无工程涝灾面积及减产率分析

无工程（1950—1966 年）					有工程（1967—1977 年）				
年份	30 天面雨量/mm	涝灾面积/万亩	减产程度	相当绝产面积/万亩	减产率/%	年份	30 天面雨量/mm	涝灾面积/万亩	减产程度	相当绝产面积/万亩	减产率/%
1950	298	38.3	0.75	28.7	22.4	1967	310	3.8	0.64	2.4	1.9
1951	219	37.2	0.70	26.0	20.3	1968	128	0.7	0.60	0.4	0.3
1952	163	12.2	0.60	7.3	5.7	1969	348	14.5	0.66	9.6	7.5
1953	354	115.0	0.78	89.5	69.9	1970	252	4.2	0.65	2.7	2.1
1954	354	115.4	0.75	86.5	67.6	1971	271	31.3	0.65	20.5	16.0
1955	221	16.3	0.59	9.7	7.5	1972	283	25.7	0.69	17.7	13.8
1956	80	0	0	0	0	1973	238	0	0	0	0
1957	98	10.6	0.60	6.4	5.0	1974	366	40.7	0.64	26.0	20.3
1958	285	37.7	0.70	26.3	20.5	1975	163	0	0	0	0
1959	215	25.0	0.70	17.5	13.7	1976	203	0.2	0.70	0.14	0.2
1960	313	78.2	0.70	54.5	42.6	1977	473	114.8	0.81	93.0	72.7
1961	310	75.1	0.87	65.2	50.9	平均		26.2	0.60	15.7	12.2
1962	245	52.7	0.81	42.6	33.3						
1963	70	0	0	0	0						
1964	519	114.6	0.85	97.0	75.8						
1965	96	0	0	0	0						
1966	250	30.5	0.64	19.5	15.2						
平均		56.1	0.67	37.6	29.4						

9.3.2　绘制合轴相关图

由减产率频率曲线，用面积法可以求出其与坐标轴所包围的面积及其不同治涝标准的多年平均减产率，由此可计算出相应减少的受灾面积，参阅表 9.3。

表 9.3　　　　不同治涝标准的年平均涝灾面积减少值

治涝标准　　项　目	无工程	3 年一遇	5 年一遇	10 年一遇	20 年一遇
平均减产率/%	29.4	13.8	6.8	3.3	1.7
减产率差值/%	15.6	7.0		3.5	1.6
涝灾面积减少值/万亩	20.0	9.0		4.5	2.1

注　物灾面积减少值＝作物播种面积（128 万亩）×减产率差值。

9.3.3　治涝效益

在国民经济评价中暂采用市场价格作为农产品的影子价格。考虑到今后本地区的经济发展水平，以近期农业中等水平的年产值 b_0 作为基数，另考虑年增长率 j，则治涝工程在生产期 n 年内亩平均年效益 b 为

$$b=b_0\frac{1+j}{i_s-j}\left[1-\left(\frac{1+j}{i_s+j}\right)^n\right]\left[\frac{i_s(1+i_s)^n}{(1+i_s)^n-1}\right] \tag{9.2}$$

式中　b_0——基准年亩产值，假设 $b_0=58.6$ 元/亩；

　　　j——农业年增长率，假设 $j=2.5\%$；

　　　i_s——社会折现率，假设 $i_s=6\%$ 及 $i_s=12\%$ 两种情况；

　　　n——生产期，采用 $n=30$ 年。

当 $i_s=6\%$，$b=58.6\times\dfrac{1+0.025}{0.06-0.025}\times\left[1-\left(\dfrac{1.025}{1.06}\right)^{30}\right]\times\left[\dfrac{0.06\times1.06^{30}}{1.06^{30}-1}\right]=77.2$（元/亩）。

当 $i_s=12\%$，$b=58.6\times\dfrac{1+0.025}{0.12-0.025}\times\left[1-\left(\dfrac{1.025}{1.12}\right)^{30}\right]\times\left[\dfrac{0.12\times1.12^{30}}{1.12^{30}-1}\right]=71.2$（元/亩）。

由此可求出不同治涝标准的年平均效益，见表9.4。

表9.4　　　　　　　　　　　不同标准的治涝年效益

治涝标准	$i_s=6\%$			$i_s=12\%$		
	减涝面积/万亩	平均亩效益/(元/亩)	年效益/万元	减涝面积/万亩	平均亩效益/(元/亩)	年效益/万元
无工程～3年一遇	20	77.2	1544	20	71.2	1424
3～5年一遇	9	77.2	695	9	71.2	640
5～10年一遇	4.5	77.2	348	4.5	71.2	320
10～20年一遇	2.1	77.2	162	2.1	71.2	150

注　表中3年一遇→5年一遇表示治涝标准由3年一遇提高到5年一遇，余同。

9.3.4　治碱效益

据调查，1967年本流域无工程时盐碱地面积达33.5万亩，1979年经治理后（3年一遇标准）盐碱地为11.5万亩。表9.5中不同治涝标准的盐碱地改良面积，是根据渠沟排水断面的不断加深和田间配套工程的不断完善后求出的。盐碱地改良一般以水利措施为主，如辅以农业、生物等综合措施，则增产效果更为明显。假设水利工程分摊的增产值秋作物为10元/亩，夏作物为18元/亩。现将盐碱地改良效益列于表9.5。

表9.5　　　　　　　　　　　盐碱地改良效益

治涝标准	秋作物		夏作物		年增产值/万元
	改良碱地/万亩	增产值/万元	改良碱地/万亩	增产值/万元	
无工程～3年一遇	22	220	11	198	418
3～5年一遇	5.5	55	3.9	70	125
5～10年一遇	3.5	35	2.5	45	80
10～20年一遇	2.0	20	1.4	25	45

由表 9.5 可以看出，低标准的盐碱地改良效果比较显著，较高标准的盐碱地增产效果不大。

9.3.5 总效益

本流域遇大涝年份，尚有房屋倒塌、水利和公路等建筑物损坏以及居民财产等损失。骨干河道、干支渠占地，在投资中已作了赔偿，而未给赔偿的群众举办的田间工程占地，应计算其负效益从治涝效益中扣除。现将各种治涝标准的治涝效益、治碱效益、减少的财产损失值及田间工程占地负效益一并列于表 9.6。

表 9.6 治涝工程年效益汇总 单位：万元

治涝标准	治涝效益		治碱效益	财产损失减少值	负效益	总效益	
	$i_s=6\%$	$i_s=12\%$				$i_s=6\%$	$i_s=12\%$
无工程～3 年一遇	1544	1424	418	120	−42	2040	1920
3～5 年一遇	695	640	125	175	−48	947	892
5～10 年一遇	348	320	80	145	−28	545	517
10～20 年一遇	162	150	45	110	−26	291	279

9.4 国民经济评价

治涝工程国民经济评价可用经济净现值、经济内部收益率为主要评价指标。

9.4.1 经济净现值 ENPV

$$ENPV = \sum_{t=1}^{n} (B-C)_t (1+i_s)^{-t} \qquad (9.3)$$

式中 B——治涝工程年效益，各治涝标准的年效益，见表 9.6；

$\quad\quad C$——治涝工程年费用，包括投资与年运行费，见表 9.1；

$\quad\quad i_s$——社会折现率；

$\quad\quad n$——治涝工程的经济寿命或生产期，$n=30$ 年。

基准年假设在建设期初。现将各年的投资、年运行费及年效益按照两种社会折现率 $i_s=6\%$ 及 $i_s=12\%$，根据式（9.3）计算经济净现值 ENPV，现将各种治游标准的投资、年运行费和年效益的原值（未加折算）和现值（折现至基准年）以及经济净现值分别列于表 9.7。

表 9.7 不同治涝标准扩建工程的经济净现值计算成果 单位：万元

社会折现率	治涝标准	投资		年运行费		年效益		经济净现值 ENPV
		原值	现值	原年值	总现值	原年值	总现值	
$i_s=6\%$	3～5 年一遇	7512	6343	225	2671	947	11244	2230
	5～10 年一遇	4678	3950	140	1663	545	6465	852
	10～20 年一遇	4300	3632	129	1531	291	3459	−1704

续表

社会折现率	治涝标准	投资		年运行费		年效益		经济净现值 ENPV
		原值	现值	原年值	总现值	原年值	总现值	
$i_s=12\%$	3～5 年一遇	7512	5441	225	1316	892	5225	−1532
	5～10 年一遇	4678	3388	140	819	517	3027	−1180
	10～20 年一遇	4300	3114	129	754	279	1628	−2240

9.4.2　经济内部收益率 EIRR

$$\sum_{t=1}^{n}(B-C)_t(1+EIRR)^{-t}=0 \tag{9.4}$$

式中　B——治涝工程年效益；

　　　C——治涝工程年费用。

由于式（9.4）中 $EIRR=i_s$ 为待求值，所以不能直接采用表 9.6 所列年效益值。例如治涝标准由原 3 年一遇提高到 5 年一遇，由表 9.4 可知减涝面积为 9 万亩，由式（9.2）可知当亩平均年效益为 b，则治涝年效益为 $9b$（万元）。至于扩建工程的治碱效益、财产损失减少值、负效益均与内部收益率无关，分别为 125 万元、175 万元、−48 万元（参阅表 9.6）。年总效益即为上述四者之和，即 $B=9b+125+175-48=9b+252$ 万元。其他治涝标准的年效益可用相似算式表示。

式（9.4）中 C 为治涝工程的年费用，包括投资和年运行费，参阅表 9.1。由于投资在建设期内的分布是已知的，年运行费在生产期 n 年内可以认为是不变的，治涝年效益 B 可按式（9.1）试算。治涝效益（与 i_s 值有关），另加治碱效

表 9.8　不同治涝标准的内部收益率　　　%

治涝标准	$EIRR(i_s)$
3～5 年一遇	8.6
5～10 年一遇	7.7
10～20 年一遇	3.9

益、财产损失减少值和负效益（后三项效益与 i_s 值无关）。得 B 值后代入式（9.4），可分别试算求出不同治涝标准下的经济内部收益率值，参阅表 9.8。

9.5　敏　感　性　分　析

敏感性分析主要研究当若干主要因素发生变化时对经济评价指标的影响。现分别研究本工程发生下列假定情况之一时对经济评价的影响：

（1）投资增加 15%。

（2）年效益减少 10%。

（3）投资增加 15%，同时年效益减少 10%。

对不同治涝标准分别按上述 3 种情况进行测算，可求出相应的经济净现值，列于表 9.9。

表 9.9   不同治涝标准的经济净现值 *ENPV* 可能变化幅度

治 涝 标 准	折现率 $i_s=6\%$			折现率 $i_s=12\%$		
	投资+10%	效益-10%	投资+15% 效益-10%	投资+15%	效益-10%	投资+15% 效益-10%
3~5 年一遇	878	1106	−247	−2546	−2055	−3068
5~10 年一遇	103	206	−636	−1811	−1482	−2113
10~20 年一遇	−2478	−2049	−2823	−2818	−2401	−2981

9.6 综 合 分 析

为全面比较本治涝扩建工程在经济上的合理性,现拟结合下列问题进行讨论。

(1)当社会折现率 $i_s=6\%$,由表 9.8 及表 9.9 可知,如资金紧缺,应选择 5 年一遇治涝标准,因此时经济净现值 *ENPV*=max,经济内部收益率 *EIRR*=max;否则可选择 10 年一遇治涝标准,因此时 *ENPV*>0,*EIRR*>i_s=6%。

(2)当社会折现率 $i_s=12\%$,则应保持原有的 3 年一遇治涝标准,任何提高治涝标准的方案在经济上均为不利,因各方案的 *ENPV*<0,*EIRR*<i_s=12%。

(3)根据敏感性分析结果,当社会折现率 $i_s=6\%$,以采用治涝标准 5 年一遇或 10 年一遇较为有利。考虑到当地区经济发展水平较低,居民生活比较困难,如政府能给予补助。则该河流治涝工程可由现在的 3 年一遇标准,提高至 5 年一遇或 10 年一遇的治涝标准。

训练项目 10　灌溉工程经济分析案例

某水利枢纽的开发目标为防洪、发电、灌溉、供水。水库于 1981 年开工，计划在 5 年内建成。按影子价格调整后投资为 2.25 亿元，1986 年起工程投产。水库总库容 $V_总 = 28.17$ 亿 m^3，其中防洪库容 $V_洪 = 11.87$ 亿 m^3，发电库容 $V_电 = 6.30$ 亿 m^3，灌溉库容 $V_灌 = 8.84$ 亿 m^3，供水（包括工业和生活用水）库容 $V_供 = 4.12$ 亿 m^3，发电、灌溉、供水共用库容 $V_共 = 4.30$ 亿 m^3，死库容 $V_死 = 1.34$ 亿 m^3，估计水库的平均年运行费为 420 万元。

位于水库下游的灌溉工程，计划灌溉面积 200 万亩，工程于 1984 年开工，7 年内建成。按影子价格调整后投资为 9600 万元，计划于 1986 年开始灌溉，灌溉面积逐年增加，至 1991 年达到设计水平，每年灌溉 200 万亩。灌溉工程年运行费估计为 192 万元。灌溉工程的生产期为 40 年（1991—2030 年）。

本灌区的主要作物为冬小麦、棉花和玉米，有关指标见表 10.1。

表 10.1　　　　　　　　　　　　**灌区作物的有关指标**

项　目 ＼ 作　物	冬小麦	棉花	春玉米	夏玉米
种植面积比/%	60	30	10	60
无灌溉工程时年产量/(kg/亩)	195	26	162.5	146
有灌溉工程时设计年产量/(kg/亩)	300	40	250	225
作物影子价格/(元/kg)	0.504	3.80	0.354	0.354

注　冬小麦收获后即种夏玉米。

在计算农作物的产值时，尚应计入 15% 的副产品的产值。经调查和对实际资料分析，取灌溉效益分摊系数 $\varepsilon = 0.50$。

10.1　水库投资分摊计算

（1）水库投资分摊，可按各部门使用的库容比例进行分摊。死库容可从总库容中先予扣除，共用库容从兴利库容中扣除，则灌溉工程应分摊的水库投资比例为 $\beta_灌$，即

$$\beta_灌 = \frac{(V_灌 + V_电 + V_供) - V_共}{V_总 - V_死} \frac{V_灌}{V_灌 + V_电 + V_供} = \frac{V_灌 - \dfrac{V_灌}{V_灌 + V_电 + V_供} V_共}{V_总 - V_死}$$

$$= \frac{8.84 - \dfrac{8.84}{8.84 + 6.30 + 4.12} \times 4.3}{28.17 - 1.34} = 0.256$$

（2）1981—1985 年各年灌溉部门应分摊的投资，如表 10.2 所示。

表 10.2		灌溉部门各年应分摊的投资				单位：亿元	
项　　目	年　份	1981	1982	1983	1984	1985	合计
水库总投资		0.30	0.70	0.80	0.30	0.15	2.25
灌溉部门应分摊投资		0.0768	0.1792	0.2048	0.0768	0.0384	0.576

10.2　灌溉工程年运行费计算

（1）水库年运行费分摊，根据上述原则按各部门使用的库容比例进行分摊。已知水库的年运行费为 420 万元，则灌溉应分摊水库的年运行费为 420×0.256＝108 万元。

（2）灌区达到设计水平年后年运行费为 192 万元。在投产期（1986—1990 年）内，灌区年运行费按各年灌溉面积占设计水平年灌溉面积的比例进行分配，再加上灌溉分摊水库部分的年运行费后即为灌溉工程的年运行费，如表 10.3 所示。

表 10.3		灌溉工程各年年运行费						单位：万元	
年　份	1986	1987	1988	1989	1990	1991	1992	…	2030
灌溉面积/万亩	35	70	105	140	175	200	200	…	200
年运行费/万元	141	175	208	242	276	300	300	…	300

10.3　灌溉工程国民经济效益计算

（1）根据灌区各种作物的种植面积比例，由学习项目 6 式（6.7）可计算设计水平年的灌溉效益为

$$B = \varepsilon \Big[\sum_{i=1}^{n} A_i (Y_i - Y_{oi}) V_i + \sum_{i=1}^{n} A_i (Y'_i - Y'_{oi}) V'_i \Big]$$
$$= 0.5 \times [200 \times 60\% \times (300 - 195) \times 0.504 + 200 \times 30\%$$
$$\times (40 - 26) \times 3.80 + 200 \times 10\% \times (250 - 162.5) \times 0.354 + 200$$
$$\times 60\% \times (225 - 146) \times 0.354] \times (1 + 15\%) = 7766(万元)$$

（2）灌区投产后达到设计水平前的各年灌溉效益，分别如表 10.4 所示。

表 10.4		灌区各年灌溉面积及灌溉效益				
年　份	1986	1987	1988	1989	1990	1991
灌溉面积/万亩	35	70	105	140	175	200
灌溉效益/万元	1359	2718	4078	5437	6796	7766

10.4　国 民 经 济 评 价

灌溉工程在计算期内历年投资、年运行费及年效益汇总于表 10.5。其中 1981—1985

年为水库建设期；灌区建设期为 1984—1990 年，其中 1986—1990 年为灌区投产期，1991—2030 年为灌溉工程生产期，全部工程投入正常运行。

当社会折现率 $i_s=7\%$ 及 $i_s=12\%$ 两种情况，并以工程开工的 1981 年年初作为基准年点，计算期 $n=50$ 年。试求经济净现值 $ENPV$ 及经济内部收益率 $EIRR$，对该工程进行国民经济评价。

表 10.5　　　　　　　　灌溉工程历年投资、年运行费和效益汇总表　　　　　　　单位：万元

年　份	投　资			年运行费	年效益
	分摊水库投资	灌区投资	合计		
1981	768		768		
1982	1792		1792		
1983	2048		2048		
1984	768	3600	4368		
1985	384	2000	2384		
1986		1000	1000	141	1359
1987		1000	1000	175	2718
1988		1000	1000	208	4078
1989		500	500	242	5437
1990		500	500	276	6796
1991				300	7766
1992				300	7766
⋮				⋮	⋮
2030				300	7766

（1）当 $i_s=7\%$，计算过程如下：

1）投资现值 $768\times1.07^{-1}+1792\times1.07^{-2}+2048\times1.07^{-3}+4368\times1.07^{-4}+2384\times1.07^{-5}+1000\times1.07^{-6}+1000\times1.07^{-7}+1000\times1.07^{-8}+500\times1.07^{-9}+500\times1.07^{-10}=11384$（万元）。

2）年运行费 $U_P=141\times1.07^{-6}+175\times1.07^{-7}+208\times1.07^{-8}+242\times1.07^{-9}+276\times1.07^{-10}+300\times\dfrac{1.07^{40}-1}{0.07\times1.07^{40}}[P/F,i,m=10]=2625$（万元）。

3）效益现值 $B_P=1359\times1.07^{-6}+2718\times1.07^{-7}+4078\times1.07^{-8}+5437\times1.07^{-9}+6796\times1.07^{-10}+7766\times\dfrac{1.07^{40}-1}{0.07\times1.07^{40}}[P/F,i,m=10]=64019$（万元）。

4）经济净现值 $ENPV=B_P-(I_P+U_P)=64019-(11384+2625)=50010$（万元）（$>0$）。

（2）当 $i_s=12\%$，用同样方法可求得经济净现值。$ENPV=B_P-(I_P+U_P)=28331-(9384+1206)=17741$（万元）（$>0$）。

（3）求经济内部收益率 $EIRR$。

当 $ENPV=B_P-(I_P+U_P)=0$ 时，经试算可求得 $i_s=EIRR=24.9\%$（$>i_s=7\%$ 及 $i_s=12\%$）。

由上述可知，本工程经国民经济评价后认为是有利的。

10.5 财 务 评 价

若已知农业供水水费收入，则可按现行价格（财务价格）计算灌溉工程的投资、年运行费和年效益进行财务评价。若财务净现值 $FNPV>0$，财务内部收益率 $FIRR<i_c$（i_c 为基准收益率），则应提出改善财务措施，例如提高水费标准，降低贷款利率，或者由国家或地方进行财务补贴等，以便使本工程财务上可行。

附录　考虑资金时间价值的折算因子表

附表 1　　　　　　　　　　　　　**复利系数表（$i=1\%$）**

n	$(F/P,i,n)$	$(P/F,i,n)$	$(F/A,i,n)$	$(A/F,i,n)$	$(A/P,i,n)$	$(P/A,i,n)$	$(F/G,i,n)$	$(A/G,i,n)$
1	1.0100	0.9901	1.0000	1.0000	1.0100	0.9901	0.0000	0.0000
2	1.0201	0.9803	2.0100	0.4975	0.5075	1.9704	1.0000	0.4975
3	1.0303	0.9706	3.0301	0.3300	0.3400	2.9410	3.0100	0.9934
4	1.0406	0.9610	4.0604	0.2463	0.2563	3.9020	6.0401	1.4876
5	1.0510	0.9515	5.1010	0.1960	0.2060	4.8534	10.1005	1.9801
6	1.0615	0.9420	6.1520	0.1625	0.1725	5.7955	15.2015	2.4710
7	1.0721	0.9327	7.2135	0.1386	0.1486	6.7282	21.3535	2.9602
8	1.0829	0.9235	8.2857	0.1207	0.1307	7.6517	28.5671	3.4478
9	1.0937	0.9143	9.3685	0.1067	0.1167	8.5660	36.8527	3.9337
10	1.1046	0.9053	10.4622	0.0956	0.1056	9.4713	46.2213	4.4179
11	1.1157	0.8963	11.5668	0.0865	0.0965	10.3676	56.6835	4.9005
12	1.1268	0.8874	12.6825	0.0788	0.0888	11.2551	68.2503	5.3815
13	1.1381	0.8787	13.8093	0.0724	0.0824	12.1337	80.9328	5.8607
14	1.1495	0.8700	14.9474	0.0669	0.0769	13.0037	94.7421	6.3384
15	1.1610	0.8613	16.0969	0.0621	0.0721	13.8651	109.6896	6.8143
16	1.1726	0.8528	17.2579	0.0579	0.0679	14.7179	125.7864	7.2886
17	1.1843	0.8444	18.4304	0.0543	0.0643	15.5623	143.0443	7.7613
18	1.1961	0.8360	19.6147	0.0510	0.0610	16.3983	161.4748	8.2323
19	1.2081	0.8277	20.8109	0.0481	0.0581	17.2260	181.0895	8.7017
20	1.2202	0.8195	22.0190	0.0454	0.0554	18.0456	201.9004	9.1694
21	1.2324	0.8114	23.2392	0.0430	0.0530	18.8570	223.9194	9.6354
22	1.2447	0.8034	24.4716	0.0409	0.0509	19.6604	247.1586	10.0998
23	1.2572	0.7954	25.7163	0.0389	0.0489	20.4558	271.6302	10.5626
24	1.2697	0.7876	26.9735	0.0371	0.0471	21.2434	297.3465	11.0237
25	1.2824	0.7798	28.2432	0.0354	0.0454	22.0232	324.3200	11.4831
26	1.2953	0.7720	29.5256	0.0339	0.0439	22.7952	352.5631	11.9409
27	1.3082	0.7644	30.8209	0.0324	0.0424	23.5596	382.0888	12.3971
28	1.3213	0.7568	32.1291	0.0311	0.0411	24.3164	412.9097	12.8516

n	$(F/P,i,n)$	$(P/F,i,n)$	$(F/A,i,n)$	$(A/F,i,n)$	$(A/P,i,n)$	$(P/A,i,n)$	$(F/G,i,n)$	$(A/G,i,n)$
29	1.3345	0.7493	33.4504	0.0299	0.0399	25.0658	445.0388	13.3044
30	1.3478	0.7419	34.7849	0.0287	0.0387	25.8077	478.4892	13.7557
31	1.3613	0.7346	36.1327	0.0277	0.0377	26.5423	513.2740	14.2052
32	1.3749	0.7273	37.4941	0.0267	0.0367	27.2696	549.4068	14.6532
33	1.3887	0.7201	38.8690	0.0257	0.0357	27.9897	586.9009	15.0995
34	1.4026	0.7130	40.2577	0.0248	0.0348	28.7027	625.7699	15.5441
35	1.4166	0.7059	41.6603	0.0240	0.0340	29.4086	666.0276	15.9871
36	1.4308	0.6989	43.0769	0.0232	0.0332	30.1075	707.6878	16.4285
37	1.4451	0.6920	44.5076	0.0225	0.0325	30.7995	750.7647	16.8682
38	1.4595	0.6852	45.9527	0.0218	0.0318	31.4847	795.2724	17.3063
39	1.4741	0.6784	47.4123	0.0211	0.0311	32.1630	841.2251	17.7428
40	1.4889	0.6717	48.8864	0.0205	0.0305	32.8347	888.6373	18.1776
41	1.5038	0.6650	50.3752	0.0199	0.0299	33.4997	937.5237	18.6108
42	1.5188	0.6584	51.8790	0.0193	0.0293	34.1581	987.8989	19.0424
43	1.5340	0.6519	53.3978	0.0187	0.0287	34.8100	1039.7779	19.4723
44	1.5493	0.6454	54.9318	0.0182	0.0282	35.4555	1093.1757	19.9006
45	1.5648	0.6391	56.4811	0.0177	0.0277	36.0945	1148.1075	20.3273
46	1.5805	0.6327	58.0459	0.0172	0.0272	36.7272	1204.5885	20.7524
47	1.5963	0.6265	59.6263	0.0168	0.0268	37.3537	1262.6344	21.1758
48	1.6122	0.6203	61.2226	0.0163	0.0263	37.9740	1322.2608	21.5976
49	1.6283	0.6141	62.8348	0.0159	0.0259	38.5881	1383.4834	22.0178
50	1.6446	0.6080	64.4632	0.0155	0.0255	39.1961	1446.3182	22.4363

附表 2　　　　　　　　复利系数表（$i=2\%$）

n	$(F/P,i,n)$	$(P/F,i,n)$	$(F/A,i,n)$	$(A/F,i,n)$	$(A/P,i,n)$	$(P/A,i,n)$	$(F/G,i,n)$	$(A/G,i,n)$
1	1.0200	0.9804	1.0000	1.0000	1.0200	0.9804	0.0000	0.0000
2	1.0404	0.9612	2.0200	0.4950	0.5150	1.9416	1.0000	0.4950
3	1.0612	0.9423	3.0604	0.3268	0.3468	2.8839	3.0200	0.9868
4	1.0824	0.9238	4.1216	0.2426	0.2626	3.8077	6.0804	1.4752
5	1.1041	0.9057	5.2040	0.1922	0.2122	4.7135	10.2020	1.9604
6	1.1262	0.8880	6.3081	0.1585	0.1785	5.6014	15.4060	2.4423
7	1.1487	0.8706	7.4343	0.1345	0.1545	6.4720	21.7142	2.9208
8	1.1717	0.8535	8.5830	0.1165	0.1365	7.3255	29.1485	3.3961
9	1.1951	0.8368	9.7546	0.1025	0.1225	8.1622	37.7314	3.8681
10	1.2190	0.8203	10.9497	0.0913	0.1113	8.9826	47.4860	4.3367

续表

n	$(F/P,i,n)$	$(P/F,i,n)$	$(F/A,i,n)$	$(A/F,i,n)$	$(A/P,i,n)$	$(P/A,i,n)$	$(F/G,i,n)$	$(A/G,i,n)$
11	1.2434	0.8043	12.1687	0.0822	0.1022	9.7868	58.4358	4.8021
12	1.2682	0.7885	13.4121	0.0746	0.0946	10.5753	70.6045	5.2642
13	1.2936	0.7730	14.6803	0.0681	0.0881	11.3484	84.0166	5.7231
14	1.3195	0.7579	15.9739	0.0626	0.0826	12.1062	98.6969	6.1786
15	1.3459	0.7430	17.2934	0.0578	0.0778	12.8493	114.6708	6.6309
16	1.3728	0.7284	18.6393	0.0537	0.0737	13.5777	131.9643	7.0799
17	1.4002	0.7142	20.0121	0.0500	0.0700	14.2919	150.6035	7.5256
18	1.4282	0.7002	21.4123	0.0467	0.0667	14.9920	170.6156	7.9681
19	1.4568	0.6864	22.8406	0.0438	0.0638	15.6785	192.0279	8.4073
20	1.4859	0.6730	24.2974	0.0412	0.0612	16.3514	214.8685	8.8433
21	1.5157	0.6598	25.7833	0.0388	0.0588	17.0112	239.1659	9.2760
22	1.5460	0.6468	27.2990	0.0366	0.0566	17.6580	264.9492	9.7055
23	1.5769	0.6342	28.8450	0.0347	0.0547	18.2922	292.2482	10.1317
24	1.6084	0.6217	30.4219	0.0329	0.0529	18.9139	321.0931	10.5547
25	1.6406	0.6095	32.0303	0.0312	0.0512	19.5235	351.5150	10.9745
26	1.6734	0.5976	33.6709	0.0297	0.0497	20.1210	383.5453	11.3910
27	1.7069	0.5859	35.3443	0.0283	0.0483	20.7069	417.2162	11.8043
28	1.7410	0.5744	37.0512	0.0270	0.0470	21.2813	452.5605	12.2145
29	1.7758	0.5631	38.7922	0.0258	0.0458	21.8444	489.6117	12.6214
30	1.8114	0.5521	40.5681	0.0246	0.0446	22.3965	528.4040	13.0251
31	1.8476	0.5412	42.3794	0.0236	0.0436	22.9377	568.9720	13.4257
32	1.8845	0.5306	44.2270	0.0226	0.0426	23.4683	611.3515	13.8230
33	1.9222	0.5202	46.1116	0.0217	0.0417	23.9886	655.5785	14.2172
34	1.9607	0.5100	48.0338	0.0208	0.0408	24.4986	701.6901	14.6083
35	1.9999	0.5000	49.9945	0.0200	0.0400	24.9986	749.7239	14.9961
36	2.0399	0.4902	51.9944	0.0192	0.0392	25.4888	799.7184	15.3809
37	2.0807	0.4806	54.0343	0.0185	0.0385	25.9695	851.7127	15.7625
38	2.1223	0.4712	56.1149	0.0178	0.0378	26.4406	905.7470	16.1409
39	2.1647	0.4619	58.2372	0.0172	0.0372	26.9026	961.8619	16.5163
40	2.2080	0.4529	60.4020	0.0166	0.0366	27.3555	1020.0992	16.8885
41	2.2522	0.4440	62.6100	0.0160	0.0360	27.7995	1080.5011	17.2576
42	2.2972	0.4353	64.8622	0.0154	0.0354	28.2348	1143.1112	17.6237
43	2.3432	0.4268	67.1595	0.0149	0.0349	28.6616	1207.9734	17.9866
44	2.3901	0.4184	69.5027	0.0144	0.0344	29.0800	1275.1329	18.3465
45	2.4379	0.4102	71.8927	0.0139	0.0339	29.4902	1344.6355	18.7034

续表

n	$(F/P,i,n)$	$(P/F,i,n)$	$(F/A,i,n)$	$(A/F,i,n)$	$(A/P,i,n)$	$(P/A,i,n)$	$(F/G,i,n)$	$(A/G,i,n)$
46	2.4866	0.4022	74.3306	0.0135	0.0335	29.8923	1416.5282	19.0571
47	2.5363	0.3943	76.8172	0.0130	0.0330	30.2866	1490.8588	19.4079
48	2.5871	0.3865	79.3535	0.0126	0.0326	30.6731	1567.6760	19.7556
49	2.6388	0.3790	81.9406	0.0122	0.0322	31.0521	1647.0295	20.1003
50	2.6916	0.3715	84.5794	0.0118	0.0318	31.4236	1728.9701	20.4420

附表 3 　　　　　　　　　　复利系数表 （$i=3\%$）

n	$(F/P,i,n)$	$(P/F,i,n)$	$(F/A,i,n)$	$(A/F,i,n)$	$(A/P,i,n)$	$(P/A,i,n)$	$(F/G,i,n)$	$(A/G,i,n)$
1	1.0300	0.9709	1.0000	1.0000	1.0300	0.9709	0.0000	0.0000
2	1.0609	0.9426	2.0300	0.4926	0.5226	1.9135	1.0000	0.4926
3	1.0927	0.9151	3.0909	0.3235	0.3535	2.8286	3.0300	0.9803
4	1.1255	0.8885	4.1836	0.2390	0.2690	3.7171	6.1209	1.4631
5	1.1593	0.8626	5.3091	0.1884	0.2184	4.5797	10.3045	1.9409
6	1.1941	0.8375	6.4684	0.1546	0.1846	5.4172	15.6137	2.4138
7	1.2299	0.8131	7.6625	0.1305	0.1605	6.2303	22.0821	2.8819
8	1.2668	0.7894	8.8923	0.1125	0.1425	7.0197	29.7445	3.3450
9	1.3048	0.7664	10.1591	0.0984	0.1284	7.7861	38.6369	3.8032
10	1.3439	0.7441	11.4639	0.0872	0.1172	8.5302	48.7960	4.2565
11	1.3842	0.7224	12.8078	0.0781	0.1081	9.2526	60.2599	4.7049
12	1.4258	0.7014	14.1920	0.0705	0.1005	9.9540	73.0677	5.1485
13	1.4685	0.6810	15.6178	0.0640	0.0940	10.6350	87.2597	5.5872
14	1.5126	0.6611	17.0863	0.0585	0.0885	11.2961	102.8775	6.0210
15	1.5580	0.6419	18.5989	0.0538	0.0838	11.9379	119.9638	6.4500
16	1.6047	0.6232	20.1569	0.0496	0.0796	12.5611	138.5627	6.8742
17	1.6528	0.6050	21.7616	0.0460	0.0760	13.1661	158.7196	7.2936
18	1.7024	0.5874	23.4144	0.0427	0.0727	13.7535	180.4812	7.7081
19	1.7535	0.5703	25.1169	0.0398	0.0698	14.3238	203.8956	8.1179
20	1.8061	0.5537	26.8704	0.0372	0.0672	14.8775	229.0125	8.5229
21	1.8603	0.5375	28.6765	0.0349	0.0649	15.4150	255.8829	8.9231
22	1.9161	0.5219	30.5368	0.0327	0.0627	15.9369	284.5593	9.3186
23	1.9736	0.5067	32.4529	0.0308	0.0608	16.4436	315.0961	9.7093
24	2.0328	0.4919	34.4265	0.0290	0.0590	16.9355	347.5490	10.0954
25	2.0938	0.4776	36.4593	0.0274	0.0574	17.4131	381.9755	10.4768
26	2.1566	0.4637	38.5530	0.0259	0.0559	17.8768	418.4347	10.8535
27	2.2213	0.4502	40.7096	0.0246	0.0546	18.3270	456.9878	11.2255

n	$(F/P,i,n)$	$(P/F,i,n)$	$(F/A,i,n)$	$(A/F,i,n)$	$(A/P,i,n)$	$(P/A,i,n)$	$(F/G,i,n)$	$(A/G,i,n)$
28	2.2879	0.4371	42.9309	0.0233	0.0533	18.7641	497.6974	11.5930
29	2.3566	0.4243	45.2189	0.0221	0.0521	19.1885	540.6283	11.9558
30	2.4273	0.4120	47.5754	0.0210	0.0510	19.6004	585.8472	12.3141
31	2.5001	0.4000	50.0027	0.0200	0.0500	20.0004	633.4226	12.6678
32	2.5751	0.3883	52.5028	0.0190	0.0490	20.3888	683.4253	13.0169
33	2.6523	0.3770	55.0778	0.0182	0.0482	20.7658	735.9280	13.3616
34	2.7319	0.3660	57.7302	0.0173	0.0473	21.1318	791.0059	13.7018
35	2.8139	0.3554	60.4621	0.0165	0.0465	21.4872	848.7361	14.0375
36	2.8983	0.3450	63.2759	0.0158	0.0458	21.8323	909.1981	14.3688
37	2.9852	0.3350	66.1742	0.0151	0.0451	22.1672	972.4741	14.6957
38	3.0748	0.3252	69.1594	0.0145	0.0445	22.4925	1038.6483	15.0182
39	3.1670	0.3158	72.2342	0.0138	0.0438	22.8082	1107.8078	15.3363
40	3.2620	0.3066	75.4013	0.0133	0.0433	23.1148	1180.0420	15.6502
41	3.3599	0.2976	78.6633	0.0127	0.0427	23.4124	1255.4433	15.9597
42	3.4607	0.2890	82.0232	0.0122	0.0422	23.7014	1334.1065	16.2650
43	3.5645	0.2805	85.4839	0.0117	0.0417	23.9819	1416.1297	16.5660
44	3.6715	0.2724	89.0484	0.0112	0.0412	24.2543	1501.6136	16.8629
45	3.7816	0.2644	92.7199	0.0108	0.0408	24.5187	1590.6620	17.1556
46	3.8950	0.2567	96.5015	0.0104	0.0404	24.7754	1683.3819	17.4441
47	4.0119	0.2493	100.3965	0.0100	0.0400	25.0247	1779.8834	17.7285
48	4.1323	0.2420	104.4084	0.0096	0.0396	25.2667	1880.2799	18.0089
49	4.2562	0.2350	108.5406	0.0092	0.0392	25.5017	1984.6883	18.2852
50	4.3839	0.2281	112.7969	0.0089	0.0389	25.7298	2093.2289	18.5575

附表 4　　　　　　　　　复利系数表 ($i=4\%$)

n	$(F/P,i,n)$	$(P/F,i,n)$	$(F/A,i,n)$	$(A/F,i,n)$	$(A/P,i,n)$	$(P/A,i,n)$	$(F/G,i,n)$	$(A/G,i,n)$
1	1.0400	0.9615	1.0000	1.0000	1.0400	0.9615	0.0000	0.0000
2	1.0816	0.9246	2.0400	0.4902	0.5302	1.8861	1.0000	0.4902
3	1.1249	0.8890	3.1216	0.3203	0.3603	2.7751	3.0400	0.9739
4	1.1699	0.8548	4.2465	0.2355	0.2755	3.6299	6.1616	1.4510
5	1.2167	0.8219	5.4163	0.1846	0.2246	4.4518	10.4081	1.9216
6	1.2653	0.7903	6.6330	0.1508	0.1908	5.2421	15.8244	2.3857
7	1.3159	0.7599	7.8983	0.1266	0.1666	6.0021	22.4574	2.8433
8	1.3686	0.7307	9.2142	0.1085	0.1485	6.7327	30.3557	3.2944
9	1.4233	0.7026	10.5828	0.0945	0.1345	7.4353	39.5699	3.7391

n	$(F/P,i,n)$	$(P/F,i,n)$	$(F/A,i,n)$	$(A/F,i,n)$	$(A/P,i,n)$	$(P/A,i,n)$	$(F/G,i,n)$	$(A/G,i,n)$
10	1.4802	0.6756	12.0061	0.0833	0.1233	8.1109	50.1527	4.1773
11	1.5395	0.6496	13.4864	0.0741	0.1141	8.7605	62.1588	4.6090
12	1.6010	0.6246	15.0258	0.0666	0.1066	9.3851	75.6451	5.0343
13	1.6651	0.6006	16.6268	0.0601	0.1001	9.9856	90.6709	5.4533
14	1.7317	0.5775	18.2919	0.0547	0.0947	10.5631	107.2978	5.8659
15	1.8009	0.5553	20.0236	0.0499	0.0899	11.1184	125.5897	6.2721
16	1.8730	0.5339	21.8245	0.0458	0.0858	11.6523	145.6133	6.6720
17	1.9479	0.5134	23.6975	0.0422	0.0822	12.1657	167.4378	7.0656
18	2.0258	0.4936	25.6454	0.0390	0.0790	12.6593	191.1353	7.4530
19	2.1068	0.4746	27.6712	0.0361	0.0761	13.1339	216.7807	7.8342
20	2.1911	0.4564	29.7781	0.0336	0.0736	13.5903	244.4520	8.2091
21	2.2788	0.4388	31.9692	0.0313	0.0713	14.0292	274.2300	8.5779
22	2.3699	0.4220	34.2480	0.0292	0.0692	14.4511	306.1992	8.9407
23	2.4647	0.4057	36.6179	0.0273	0.0673	14.8568	340.4472	9.2973
24	2.5633	0.3901	39.0826	0.0256	0.0656	15.2470	377.0651	9.6479
25	2.6658	0.3751	41.6459	0.0240	0.0640	15.6221	416.1477	9.9925
26	2.7725	0.3607	44.3117	0.0226	0.0626	15.9828	457.7936	10.3312
27	2.8834	0.3468	47.0842	0.0212	0.0612	16.3296	502.1054	10.6640
28	2.9987	0.3335	49.9676	0.0200	0.0600	16.6631	549.1896	10.9909
29	3.1187	0.3207	52.9663	0.0189	0.0589	16.9837	599.1572	11.3120
30	3.2434	0.3083	56.0849	0.0178	0.0578	17.2920	652.1234	11.6274
31	3.3731	0.2965	59.3283	0.0169	0.0569	17.5885	708.2084	11.9371
32	3.5081	0.2851	62.7015	0.0159	0.0559	17.8736	767.5367	12.2411
33	3.6484	0.2741	66.2095	0.0151	0.0551	18.1476	830.2382	12.5396
34	3.7943	0.2636	69.8579	0.0143	0.0543	18.4112	896.4477	12.8324
35	3.9461	0.2534	73.6522	0.0136	0.0536	18.6646	966.3056	13.1198
36	4.1039	0.2437	77.5983	0.0129	0.0529	18.9083	1039.9578	13.4018
37	4.2681	0.2343	81.7022	0.0122	0.0522	19.1426	1117.5562	13.6784
38	4.4388	0.2253	85.9703	0.0116	0.0516	19.3679	1199.2584	13.9497
39	4.6164	0.2166	90.4091	0.0111	0.0511	19.5845	1285.2287	14.2157
40	4.8010	0.2083	95.0255	0.0105	0.0505	19.7928	1375.6379	14.4765
41	4.9931	0.2003	99.8265	0.0100	0.0500	19.9931	1470.6634	14.7322
42	5.1928	0.1926	104.8196	0.0095	0.0495	20.1856	1570.4899	14.9828
43	5.4005	0.1852	110.0124	0.0091	0.0491	20.3708	1675.3095	15.2284
44	5.6165	0.1780	115.4129	0.0087	0.0487	20.5488	1785.3219	15.4690

续表

n	$(F/P,i,n)$	$(P/F,i,n)$	$(F/A,i,n)$	$(A/F,i,n)$	$(A/P,i,n)$	$(P/A,i,n)$	$(F/G,i,n)$	$(A/G,i,n)$
45	5.8412	0.1712	121.0294	0.0083	0.0483	20.7200	1900.7348	15.7047
46	6.0748	0.1646	126.8706	0.0079	0.0479	20.8847	2021.7642	15.9356
47	6.3178	0.1583	132.9454	0.0075	0.0475	21.0429	2148.6348	16.1618
48	6.5705	0.1522	139.2632	0.0072	0.0472	21.1951	2281.5802	16.3832
49	6.8333	0.1463	145.8337	0.0069	0.0469	21.3415	2420.8434	16.6000
50	7.1067	0.1407	152.6671	0.0066	0.0466	21.4822	2566.6771	16.8122

附表 5　　　　　　　　　　**复利系数表（$i=5\%$）**

n	$(F/P,i,n)$	$(P/F,i,n)$	$(F/A,i,n)$	$(A/F,i,n)$	$(A/P,i,n)$	$(P/A,i,n)$	$(F/G,i,n)$	$(A/G,i,n)$
1	1.0500	0.9524	1.0000	1.0000	1.0500	0.9524	0.0000	0.0000
2	1.1025	0.9070	2.0500	0.4878	0.5378	1.8594	1.0000	0.4878
3	1.1576	0.8638	3.1525	0.3172	0.3672	2.7232	3.0500	0.9675
4	1.2155	0.8227	4.3101	0.2320	0.2820	3.5460	6.2025	1.4391
5	1.2763	0.7835	5.5256	0.1810	0.2310	4.3295	10.5126	1.9025
6	1.3401	0.7462	6.8019	0.1470	0.1970	5.0757	16.0383	2.3579
7	1.4071	0.7107	8.1420	0.1228	0.1728	5.7864	22.8402	2.8052
8	1.4775	0.6768	9.5491	0.1047	0.1547	6.4632	30.9822	3.2445
9	1.5513	0.6446	11.0266	0.0907	0.1407	7.1078	40.5313	3.6758
10	1.6289	0.6139	12.5779	0.0795	0.1295	7.7217	51.5579	4.0991
11	1.7103	0.5847	14.2068	0.0704	0.1204	8.3064	64.1357	4.5144
12	1.7959	0.5568	15.9171	0.0628	0.1128	8.8633	78.3425	4.9219
13	1.8856	0.5303	17.7130	0.0565	0.1065	9.3936	94.2597	5.3215
14	1.9799	0.5051	19.5986	0.0510	0.1010	9.8986	111.9726	5.7133
15	2.0789	0.4810	21.5786	0.0463	0.0963	10.3797	131.5713	6.0973
16	2.1829	0.4581	23.6575	0.0423	0.0923	10.8378	153.1498	6.4736
17	2.2920	0.4363	25.8404	0.0387	0.0887	11.2741	176.8073	6.8423
18	2.4066	0.4155	28.1324	0.0355	0.0855	11.6896	202.6477	7.2034
19	2.5270	0.3957	30.5390	0.0327	0.0827	12.0853	230.7801	7.5569
20	2.6533	0.3769	33.0660	0.0302	0.0802	12.4622	261.3191	7.9030
21	2.7860	0.3589	35.7193	0.0280	0.0780	12.8212	294.3850	8.2416
22	2.9253	0.3418	38.5052	0.0260	0.0760	13.1630	330.1043	8.5730
23	3.0715	0.3256	41.4305	0.0241	0.0741	13.4886	368.6095	8.8971
24	3.2251	0.3101	44.5020	0.0225	0.0725	13.7986	410.0400	9.2140
25	3.3864	0.2953	47.7271	0.0210	0.0710	14.0939	454.5420	9.5238
26	3.5557	0.2812	51.1135	0.0196	0.0696	14.3752	502.2691	9.8266

n	$(F/P,i,n)$	$(P/F,i,n)$	$(F/A,i,n)$	$(A/F,i,n)$	$(A/P,i,n)$	$(P/A,i,n)$	$(F/G,i,n)$	$(A/G,i,n)$
27	3.7335	0.2678	54.6691	0.0183	0.0683	14.6430	553.3825	10.1224
28	3.9201	0.2551	58.4026	0.0171	0.0671	14.8981	608.0517	10.4114
29	4.1161	0.2429	62.3227	0.0160	0.0660	15.1411	666.4542	10.6936
30	4.3219	0.2314	66.4388	0.0151	0.0651	15.3725	728.7770	10.9691
31	4.5380	0.2204	70.7608	0.0141	0.0641	15.5928	795.2158	11.2381
32	4.7649	0.2099	75.2988	0.0133	0.0633	15.8027	865.9766	11.5005
33	5.0032	0.1999	80.0638	0.0125	0.0625	16.0025	941.2754	11.7566
34	5.2533	0.1904	85.0670	0.0118	0.0618	16.1929	1021.3392	12.0063
35	5.5160	0.1813	90.3203	0.0111	0.0611	16.3742	1106.4061	12.2498
36	5.7918	0.1727	95.8363	0.0104	0.0604	16.5469	1196.7265	12.4872
37	6.0814	0.1644	101.6281	0.0098	0.0598	16.7113	1292.5628	12.7186
38	6.3855	0.1566	107.7095	0.0093	0.0593	16.8679	1394.1909	12.9440
39	6.7048	0.1491	114.0950	0.0088	0.0588	17.0170	1501.9005	13.1636
40	7.0400	0.1420	120.7998	0.0083	0.0583	17.1591	1615.9955	13.3775
41	7.3920	0.1353	127.8398	0.0078	0.0578	17.2944	1736.7953	13.5857
42	7.7616	0.1288	135.2318	0.0074	0.0574	17.4232	1864.6350	13.7884
43	8.1497	0.1227	142.9933	0.0070	0.0570	17.5459	1999.8668	13.9857
44	8.5572	0.1169	151.1430	0.0066	0.0566	17.6628	2142.8601	14.1777
45	8.9850	0.1113	159.7002	0.0063	0.0563	17.7741	2294.0031	14.3644
46	9.4343	0.1060	168.6852	0.0059	0.0559	17.8801	2453.7033	14.5461
47	9.9060	0.1009	178.1194	0.0056	0.0556	17.9810	2622.3884	14.7226
48	10.4013	0.0961	188.0254	0.0053	0.0553	18.0772	2800.5079	14.8943
49	10.9213	0.0916	198.4267	0.0050	0.0550	18.1687	2988.5333	15.0611
50	11.4674	0.0872	209.3480	0.0048	0.0548	18.2559	3186.9599	15.2233

附表6　　　　　　　　　　复利系数表（$i=6\%$）

n	$(F/P,i,n)$	$(P/F,i,n)$	$(F/A,i,n)$	$(A/F,i,n)$	$(A/P,i,n)$	$(P/A,i,n)$	$(F/G,i,n)$	$(A/G,i,n)$
1	1.0600	0.9434	1.0000	1.0000	1.0600	0.9434	0.0000	0.0000
2	1.1236	0.8900	2.0600	0.4854	0.5454	1.8334	1.0000	0.4854
3	1.1910	0.8396	3.1836	0.3141	0.3741	2.6730	3.0600	0.9612
4	1.2625	0.7921	4.3746	0.2286	0.2886	3.4651	6.2436	1.4272
5	1.3382	0.7473	5.6371	0.1774	0.2374	4.2124	10.6182	1.8836
6	1.4185	0.7050	6.9753	0.1434	0.2034	4.9173	16.2553	2.3304
7	1.5036	0.6651	8.3938	0.1191	0.1791	5.5824	23.2306	2.7676
8	1.5938	0.6274	9.8975	0.1010	0.1610	6.2098	31.6245	3.1952

续表

n	$(F/P,i,n)$	$(P/F,i,n)$	$(F/A,i,n)$	$(A/F,i,n)$	$(A/P,i,n)$	$(P/A,i,n)$	$(F/G,i,n)$	$(A/G,i,n)$
9	1.6895	0.5919	11.4913	0.0870	0.1470	6.8017	41.5219	3.6133
10	1.7908	0.5584	13.1808	0.0759	0.1359	7.3601	53.0132	4.0220
11	1.8983	0.5268	14.9716	0.0668	0.1268	7.8869	66.1940	4.4213
12	2.0122	0.4970	16.8699	0.0593	0.1193	8.3838	81.1657	4.8113
13	2.1329	0.4688	18.8821	0.0530	0.1130	8.8527	98.0356	5.1920
14	2.2609	0.4423	21.0151	0.0476	0.1076	9.2950	116.9178	5.5635
15	2.3966	0.4173	23.2760	0.0430	0.1030	9.7122	137.9328	5.9260
16	2.5404	0.3936	25.6725	0.0390	0.0990	10.1059	161.2088	6.2794
17	2.6928	0.3714	28.2129	0.0354	0.0954	10.4773	186.8813	6.6240
18	2.8543	0.3503	30.9057	0.0324	0.0924	10.8276	215.0942	6.9597
19	3.0256	0.3305	33.7600	0.0296	0.0896	11.1581	245.9999	7.2867
20	3.2071	0.3118	36.7856	0.0272	0.0872	11.4699	279.7599	7.6051
21	3.3996	0.2942	39.9927	0.0250	0.0850	11.7641	316.5454	7.9151
22	3.6035	0.2775	43.3923	0.0230	0.0830	12.0416	356.5382	8.2166
23	3.8197	0.2618	46.9958	0.0213	0.0813	12.3034	399.9305	8.5099
24	4.0489	0.2470	50.8156	0.0197	0.0797	12.5504	446.9263	8.7951
25	4.2919	0.2330	54.8645	0.0182	0.0782	12.7834	497.7419	9.0722
26	4.5494	0.2198	59.1564	0.0169	0.0769	13.0032	552.6064	9.3414
27	4.8223	0.2074	63.7058	0.0157	0.0757	13.2105	611.7628	9.6029
28	5.1117	0.1956	68.5281	0.0146	0.0746	13.4062	675.4685	9.8568
29	5.4184	0.1846	73.6398	0.0136	0.0736	13.5907	743.9966	10.1032
30	5.7435	0.1741	79.0582	0.0126	0.0726	13.7648	817.6364	10.3422
31	6.0881	0.1643	84.8017	0.0118	0.0718	13.9291	896.6946	10.5740
32	6.4534	0.1550	90.8898	0.0110	0.0710	14.0840	981.4963	10.7988
33	6.8406	0.1462	97.3432	0.0103	0.0703	14.2302	1072.3861	11.0166
34	7.2510	0.1379	104.1838	0.0096	0.0696	14.3681	1169.7292	11.2276
35	7.6861	0.1301	111.4348	0.0090	0.0690	14.4982	1273.9130	11.4319
36	8.1473	0.1227	119.1209	0.0084	0.0684	14.6210	1385.3478	11.6298
37	8.6361	0.1158	127.2681	0.0079	0.0679	14.7368	1504.4686	11.8213
38	9.1543	0.1092	135.9042	0.0074	0.0674	14.8460	1631.7368	12.0065
39	9.7035	0.1031	145.0585	0.0069	0.0669	14.9491	1767.6410	12.1857
40	10.2857	0.0972	154.7620	0.0065	0.0665	15.0463	1912.6994	12.3590
41	10.9029	0.0917	165.0477	0.0061	0.0661	15.1380	2067.4614	12.5264
42	11.5570	0.0865	175.9505	0.0057	0.0657	15.2245	2232.5091	12.6883
43	12.2505	0.0816	187.5076	0.0053	0.0653	15.3062	2408.4596	12.8446

续表

n	$(F/P,i,n)$	$(P/F,i,n)$	$(F/A,i,n)$	$(A/F,i,n)$	$(A/P,i,n)$	$(P/A,i,n)$	$(F/G,i,n)$	$(A/G,i,n)$
44	12.9855	0.0770	199.7580	0.0050	0.0650	15.3832	2595.9672	12.9956
45	13.7646	0.0727	212.7435	0.0047	0.0647	15.4558	2795.7252	13.1413
46	14.5905	0.0685	226.5081	0.0044	0.0644	15.5244	3008.4687	13.2819
47	15.4659	0.0647	241.0986	0.0041	0.0641	15.5890	3234.9769	13.4177
48	16.3939	0.0610	256.5645	0.0039	0.0639	15.6500	3476.0755	13.5485
49	17.3775	0.0575	272.9584	0.0037	0.0637	15.7076	3732.6400	13.6748
50	18.4202	0.0543	290.3359	0.0034	0.0634	15.7619	4005.5984	13.7964

附表 7 　　　　　　　　　　复利系数表 （$i=7\%$）

n	$(F/P,i,n)$	$(P/F,i,n)$	$(F/A,i,n)$	$(A/F,i,n)$	$(A/P,i,n)$	$(P/A,i,n)$	$(F/G,i,n)$	$(A/G,i,n)$
1	1.0700	0.9346	1.0000	1.0000	1.0700	0.9346	0.0000	0.0000
2	1.1449	0.8734	2.0700	0.4831	0.5531	1.8080	1.0000	0.4831
3	1.2250	0.8163	3.2149	0.3111	0.3811	2.6243	3.0700	0.9549
4	1.3108	0.7629	4.4399	0.2252	0.2952	3.3872	6.2849	1.4155
5	1.4026	0.7130	5.7507	0.1739	0.2439	4.1002	10.7248	1.8650
6	1.5007	0.6663	7.1533	0.1398	0.2098	4.7665	16.4756	2.3032
7	1.6058	0.6227	8.6540	0.1156	0.1856	5.3893	23.6289	2.7304
8	1.7182	0.5820	10.2598	0.0975	0.1675	5.9713	32.2829	3.1465
9	1.8385	0.5439	11.9780	0.0835	0.1535	6.5152	42.5427	3.5517
10	1.9672	0.5083	13.8164	0.0724	0.1424	7.0236	54.5207	3.9461
11	2.1049	0.4751	15.7836	0.0634	0.1334	7.4987	68.3371	4.3296
12	2.2522	0.4440	17.8885	0.0559	0.1259	7.9427	84.1207	4.7025
13	2.4098	0.4150	20.1406	0.0497	0.1197	8.3577	102.0092	5.0648
14	2.5785	0.3878	22.5505	0.0443	0.1143	8.7455	122.1498	5.4167
15	2.7590	0.3624	25.1290	0.0398	0.1098	9.1079	144.7003	5.7583
16	2.9522	0.3387	27.8881	0.0359	0.1059	9.4466	169.8293	6.0897
17	3.1588	0.3166	30.8402	0.0324	0.1024	9.7632	197.7174	6.4110
18	3.3799	0.2959	33.9990	0.0294	0.0994	10.0591	228.5576	6.7225
19	3.6165	0.2765	37.3790	0.0268	0.0968	10.3356	262.5566	7.0242
20	3.8697	0.2584	40.9955	0.0244	0.0944	10.5940	299.9356	7.3163
21	4.1406	0.2415	44.8652	0.0223	0.0923	10.8355	340.9311	7.5990
22	4.4304	0.2257	49.0057	0.0204	0.0904	11.0612	385.7963	7.8725
23	4.7405	0.2109	53.4361	0.0187	0.0887	11.2722	434.8020	8.1369
24	5.0724	0.1971	58.1767	0.0172	0.0872	11.4693	488.2382	8.3923
25	5.4274	0.1842	63.2490	0.0158	0.0858	11.6536	546.4148	8.6391

续表

n	$(F/P,i,n)$	$(P/F,i,n)$	$(F/A,i,n)$	$(A/F,i,n)$	$(A/P,i,n)$	$(P/A,i,n)$	$(F/G,i,n)$	$(A/G,i,n)$
26	5.8074	0.1722	68.6765	0.0146	0.0846	11.8258	609.6639	8.8773
27	6.2139	0.1609	74.4838	0.0134	0.0834	11.9867	678.3403	9.1072
28	6.6488	0.1504	80.6977	0.0124	0.0824	12.1371	752.8242	9.3289
29	7.1143	0.1406	87.3465	0.0114	0.0814	12.2777	833.5218	9.5427
30	7.6123	0.1314	94.4608	0.0106	0.0806	12.4090	920.8684	9.7487
31	8.1451	0.1228	102.0730	0.0098	0.0798	12.5318	1015.3292	9.9471
32	8.7153	0.1147	110.2182	0.0091	0.0791	12.6466	1117.4022	10.1381
33	9.3253	0.1072	118.9334	0.0084	0.0784	12.7538	1227.6204	10.3219
34	9.9781	0.1002	128.2588	0.0078	0.0778	12.8540	1346.5538	10.4987
35	10.6766	0.0937	138.2369	0.0072	0.0772	12.9477	1474.8125	10.6687
36	11.4239	0.0875	148.9135	0.0067	0.0767	13.0352	1613.0494	10.8321
37	12.2236	0.0818	160.3374	0.0062	0.0762	13.1170	1761.9629	10.9891
38	13.0793	0.0765	172.5610	0.0058	0.0758	13.1935	1922.3003	11.1398
39	13.9948	0.0715	185.6403	0.0054	0.0754	13.2649	2094.8613	11.2845
40	14.9745	0.0668	199.6351	0.0050	0.0750	13.3317	2280.5016	11.4233
41	16.0227	0.0624	214.6096	0.0047	0.0747	13.3941	2480.1367	11.5565
42	17.1443	0.0583	230.6322	0.0043	0.0743	13.4524	2694.7463	11.6842
43	18.3444	0.0545	247.7765	0.0040	0.0740	13.5070	2925.3785	11.8065
44	19.6285	0.0509	266.1209	0.0038	0.0738	13.5579	3173.1550	11.9237
45	21.0025	0.0476	285.7493	0.0035	0.0735	13.6055	3439.2759	12.0360
46	22.4726	0.0445	306.7518	0.0033	0.0733	13.6500	3725.0252	12.1435
47	24.0457	0.0416	329.2244	0.0030	0.0730	13.6916	4031.7769	12.2463
48	25.7289	0.0389	353.2701	0.0028	0.0728	13.7305	4361.0013	12.3447
49	27.5299	0.0363	378.9990	0.0026	0.0726	13.7668	4714.2714	12.4387
50	29.4570	0.0339	406.5289	0.0025	0.0725	13.8007	5093.2704	12.5287

附表 8　　　　　　　　　复利系数表 （$i=8\%$）

n	$(F/P,i,n)$	$(P/F,i,n)$	$(F/A,i,n)$	$(A/F,i,n)$	$(A/P,i,n)$	$(P/A,i,n)$	$(F/G,i,n)$	$(A/G,i,n)$
1	1.0800	0.9259	1.0000	1.0000	1.0800	0.9259	0.0000	0.0000
2	1.1664	0.8573	2.0800	0.4808	0.5608	1.7833	1.0000	0.4808
3	1.2597	0.7938	3.2464	0.3080	0.3880	2.5771	3.0800	0.9487
4	1.3605	0.7350	4.5061	0.2219	0.3019	3.3121	6.3264	1.4040
5	1.4693	0.6806	5.8666	0.1705	0.2505	3.9927	10.8325	1.8465
6	1.5869	0.6302	7.3359	0.1363	0.2163	4.6229	16.6991	2.2763
7	1.7138	0.5835	8.9228	0.1121	0.1921	5.2064	24.0350	2.6937

n	$(F/P,i,n)$	$(P/F,i,n)$	$(F/A,i,n)$	$(A/F,i,n)$	$(A/P,i,n)$	$(P/A,i,n)$	$(F/G,i,n)$	$(A/G,i,n)$
8	1.8509	0.5403	10.6366	0.0940	0.1740	5.7466	32.9578	3.0985
9	1.9990	0.5002	12.4876	0.0801	0.1601	6.2469	43.5945	3.4910
10	2.1589	0.4632	14.4866	0.0690	0.1490	6.7101	56.0820	3.8713
11	2.3316	0.4289	16.6455	0.0601	0.1401	7.1390	70.5686	4.2395
12	2.5182	0.3971	18.9771	0.0527	0.1327	7.5361	87.2141	4.5957
13	2.7196	0.3677	21.4953	0.0465	0.1265	7.9038	106.1912	4.9402
14	2.9372	0.3405	24.2149	0.0413	0.1213	8.2442	127.6865	5.2731
15	3.1722	0.3152	27.1521	0.0368	0.1168	8.5595	151.9014	5.5945
16	3.4259	0.2919	30.3243	0.0330	0.1130	8.8514	179.0535	5.9046
17	3.7000	0.2703	33.7502	0.0296	0.1096	9.1216	209.3778	6.2037
18	3.9960	0.2502	37.4502	0.0267	0.1067	9.3719	243.1280	6.4920
19	4.3157	0.2317	41.4463	0.0241	0.1041	9.6036	280.5783	6.7697
20	4.6610	0.2145	45.7620	0.0219	0.1019	9.8181	322.0246	7.0369
21	5.0338	0.1987	50.4229	0.0198	0.0998	10.0168	367.7865	7.2940
22	5.4365	0.1839	55.4568	0.0180	0.0980	10.2007	418.2094	7.5412
23	5.8715	0.1703	60.8933	0.0164	0.0964	10.3711	473.6662	7.7786
24	6.3412	0.1577	66.7648	0.0150	0.0950	10.5288	534.5595	8.0066
25	6.8485	0.1460	73.1059	0.0137	0.0937	10.6748	601.3242	8.2254
26	7.3964	0.1352	79.9544	0.0125	0.0925	10.8100	674.4302	8.4352
27	7.9881	0.1252	87.3508	0.0114	0.0914	10.9352	754.3846	8.6363
28	8.6271	0.1159	95.3388	0.0105	0.0905	11.0511	841.7354	8.8289
29	9.3173	0.1073	103.9659	0.0096	0.0896	11.1584	937.0742	9.0133
30	10.0627	0.0994	113.2832	0.0088	0.0888	11.2578	1041.0401	9.1897
31	10.8677	0.0920	123.3459	0.0081	0.0881	11.3498	1154.3234	9.3584
32	11.7371	0.0852	134.2135	0.0075	0.0875	11.4350	1277.6692	9.5197
33	12.6760	0.0789	145.9506	0.0069	0.0869	11.5139	1411.8828	9.6737
34	13.6901	0.0730	158.6267	0.0063	0.0863	11.5869	1557.8334	9.8208
35	14.7853	0.0676	172.3168	0.0058	0.0858	11.6546	1716.4600	9.9611
36	15.9682	0.0626	187.1021	0.0053	0.0853	11.7172	1888.7768	10.0949
37	17.2456	0.0580	203.0703	0.0049	0.0849	11.7752	2075.8790	10.2225
38	18.6253	0.0537	220.3159	0.0045	0.0845	11.8289	2278.9493	10.3440
39	20.1153	0.0497	238.9412	0.0042	0.0842	11.8786	2499.2653	10.4597
40	21.7245	0.0460	259.0565	0.0039	0.0839	11.9246	2738.2065	10.5699
41	23.4625	0.0426	280.7810	0.0036	0.0836	11.9672	2997.2630	10.6747
42	25.3395	0.0395	304.2435	0.0033	0.0833	12.0067	3278.0440	10.7744

续表

n	(F/P,i,n)	(P/F,i,n)	(F/A,i,n)	(A/F,i,n)	(A/P,i,n)	(P/A,i,n)	(F/G,i,n)	(A/G,i,n)
43	27.3666	0.0365	329.5830	0.0030	0.0830	12.0432	3582.2876	10.8692
44	29.5560	0.0338	356.9496	0.0028	0.0828	12.0771	3911.8706	10.9592
45	31.9204	0.0313	386.5056	0.0026	0.0826	12.1084	4268.8202	11.0447
46	34.4741	0.0290	418.4261	0.0024	0.0824	12.1374	4655.3258	11.1258
47	37.2320	0.0269	452.9002	0.0022	0.0822	12.1643	5073.7519	11.2028
48	40.2106	0.0249	490.1322	0.0020	0.0820	12.1891	5526.6521	11.2758
49	43.4274	0.0230	530.3427	0.0019	0.0819	12.2122	6016.7842	11.3451
50	46.9016	0.0213	573.7702	0.0017	0.0817	12.2335	6547.1270	11.4107

附表 9　　　　　　　　　复利系数表（i=9%）

n	(F/P,i,n)	(P/F,i,n)	(F/A,i,n)	(A/F,i,n)	(A/P,i,n)	(P/A,i,n)	(F/G,i,n)	(A/G,i,n)
1	1.0900	0.9174	1.0000	1.0000	1.0900	0.9174	0.0000	0.0000
2	1.1881	0.8417	2.0900	0.4785	0.5685	1.7591	1.0000	0.4785
3	1.2950	0.7722	3.2781	0.3051	0.3951	2.5313	3.0900	0.9426
4	1.4116	0.7084	4.5731	0.2187	0.3087	3.2397	6.3681	1.3925
5	1.5386	0.6499	5.9847	0.1671	0.2571	3.8897	10.9412	1.8282
6	1.6771	0.5963	7.5233	0.1329	0.2229	4.4859	16.9259	2.2498
7	1.8280	0.5470	9.2004	0.1087	0.1987	5.0330	24.4493	2.6574
8	1.9926	0.5019	11.0285	0.0907	0.1807	5.5348	33.6497	3.0512
9	2.1719	0.4604	13.0210	0.0768	0.1668	5.9952	44.6782	3.4312
10	2.3674	0.4224	15.1929	0.0658	0.1558	6.4177	57.6992	3.7978
11	2.5804	0.3875	17.5603	0.0569	0.1469	6.8052	72.8921	4.1510
12	2.8127	0.3555	20.1407	0.0497	0.1397	7.1607	90.4524	4.4910
13	3.0658	0.3262	22.9534	0.0436	0.1336	7.4869	110.5932	4.8182
14	3.3417	0.2992	26.0192	0.0384	0.1284	7.7862	133.5465	5.1326
15	3.6425	0.2745	29.3609	0.0341	0.1241	8.0607	159.5657	5.4346
16	3.9703	0.2519	33.0034	0.0303	0.1203	8.3126	188.9267	5.7245
17	4.3276	0.2311	36.9737	0.0270	0.1170	8.5436	221.9301	6.0024
18	4.7171	0.2120	41.3013	0.0242	0.1142	8.7556	258.9038	6.2687
19	5.1417	0.1945	46.0185	0.0217	0.1117	8.9501	300.2051	6.5236
20	5.6044	0.1784	51.1601	0.0195	0.1095	9.1285	346.2236	6.7674
21	6.1088	0.1637	56.7645	0.0176	0.1076	9.2922	397.3837	7.0006
22	6.6586	0.1502	62.8733	0.0159	0.1059	9.4424	454.1482	7.2232
23	7.2579	0.1378	69.5319	0.0144	0.1044	9.5802	517.0215	7.4357
24	7.9111	0.1264	76.7898	0.0130	0.1030	9.7066	586.5535	7.6384

续表

n	(F/P,i,n)	(P/F,i,n)	(F/A,i,n)	(A/F,i,n)	(A/P,i,n)	(P/A,i,n)	(F/G,i,n)	(A/G,i,n)
25	8.6231	0.1160	84.7009	0.0118	0.1018	9.8226	663.3433	7.8316
26	9.3992	0.1064	93.3240	0.0107	0.1007	9.9290	748.0442	8.0156
27	10.2451	0.0976	102.7231	0.0097	0.0997	10.0266	841.3682	8.1906
28	11.1671	0.0895	112.9682	0.0089	0.0989	10.1161	944.0913	8.3571
29	12.1722	0.0822	124.1354	0.0081	0.0981	10.1983	1057.0595	8.5154
30	13.2677	0.0754	136.3075	0.0073	0.0973	10.2737	1181.1949	8.6657
31	14.4618	0.0691	149.5752	0.0067	0.0967	10.3428	1317.5024	8.8083
32	15.7633	0.0634	164.0370	0.0061	0.0961	10.4062	1467.0776	8.9436
33	17.1820	0.0582	179.8003	0.0056	0.0956	10.4644	1631.1146	9.0718
34	18.7284	0.0534	196.9823	0.0051	0.0951	10.5178	1810.9149	9.1933
35	20.4140	0.0490	215.7108	0.0046	0.0946	10.5668	2007.8973	9.3083
36	22.2512	0.0449	236.1247	0.0042	0.0942	10.6118	2223.6080	9.4171
37	24.2538	0.0412	258.3759	0.0039	0.0939	10.6530	2459.7328	9.5200
38	26.4367	0.0378	282.6298	0.0035	0.0935	10.6908	2718.1087	9.6172
39	28.8160	0.0347	309.0665	0.0032	0.0932	10.7255	3000.7385	9.7090
40	31.4094	0.0318	337.8824	0.0030	0.0930	10.7574	3309.8049	9.7957
41	34.2363	0.0292	369.2919	0.0027	0.0927	10.7866	3647.6874	9.8775
42	37.3175	0.0268	403.5281	0.0025	0.0925	10.8134	4016.9793	9.9546
43	40.6761	0.0246	440.8457	0.0023	0.0923	10.8380	4420.5074	10.0273
44	44.3370	0.0226	481.5218	0.0021	0.0921	10.8605	4861.3531	10.0958
45	48.3273	0.0207	525.8587	0.0019	0.0919	10.8812	5342.8748	10.1603
46	52.6767	0.0190	574.1860	0.0017	0.0917	10.9002	5868.7336	10.2210
47	57.4176	0.0174	626.8628	0.0016	0.0916	10.9176	6442.9196	10.2780
48	62.5852	0.0160	684.2804	0.0015	0.0915	10.9336	7069.7823	10.3317
49	68.2179	0.0147	746.8656	0.0013	0.0913	10.9482	7754.0628	10.3821
50	74.3575	0.0134	815.0836	0.0012	0.0912	10.9617	8500.9284	10.4295

附表 10　　　　　　　　　　　复利系数表（i＝10%）

n	(F/P,i,n)	(P/F,i,n)	(F/A,i,n)	(A/F,i,n)	(A/P,i,n)	(P/A,i,n)	(F/G,i,n)	(A/G,i,n)
1	1.1000	0.9091	1.0000	1.0000	1.1000	0.9091	0.0000	0.0000
2	1.2100	0.8264	2.1000	0.4762	0.5762	1.7355	1.0000	0.4762
3	1.3310	0.7513	3.3100	0.3021	0.4021	2.4869	3.1000	0.9366
4	1.4641	0.6830	4.6410	0.2155	0.3155	3.1699	6.4100	1.3812
5	1.6105	0.6209	6.1051	0.1638	0.2638	3.7908	11.0510	1.8101
6	1.7716	0.5645	7.7156	0.1296	0.2296	4.3553	17.1561	2.2236

续表

n	$(F/P,i,n)$	$(P/F,i,n)$	$(F/A,i,n)$	$(A/F,i,n)$	$(A/P,i,n)$	$(P/A,i,n)$	$(F/G,i,n)$	$(A/G,i,n)$
7	1.9487	0.5132	9.4872	0.1054	0.2054	4.8684	24.8717	2.6216
8	2.1436	0.4665	11.4359	0.0874	0.1874	5.3349	34.3589	3.0045
9	2.3579	0.4241	13.5795	0.0736	0.1736	5.7590	45.7948	3.3724
10	2.5937	0.3855	15.9374	0.0627	0.1627	6.1446	59.3742	3.7255
11	2.8531	0.3505	18.5312	0.0540	0.1540	6.4951	75.3117	4.0641
12	3.1384	0.3186	21.3843	0.0468	0.1468	6.8137	93.8428	4.3884
13	3.4523	0.2897	24.5227	0.0408	0.1408	7.1034	115.2271	4.6988
14	3.7975	0.2633	27.9750	0.0357	0.1357	7.3667	139.7498	4.9955
15	4.1772	0.2394	31.7725	0.0315	0.1315	7.6061	167.7248	5.2789
16	4.5950	0.2176	35.9497	0.0278	0.1278	7.8237	199.4973	5.5493
17	5.0545	0.1978	40.5447	0.0247	0.1247	8.0216	235.4470	5.8071
18	5.5599	0.1799	45.5992	0.0219	0.1219	8.2014	275.9917	6.0526
19	6.1159	0.1635	51.1591	0.0195	0.1195	8.3649	321.5909	6.2861
20	6.7275	0.1486	57.2750	0.0175	0.1175	8.5136	372.7500	6.5081
21	7.4002	0.1351	64.0025	0.0156	0.1156	8.6487	430.0250	6.7189
22	8.1403	0.1228	71.4027	0.0140	0.1140	8.7715	494.0275	6.9189
23	8.9543	0.1117	79.5430	0.0126	0.1126	8.8832	565.4302	7.1085
24	9.8497	0.1015	88.4973	0.0113	0.1113	8.9847	644.9733	7.2881
25	10.8347	0.0923	98.3471	0.0102	0.1102	9.0770	733.4706	7.4580
26	11.9182	0.0839	109.1818	0.0092	0.1092	9.1609	831.8177	7.6186
27	13.1100	0.0763	121.0999	0.0083	0.1083	9.2372	940.9994	7.7704
28	14.4210	0.0693	134.2099	0.0075	0.1075	9.3066	1062.0994	7.9137
29	15.8631	0.0630	148.6309	0.0067	0.1067	9.3696	1196.3093	8.0489
30	17.4494	0.0573	164.4940	0.0061	0.1061	9.4269	1344.9402	8.1762
31	19.1943	0.0521	181.9434	0.0055	0.1055	9.4790	1509.4342	8.2962
32	21.1138	0.0474	201.1378	0.0050	0.1050	9.5264	1691.3777	8.4091
33	23.2252	0.0431	222.2515	0.0045	0.1045	9.5694	1892.5154	8.5152
34	25.5477	0.0391	245.4767	0.0041	0.1041	9.6086	2114.7670	8.6149
35	28.1024	0.0356	271.0244	0.0037	0.1037	9.6442	2360.2437	8.7086
36	30.9127	0.0323	299.1268	0.0033	0.1033	9.6765	2631.2681	8.7965
37	34.0039	0.0294	330.0395	0.0030	0.1030	9.7059	2930.3949	8.8789
38	37.4043	0.0267	364.0434	0.0027	0.1027	9.7327	3260.4343	8.9562
39	41.1448	0.0243	401.4478	0.0025	0.1025	9.7570	3624.4778	9.0285
40	45.2593	0.0221	442.5926	0.0023	0.1023	9.7791	4025.9256	9.0962
41	49.7852	0.0201	487.8518	0.0020	0.1020	9.7991	4468.5181	9.1596

n	$(F/P,i,n)$	$(P/F,i,n)$	$(F/A,i,n)$	$(A/F,i,n)$	$(A/P,i,n)$	$(P/A,i,n)$	$(F/G,i,n)$	$(A/G,i,n)$
42	54.7637	0.0183	537.6370	0.0019	0.1019	9.8174	4956.3699	9.2188
43	60.2401	0.0166	592.4007	0.0017	0.1017	9.8340	5494.0069	9.2741
44	66.2641	0.0151	652.6408	0.0015	0.1015	9.8491	6086.4076	9.3258
45	72.8905	0.0137	718.9048	0.0014	0.1014	9.8628	6739.0484	9.3740
46	80.1795	0.0125	791.7953	0.0013	0.1013	9.8753	7457.9532	9.4190
47	88.1975	0.0113	871.9749	0.0011	0.1011	9.8866	8249.7485	9.4610
48	97.0172	0.0103	960.1723	0.0010	0.1010	9.8969	9121.7234	9.5001
49	106.7190	0.0094	1057.1896	0.0009	0.1009	9.9063	10081.8957	9.5365
50	117.3909	0.0085	1163.9085	0.0009	0.1009	9.9148	11139.0853	9.5704

附表11　　　　　　　　　复利系数表 ($i=11\%$)

n	$(F/P,i,n)$	$(P/F,i,n)$	$(F/A,i,n)$	$(A/F,i,n)$	$(A/P,i,n)$	$(P/A,i,n)$	$(F/G,i,n)$	$(A/G,i,n)$
1	1.1100	0.9009	1.0000	1.0000	1.1100	0.9009	0.0000	0.0000
2	1.2321	0.8116	2.1100	0.4739	0.5839	1.7125	1.0000	0.4975
3	1.3676	0.7312	3.3421	0.2992	0.4092	2.4437	3.0100	0.9934
4	1.5181	0.6587	4.7097	0.2123	0.3223	3.1024	6.0401	1.4876
5	1.6851	0.5935	6.2278	0.1606	0.2706	3.6959	10.1005	1.9801
6	1.8704	0.5346	7.9129	0.1264	0.2364	4.2305	15.2015	2.4710
7	2.0762	0.4817	9.7833	0.1022	0.2122	4.7122	21.3535	2.9602
8	2.3045	0.4339	11.8594	0.0843	0.1943	5.1461	28.5671	3.4478
9	2.5580	0.3909	14.1640	0.0706	0.1806	5.5370	36.8527	3.9337
10	2.8394	0.3522	16.7220	0.0598	0.1698	5.8892	46.2213	4.4179
11	3.1518	0.3173	19.5614	0.0511	0.1611	6.2065	56.6835	4.9005
12	3.4985	0.2858	22.7132	0.0440	0.1540	6.4924	68.2503	5.3815
13	3.8833	0.2575	26.2116	0.0382	0.1482	6.7499	80.9328	5.8607
14	4.3104	0.2320	30.0949	0.0332	0.1432	6.9819	94.7421	6.3384
15	4.7846	0.2090	34.4054	0.0291	0.1391	7.1909	109.6896	6.8143
16	5.3109	0.1883	39.1899	0.0255	0.1355	7.3792	125.7864	7.2886
17	5.8951	0.1696	44.5008	0.0225	0.1325	7.5488	143.0443	7.7613
18	6.5436	0.1528	50.3959	0.0198	0.1298	7.7016	161.4748	8.2323
19	7.2633	0.1377	56.9395	0.0176	0.1276	7.8393	181.0895	8.7017
20	8.0623	0.1240	64.2028	0.0156	0.1256	7.9633	201.9004	9.1694
21	8.9492	0.1117	72.2651	0.0138	0.1238	8.0751	223.9194	9.6354
22	9.9336	0.1007	81.2143	0.0123	0.1223	8.1757	247.1586	10.0998
23	11.0263	0.0907	91.1479	0.0110	0.1210	8.2664	271.6302	10.5626

续表

n	$(F/P,i,n)$	$(P/F,i,n)$	$(F/A,i,n)$	$(A/F,i,n)$	$(A/P,i,n)$	$(P/A,i,n)$	$(F/G,i,n)$	$(A/G,i,n)$
24	12.2392	0.0817	102.1742	0.0098	0.1198	8.3481	297.3465	11.0237
25	13.5855	0.0736	114.4133	0.0087	0.1187	8.4217	324.3200	11.4831
26	15.0799	0.0663	127.9988	0.0078	0.1178	8.4881	352.5631	11.9409
27	16.7386	0.0597	143.0786	0.0070	0.1170	8.5478	382.0888	12.3971
28	18.5799	0.0538	159.8173	0.0063	0.1163	8.6016	412.9097	12.8516
29	20.6237	0.0485	178.3972	0.0056	0.1156	8.6501	445.0388	13.3044
30	22.8923	0.0437	199.0209	0.0050	0.1150	8.6938	478.4892	13.7557
31	25.4104	0.0394	221.9132	0.0045	0.1145	8.7331	513.2740	14.2052
32	28.2056	0.0355	247.3236	0.0040	0.1140	8.7686	549.4068	14.6532
33	31.3082	0.0319	275.5292	0.0036	0.1136	8.8005	586.9009	15.0995
34	34.7521	0.0288	306.8374	0.0033	0.1133	8.8293	625.7699	15.5441
35	38.5749	0.0259	341.5896	0.0029	0.1129	8.8552	666.0276	15.9871
36	42.8181	0.0234	380.1644	0.0026	0.1126	8.8786	707.6878	16.4285
37	47.5281	0.0210	422.9825	0.0024	0.1124	8.8996	750.7647	16.8682
38	52.7562	0.0190	470.5106	0.0021	0.1121	8.9186	795.2724	17.3063
39	58.5593	0.0171	523.2667	0.0019	0.1119	8.9357	841.2251	17.7428
40	65.0009	0.0154	581.8261	0.0017	0.1117	8.9511	888.6373	18.1776
41	72.1510	0.0139	646.8269	0.0015	0.1115	8.9649	937.5237	18.6108
42	80.0876	0.0125	718.9779	0.0014	0.1114	8.9774	987.8989	19.0424
43	88.8972	0.0112	799.0655	0.0013	0.1113	8.9886	1039.7779	19.4723
44	98.6759	0.0101	887.9627	0.0011	0.1111	8.9988	1093.1757	19.9006
45	109.5302	0.0091	986.6386	0.0010	0.1110	9.0079	1148.1075	20.3273
46	121.5786	0.0082	1096.1688	0.0009	0.1109	9.0161	1204.5885	20.7524
47	134.9522	0.0074	1217.7474	0.0008	0.1108	9.0235	1262.6344	21.1758
48	149.7970	0.0067	1352.6996	0.0007	0.1107	9.0302	1322.2608	21.5976
49	166.2746	0.0060	1502.4965	0.0007	0.1107	9.0362	1383.4834	22.0178
50	184.5648	0.0054	1668.7712	0.0006	0.1106	9.0417	1446.3182	22.4363

附表 12　　　　　　　　　　复利系数表 ($i=12\%$)

n	$(F/P,i,n)$	$(P/F,i,n)$	$(F/A,i,n)$	$(A/F,i,n)$	$(A/P,i,n)$	$(P/A,i,n)$	$(F/G,i,n)$	$(A/G,i,n)$
1	1.1200	0.8929	1.0000	1.0000	1.1200	0.8929	0.0000	0.0000
2	1.2544	0.7972	2.1200	0.4717	0.5917	1.6901	1.0000	0.4717
3	1.4049	0.7118	3.3744	0.2963	0.4163	2.4018	3.1200	0.9246
4	1.5735	0.6355	4.7793	0.2092	0.3292	3.0373	6.4944	1.3589
5	1.7623	0.5674	6.3528	0.1574	0.2774	3.6048	11.2737	1.7746

n	$(F/P,i,n)$	$(P/F,i,n)$	$(F/A,i,n)$	$(A/F,i,n)$	$(A/P,i,n)$	$(P/A,i,n)$	$(F/G,i,n)$	$(A/G,i,n)$
6	1.9738	0.5066	8.1152	0.1232	0.2432	4.1114	17.6266	2.1720
7	2.2107	0.4523	10.0890	0.0991	0.2191	4.5638	25.7418	2.5515
8	2.4760	0.4039	12.2997	0.0813	0.2013	4.9676	35.8308	2.9131
9	2.7731	0.3606	14.7757	0.0677	0.1877	5.3282	48.1305	3.2574
10	3.1058	0.3220	17.5487	0.0570	0.1770	5.6502	62.9061	3.5847
11	3.4785	0.2875	20.6546	0.0484	0.1684	5.9377	80.4549	3.8953
12	3.8960	0.2567	24.1331	0.0414	0.1614	6.1944	101.1094	4.1897
13	4.3635	0.2292	28.0291	0.0357	0.1557	6.4235	125.2426	4.4683
14	4.8871	0.2046	32.3926	0.0309	0.1509	6.6282	153.2717	4.7317
15	5.4736	0.1827	37.2797	0.0268	0.1468	6.8109	185.6643	4.9803
16	6.1304	0.1631	42.7533	0.0234	0.1434	6.9740	222.9440	5.2147
17	6.8660	0.1456	48.8837	0.0205	0.1405	7.1196	265.6973	5.4353
18	7.6900	0.1300	55.7497	0.0179	0.1379	7.2497	314.5810	5.6427
19	8.6128	0.1161	63.4397	0.0158	0.1358	7.3658	370.3307	5.8375
20	9.6463	0.1037	72.0524	0.0139	0.1339	7.4694	433.7704	6.0202
21	10.8038	0.0926	81.6987	0.0122	0.1322	7.5620	505.8228	6.1913
22	12.1003	0.0826	92.5026	0.0108	0.1308	7.6446	587.5215	6.3514
23	13.5523	0.0738	104.6029	0.0096	0.1296	7.7184	680.0241	6.5010
24	15.1786	0.0659	118.1552	0.0085	0.1285	7.7843	784.6270	6.6406
25	17.0001	0.0588	133.3339	0.0075	0.1275	7.8431	902.7823	6.7708
26	19.0401	0.0525	150.3339	0.0067	0.1267	7.8957	1036.1161	6.8921
27	21.3249	0.0469	169.3740	0.0059	0.1259	7.9426	1186.4501	7.0049
28	23.8839	0.0419	190.6989	0.0052	0.1252	7.9844	1355.8241	7.1098
29	26.7499	0.0374	214.5828	0.0047	0.1247	8.0218	1546.5229	7.2071
30	29.9599	0.0334	241.3327	0.0041	0.1241	8.0552	1761.1057	7.2974
31	33.5551	0.0298	271.2926	0.0037	0.1237	8.0850	2002.4384	7.3811
32	37.5817	0.0266	304.8477	0.0033	0.1233	8.1116	2273.7310	7.4586
33	42.0915	0.0238	342.4294	0.0029	0.1229	8.1354	2578.5787	7.5302
34	47.1425	0.0212	384.5210	0.0026	0.1226	8.1566	2921.0082	7.5965
35	52.7996	0.0189	431.6635	0.0023	0.1223	8.1755	3305.5291	7.6577
36	59.1356	0.0169	484.4631	0.0021	0.1221	8.1924	3737.1926	7.7141
37	66.2318	0.0151	543.5987	0.0018	0.1218	8.2075	4221.6558	7.7661
38	74.1797	0.0135	609.8305	0.0016	0.1216	8.2210	4765.2544	7.8141
39	83.0812	0.0120	684.0102	0.0015	0.1215	8.2330	5375.0850	7.8582
40	93.0510	0.0107	767.0914	0.0013	0.1213	8.2438	6059.0952	7.8988

续表

n	$(F/P,i,n)$	$(P/F,i,n)$	$(F/A,i,n)$	$(A/F,i,n)$	$(A/P,i,n)$	$(P/A,i,n)$	$(F/G,i,n)$	$(A/G,i,n)$
41	104.2171	0.0096	860.1424	0.0012	0.1212	8.2534	6826.1866	7.9361
42	116.7231	0.0086	964.3595	0.0010	0.1210	8.2619	7686.3290	7.9704
43	130.7299	0.0076	1081.0826	0.0009	0.1209	8.2696	8650.6885	8.0019
44	146.4175	0.0068	1211.8125	0.0008	0.1208	8.2764	9731.7711	8.0308
45	163.9876	0.0061	1358.2300	0.0007	0.1207	8.2825	10943.5836	8.0572
46	183.6661	0.0054	1522.2176	0.0007	0.1207	8.2880	12301.8136	8.0815
47	205.7061	0.0049	1705.8838	0.0006	0.1206	8.2928	13824.0313	8.1037
48	230.3908	0.0043	1911.5898	0.0005	0.1205	8.2972	15529.9150	8.1241
49	258.0377	0.0039	2141.9806	0.0005	0.1205	8.3010	17441.5048	8.1427
50	289.0022	0.0035	2400.0182	0.0004	0.1204	8.3045	19583.4854	8.1597

附表 13　　　　　　　　复利系数表（$i=13\%$）

n	$(F/P,i,n)$	$(P/F,i,n)$	$(F/A,i,n)$	$(A/F,i,n)$	$(A/P,i,n)$	$(P/A,i,n)$	$(F/G,i,n)$	$(A/G,i,n)$
1	1.1300	0.8850	1.0000	1.0000	1.1300	0.8850	0.0000	0.0000
2	1.2769	0.7831	2.1300	0.4695	0.5995	1.6681	1.0000	0.4695
3	1.4429	0.6931	3.4069	0.2935	0.4235	2.3612	3.1300	0.9187
4	1.6305	0.6133	4.8498	0.2062	0.3362	2.9745	6.5369	1.3479
5	1.8424	0.5428	6.4803	0.1543	0.2843	3.5172	11.3867	1.7571
6	2.0820	0.4803	8.3227	0.1202	0.2502	3.9975	17.8670	2.1468
7	2.3526	0.4251	10.4047	0.0961	0.2261	4.4226	26.1897	2.5171
8	2.6584	0.3762	12.7573	0.0784	0.2084	4.7988	36.5943	2.8685
9	3.0040	0.3329	15.4157	0.0649	0.1949	5.1317	49.3516	3.2014
10	3.3946	0.2946	18.4197	0.0543	0.1843	5.4262	64.7673	3.5162
11	3.8359	0.2607	21.8143	0.0458	0.1758	5.6869	83.1871	3.8134
12	4.3345	0.2307	25.6502	0.0390	0.1690	5.9176	105.0014	4.0936
13	4.8980	0.2042	29.9847	0.0334	0.1634	6.1218	130.6515	4.3573
14	5.5348	0.1807	34.8827	0.0287	0.1587	6.3025	160.6362	4.6050
15	6.2543	0.1599	40.4175	0.0247	0.1547	6.4624	195.5190	4.8375
16	7.0673	0.1415	46.6717	0.0214	0.1514	6.6039	235.9364	5.0552
17	7.9861	0.1252	53.7391	0.0186	0.1486	6.7291	282.6082	5.2589
18	9.0243	0.1108	61.7251	0.0162	0.1462	6.8399	336.3472	5.4491
19	10.1974	0.0981	70.7494	0.0141	0.1441	6.9380	398.0724	5.6265
20	11.5231	0.0868	80.9468	0.0124	0.1424	7.0248	468.8218	5.7917
21	13.0211	0.0768	92.4699	0.0108	0.1408	7.1016	549.7686	5.9454
22	14.7138	0.0680	105.4910	0.0095	0.1395	7.1695	642.2385	6.0881

续表

n	$(F/P,i,n)$	$(P/F,i,n)$	$(F/A,i,n)$	$(A/F,i,n)$	$(A/P,i,n)$	$(P/A,i,n)$	$(F/G,i,n)$	$(A/G,i,n)$
23	16.6266	0.0601	120.2048	0.0083	0.1383	7.2297	747.7295	6.2205
24	18.7881	0.0532	136.8315	0.0073	0.1373	7.2829	867.9343	6.3431
25	21.2305	0.0471	155.6196	0.0064	0.1364	7.3300	1004.7658	6.4566
26	23.9905	0.0417	176.8501	0.0057	0.1357	7.3717	1160.3854	6.5614
27	27.1093	0.0369	200.8406	0.0050	0.1350	7.4086	1337.2355	6.6582
28	30.6335	0.0326	227.9499	0.0044	0.1344	7.4412	1538.0761	6.7474
29	34.6158	0.0289	258.5834	0.0039	0.1339	7.4701	1766.0260	6.8296
30	39.1159	0.0256	293.1992	0.0034	0.1334	7.4957	2024.6093	6.9052
31	44.2010	0.0226	332.3151	0.0030	0.1330	7.5183	2317.8086	6.9747
32	49.9471	0.0200	376.5161	0.0027	0.1327	7.5383	2650.1237	7.0385
33	56.4402	0.0177	426.4632	0.0023	0.1323	7.5560	3026.6398	7.0971
34	63.7774	0.0157	482.9034	0.0021	0.1321	7.5717	3453.1029	7.1507
35	72.0685	0.0139	546.6808	0.0018	0.1318	7.5856	3936.0063	7.1998
36	81.4374	0.0123	618.7493	0.0016	0.1316	7.5979	4482.6871	7.2448
37	92.0243	0.0109	700.1867	0.0014	0.1314	7.6087	5101.4364	7.2858
38	103.9874	0.0096	792.2110	0.0013	0.1313	7.6183	5801.6232	7.3233
39	117.5058	0.0085	896.1984	0.0011	0.1311	7.6268	6593.8342	7.3576
40	132.7816	0.0075	1013.7042	0.0010	0.1310	7.6344	7490.0326	7.3888
41	150.0432	0.0067	1146.4858	0.0009	0.1309	7.6410	8503.7369	7.4172
42	169.5488	0.0059	1296.5289	0.0008	0.1308	7.6469	9650.2227	7.4431
43	191.5901	0.0052	1466.0777	0.0007	0.1307	7.6522	10946.7516	7.4667
44	216.4968	0.0046	1657.6678	0.0006	0.1306	7.6568	12412.8293	7.4881
45	244.6414	0.0041	1874.1646	0.0005	0.1305	7.6609	14070.4972	7.5076
46	276.4448	0.0036	2118.8060	0.0005	0.1305	7.6645	15944.6618	7.5253
47	312.3826	0.0032	2395.2508	0.0004	0.1304	7.6677	18063.4678	7.5414
48	352.9923	0.0028	2707.6334	0.0004	0.1304	7.6705	20458.7186	7.5559
49	398.8813	0.0025	3060.6258	0.0003	0.1303	7.6730	23166.3521	7.5692
50	450.7359	0.0022	3459.5071	0.0003	0.1303	7.6752	26226.9778	7.5811

附表 14 复利系数表 ($i=14\%$)

n	$(F/P,i,n)$	$(P/F,i,n)$	$(F/A,i,n)$	$(A/F,i,n)$	$(A/P,i,n)$	$(P/A,i,n)$	$(F/G,i,n)$	$(A/G,i,n)$
1	1.1400	0.8772	1.0000	1.0000	1.1400	0.8772	0.0000	0.0000
2	1.2996	0.7695	2.1400	0.4673	0.6073	1.6467	1.0000	0.4673
3	1.4815	0.6750	3.4396	0.2907	0.4307	2.3216	3.1400	0.9129
4	1.6890	0.5921	4.9211	0.2032	0.3432	2.9137	6.5796	1.3370
5	1.9254	0.5194	6.6101	0.1513	0.2913	3.4331	11.5007	1.7399

续表

n	$(F/P,i,n)$	$(P/F,i,n)$	$(F/A,i,n)$	$(A/F,i,n)$	$(A/P,i,n)$	$(P/A,i,n)$	$(F/G,i,n)$	$(A/G,i,n)$
6	2.1950	0.4556	8.5355	0.1172	0.2572	3.8887	18.1108	2.1218
7	2.5023	0.3996	10.7305	0.0932	0.2332	4.2883	26.6464	2.4832
8	2.8526	0.3506	13.2328	0.0756	0.2156	4.6389	37.3769	2.8246
9	3.2519	0.3075	16.0853	0.0622	0.2022	4.9464	50.6096	3.1463
10	3.7072	0.2697	19.3373	0.0517	0.1917	5.2161	66.6950	3.4490
11	4.2262	0.2366	23.0445	0.0434	0.1834	5.4527	86.0323	3.7333
12	4.8179	0.2076	27.2707	0.0367	0.1767	5.6603	109.0768	3.9998
13	5.4924	0.1821	32.0887	0.0312	0.1712	5.8424	136.3475	4.2491
14	6.2613	0.1597	37.5811	0.0266	0.1666	6.0021	168.4362	4.4819
15	7.1379	0.1401	43.8424	0.0228	0.1628	6.1422	206.0172	4.6990
16	8.1372	0.1229	50.9804	0.0196	0.1596	6.2651	249.8597	4.9011
17	9.2765	0.1078	59.1176	0.0169	0.1569	6.3729	300.8400	5.0888
18	10.5752	0.0946	68.3941	0.0146	0.1546	6.4674	359.9576	5.2630
19	12.0557	0.0829	78.9692	0.0127	0.1527	6.5504	428.3517	5.4243
20	13.7435	0.0728	91.0249	0.0110	0.1510	6.6231	507.3209	5.5734
21	15.6676	0.0638	104.7684	0.0095	0.1495	6.6870	598.3458	5.7111
22	17.8610	0.0560	120.4360	0.0083	0.1483	6.7429	703.1143	5.8381
23	20.3616	0.0491	138.2970	0.0072	0.1472	6.7921	823.5503	5.9549
24	23.2122	0.0431	158.6586	0.0063	0.1463	6.8351	961.8473	6.0624
25	26.4619	0.0378	181.8708	0.0055	0.1455	6.8729	1120.5059	6.1610
26	30.1666	0.0331	208.3327	0.0048	0.1448	6.9061	1302.3767	6.2514
27	34.3899	0.0291	238.4993	0.0042	0.1442	6.9352	1510.7095	6.3342
28	39.2045	0.0255	272.8892	0.0037	0.1437	6.9607	1749.2088	6.4100
29	44.6931	0.0224	312.0937	0.0032	0.1432	6.9830	2022.0980	6.4791
30	50.9502	0.0196	356.7868	0.0028	0.1428	7.0027	2334.1918	6.5423
31	58.0832	0.0172	407.7370	0.0025	0.1425	7.0199	2690.9786	6.5998
32	66.2148	0.0151	465.8202	0.0021	0.1421	7.0350	3098.7156	6.6522
33	75.4849	0.0132	532.0350	0.0019	0.1419	7.0482	3564.5358	6.6998
34	86.0528	0.0116	607.5199	0.0016	0.1416	7.0599	4096.5708	6.7431
35	98.1002	0.0102	693.5727	0.0014	0.1414	7.0700	4704.0907	6.7824
36	111.8342	0.0089	791.6729	0.0013	0.1413	7.0790	5397.6634	6.8180
37	127.4910	0.0078	903.5071	0.0011	0.1411	7.0868	6189.3363	6.8503
38	145.3397	0.0069	1030.9981	0.0010	0.1410	7.0937	7092.8434	6.8796
39	165.6873	0.0060	1176.3378	0.0009	0.1409	7.0997	8123.8415	6.9060
40	188.8835	0.0053	1342.0251	0.0007	0.1407	7.1050	9300.1793	6.9300

续表

n	$(F/P,i,n)$	$(P/F,i,n)$	$(F/A,i,n)$	$(A/F,i,n)$	$(A/P,i,n)$	$(P/A,i,n)$	$(F/G,i,n)$	$(A/G,i,n)$
41	215.3272	0.0046	1530.9086	0.0007	0.1407	7.1097	10642.2044	6.9516
42	245.4730	0.0041	1746.2358	0.0006	0.1406	7.1138	12173.1130	6.9711
43	279.8392	0.0036	1991.7088	0.0005	0.1405	7.1173	13919.3488	6.9886
44	319.0167	0.0031	2271.5481	0.0004	0.1404	7.1205	15911.0576	7.0045
45	363.6791	0.0027	2590.5648	0.0004	0.1404	7.1232	18182.6057	7.0188
46	414.5941	0.0024	2954.2439	0.0003	0.1403	7.1256	20773.1705	7.0316
47	472.6373	0.0021	3368.8380	0.0003	0.1403	7.1277	23727.4144	7.0432
48	538.8065	0.0019	3841.4753	0.0003	0.1403	7.1296	27096.2524	7.0536
49	614.2395	0.0016	4380.2819	0.0002	0.1402	7.1312	30937.7277	7.0630
50	700.2330	0.0014	4994.5213	0.0002	0.1402	7.1327	35318.0096	7.0714

附表 15　　　　　　　　　**复利系数表 ($i=15\%$)**

n	$(F/P,i,n)$	$(P/F,i,n)$	$(F/A,i,n)$	$(A/F,i,n)$	$(A/P,i,n)$	$(P/A,i,n)$	$(F/G,i,n)$	$(A/G,i,n)$
1	1.1500	0.8696	1.0000	1.0000	1.1500	0.8696	0.0000	0.0000
2	1.3225	0.7561	2.1500	0.4651	0.6151	1.6257	1.0000	0.4651
3	1.5209	0.6575	3.4725	0.2880	0.4380	2.2832	3.1500	0.9071
4	1.7490	0.5718	4.9934	0.2003	0.3503	2.8550	6.6225	1.3263
5	2.0114	0.4972	6.7424	0.1483	0.2983	3.3522	11.6159	1.7228
6	2.3131	0.4323	8.7537	0.1142	0.2642	3.7845	18.3583	2.0972
7	2.6600	0.3759	11.0668	0.0904	0.2404	4.1604	27.1120	2.4498
8	3.0590	0.3269	13.7268	0.0729	0.2229	4.4873	38.1788	2.7813
9	3.5179	0.2843	16.7858	0.0596	0.2096	4.7716	51.9056	3.0922
10	4.0456	0.2472	20.3037	0.0493	0.1993	5.0188	68.6915	3.3832
11	4.6524	0.2149	24.3493	0.0411	0.1911	5.2337	88.9952	3.6549
12	5.3503	0.1869	29.0017	0.0345	0.1845	5.4206	113.3444	3.9082
13	6.1528	0.1625	34.3519	0.0291	0.1791	5.5831	142.3461	4.1438
14	7.0757	0.1413	40.5047	0.0247	0.1747	5.7245	176.6980	4.3624
15	8.1371	0.1229	47.5804	0.0210	0.1710	5.8474	217.2027	4.5650
16	9.3576	0.1069	55.7175	0.0179	0.1679	5.9542	264.7831	4.7522
17	10.7613	0.0929	65.0751	0.0154	0.1654	6.0472	320.5006	4.9251
18	12.3755	0.0808	75.8364	0.0132	0.1632	6.1280	385.5757	5.0843
19	14.2318	0.0703	88.2118	0.0113	0.1613	6.1982	461.4121	5.2307
20	16.3665	0.0611	102.4436	0.0098	0.1598	6.2593	549.6239	5.3651
21	18.8215	0.0531	118.8101	0.0084	0.1584	6.3125	652.0675	5.4883
22	21.6447	0.0462	137.6316	0.0073	0.1573	6.3587	770.8776	5.6010

n	$(F/P,i,n)$	$(P/F,i,n)$	$(F/A,i,n)$	$(A/F,i,n)$	$(A/P,i,n)$	$(P/A,i,n)$	$(F/G,i,n)$	$(A/G,i,n)$
23	24.8915	0.0402	159.2764	0.0063	0.1563	6.3988	908.5092	5.7040
24	28.6252	0.0349	184.1678	0.0054	0.1554	6.4338	1067.7856	5.7979
25	32.9190	0.0304	212.7930	0.0047	0.1547	6.4641	1251.9534	5.8834
26	37.8568	0.0264	245.7120	0.0041	0.1541	6.4906	1464.7465	5.9612
27	43.5353	0.0230	283.5688	0.0035	0.1535	6.5135	1710.4584	6.0319
28	50.0656	0.0200	327.1041	0.0031	0.1531	6.5335	1994.0272	6.0960
29	57.5755	0.0174	377.1697	0.0027	0.1527	6.5509	2321.1313	6.1541
30	66.2118	0.0151	434.7451	0.0023	0.1523	6.5660	2698.3010	6.2066
31	76.1435	0.0131	500.9569	0.0020	0.1520	6.5791	3133.0461	6.2541
32	87.5651	0.0114	577.1005	0.0017	0.1517	6.5905	3634.0030	6.2970
33	100.6998	0.0099	664.6655	0.0015	0.1515	6.6005	4211.1035	6.3357
34	115.8048	0.0086	765.3654	0.0013	0.1513	6.6091	4875.7690	6.3705
35	133.1755	0.0075	881.1702	0.0011	0.1511	6.6166	5641.1344	6.4019
36	153.1519	0.0065	1014.3457	0.0010	0.1510	6.6231	6522.3045	6.4301
37	176.1246	0.0057	1167.4975	0.0009	0.1509	6.6288	7536.6502	6.4554
38	202.5433	0.0049	1343.6222	0.0007	0.1507	6.6338	8704.1477	6.4781
39	232.9248	0.0043	1546.1655	0.0006	0.1506	6.6380	10047.7699	6.4985
40	267.8635	0.0037	1779.0903	0.0006	0.1506	6.6418	11593.9354	6.5168
41	308.0431	0.0032	2046.9539	0.0005	0.1505	6.6450	13373.0257	6.5331
42	354.2495	0.0028	2354.9969	0.0004	0.1504	6.6478	15419.9796	6.5478
43	407.3870	0.0025	2709.2465	0.0004	0.1504	6.6503	17774.9765	6.5609
44	468.4950	0.0021	3116.6334	0.0003	0.1503	6.6524	20484.2230	6.5725
45	538.7693	0.0019	3585.1285	0.0003	0.1503	6.6543	23600.8564	6.5830
46	619.5847	0.0016	4123.8977	0.0002	0.1502	6.6559	27185.9849	6.5923
47	712.5224	0.0014	4743.4824	0.0002	0.1502	6.6573	31309.8826	6.6006
48	819.4007	0.0012	5456.0047	0.0002	0.1502	6.6585	36053.3650	6.6080
49	942.3108	0.0011	6275.4055	0.0002	0.1502	6.6596	41509.3697	6.6146
50	1083.6574	0.0009	7217.7163	0.0001	0.1501	6.6605	47784.7752	6.6205

附表 16　　　　　　　**复利系数表（$i=16\%$）**

n	$(F/P,i,n)$	$(P/F,i,n)$	$(F/A,i,n)$	$(A/F,i,n)$	$(A/P,i,n)$	$(P/A,i,n)$	$(F/G,i,n)$	$(A/G,i,n)$
1	1.1600	0.8621	1.0000	1.0000	1.1600	0.8621	0.0000	0.0000
2	1.3456	0.7432	2.1600	0.4630	0.6230	1.6052	1.0000	0.4630
3	1.5609	0.6407	3.5056	0.2853	0.4453	2.2459	3.1600	0.9014
4	1.8106	0.5523	5.0665	0.1974	0.3574	2.7982	6.6656	1.3156

n	$(F/P,i,n)$	$(P/F,i,n)$	$(F/A,i,n)$	$(A/F,i,n)$	$(A/P,i,n)$	$(P/A,i,n)$	$(F/G,i,n)$	$(A/G,i,n)$
5	2.1003	0.4761	6.8771	0.1454	0.3054	3.2743	11.7321	1.7060
6	2.4364	0.4104	8.9775	0.1114	0.2714	3.6847	18.6092	2.0729
7	2.8262	0.3538	11.4139	0.0876	0.2476	4.0386	27.5867	2.4169
8	3.2784	0.3050	14.2401	0.0702	0.2302	4.3436	39.0006	2.7388
9	3.8030	0.2630	17.5185	0.0571	0.2171	4.6065	53.2407	3.0391
10	4.4114	0.2267	21.3215	0.0469	0.2069	4.8332	70.7592	3.3187
11	5.1173	0.1954	25.7329	0.0389	0.1989	5.0286	92.0807	3.5783
12	5.9360	0.1685	30.8502	0.0324	0.1924	5.1971	117.8136	3.8189
13	6.8858	0.1452	36.7862	0.0272	0.1872	5.3423	148.6637	4.0413
14	7.9875	0.1252	43.6720	0.0229	0.1829	5.4675	185.4499	4.2464
15	9.2655	0.1079	51.6595	0.0194	0.1794	5.5755	229.1219	4.4352
16	10.7480	0.0930	60.9250	0.0164	0.1764	5.6685	280.7814	4.6086
17	12.4677	0.0802	71.6730	0.0140	0.1740	5.7487	341.7064	4.7676
18	14.4625	0.0691	84.1407	0.0119	0.1719	5.8178	413.3795	4.9130
19	16.7765	0.0596	98.6032	0.0101	0.1701	5.8775	497.5202	5.0457
20	19.4608	0.0514	115.3797	0.0087	0.1687	5.9288	596.1234	5.1666
21	22.5745	0.0443	134.8405	0.0074	0.1674	5.9731	711.5032	5.2766
22	26.1864	0.0382	157.4150	0.0064	0.1664	6.0113	846.3437	5.3765
23	30.3762	0.0329	183.6014	0.0054	0.1654	6.0442	1003.7587	5.4671
24	35.2364	0.0284	213.9776	0.0047	0.1647	6.0726	1187.3600	5.5490
25	40.8742	0.0245	249.2140	0.0040	0.1640	6.0971	1401.3376	5.6230
26	47.4141	0.0211	290.0883	0.0034	0.1634	6.1182	1650.5517	5.6898
27	55.0004	0.0182	337.5024	0.0030	0.1630	6.1364	1940.6399	5.7500
28	63.8004	0.0157	392.5028	0.0025	0.1625	6.1520	2278.1423	5.8041
29	74.0085	0.0135	456.3032	0.0022	0.1622	6.1656	2670.6451	5.8528
30	85.8499	0.0116	530.3117	0.0019	0.1619	6.1772	3126.9483	5.8964
31	99.5859	0.0100	616.1616	0.0016	0.1616	6.1872	3657.2600	5.9356
32	115.5196	0.0087	715.7475	0.0014	0.1614	6.1959	4273.4217	5.9706
33	134.0027	0.0075	831.2671	0.0012	0.1612	6.2034	4989.1691	6.0019
34	155.4432	0.0064	965.2698	0.0010	0.1610	6.2098	5820.4362	6.0299
35	180.3141	0.0055	1120.7130	0.0009	0.1609	6.2153	6785.7060	6.0548
36	209.1643	0.0048	1301.0270	0.0008	0.1608	6.2201	7906.4189	6.0771
37	242.6306	0.0041	1510.1914	0.0007	0.1607	6.2242	9207.4460	6.0969
38	281.4515	0.0036	1752.8220	0.0006	0.1606	6.2278	10717.6373	6.1145
39	326.4838	0.0031	2034.2735	0.0005	0.1605	6.2309	12470.4593	6.1302

续表

n	$(F/P,i,n)$	$(P/F,i,n)$	$(F/A,i,n)$	$(A/F,i,n)$	$(A/P,i,n)$	$(P/A,i,n)$	$(F/G,i,n)$	$(A/G,i,n)$
40	378.7212	0.0026	2360.7572	0.0004	0.1604	6.2335	14504.7328	6.1441
41	439.3165	0.0023	2739.4784	0.0004	0.1604	6.2358	16865.4900	6.1565
42	509.6072	0.0020	3178.7949	0.0003	0.1603	6.2377	19604.9684	6.1674
43	591.1443	0.0017	3688.4021	0.0003	0.1603	6.2394	22783.7633	6.1771
44	685.7274	0.0015	4279.5465	0.0002	0.1602	6.2409	26472.1655	6.1857
45	795.4438	0.0013	4965.2739	0.0002	0.1602	6.2421	30751.7119	6.1934
46	922.7148	0.0011	5760.7177	0.0002	0.1602	6.2432	35716.9859	6.2001
47	1070.3492	0.0009	6683.4326	0.0001	0.1601	6.2442	41477.7036	6.2060
48	1241.6051	0.0008	7753.7818	0.0001	0.1601	6.2450	48161.1362	6.2113
49	1440.2619	0.0007	8995.3869	0.0001	0.1601	6.2457	55914.9180	6.2160
50	1670.7038	0.0006	10435.6488	0.0001	0.1601	6.2463	64910.3048	6.2201

附表 17　　　　　　　　　复利系数表 （$i=17\%$）

n	$(F/P,i,n)$	$(P/F,i,n)$	$(F/A,i,n)$	$(A/F,i,n)$	$(A/P,i,n)$	$(P/A,i,n)$	$(F/G,i,n)$	$(A/G,i,n)$
1	1.1700	0.8547	1.0000	1.0000	1.1700	0.8547	0.0000	0.0000
2	1.3689	0.7305	2.1700	0.4608	0.6308	1.5852	1.0000	0.4608
3	1.6016	0.6244	3.5389	0.2826	0.4526	2.2096	3.1700	0.8958
4	1.8739	0.5337	5.1405	0.1945	0.3645	2.7432	6.7089	1.3051
5	2.1924	0.4561	7.0144	0.1426	0.3126	3.1993	11.8494	1.6893
6	2.5652	0.3898	9.2068	0.1086	0.2786	3.5892	18.8638	2.0489
7	3.0012	0.3332	11.7720	0.0849	0.2549	3.9224	28.0707	2.3845
8	3.5115	0.2848	14.7733	0.0677	0.2377	4.2072	39.8427	2.6969
9	4.1084	0.2434	18.2847	0.0547	0.2247	4.4506	54.6159	2.9870
10	4.8068	0.2080	22.3931	0.0447	0.2147	4.6586	72.9006	3.2555
11	5.6240	0.1778	27.1999	0.0368	0.2068	4.8364	95.2937	3.5035
12	6.5801	0.1520	32.8239	0.0305	0.2005	4.9884	122.4937	3.7318
13	7.6987	0.1299	39.4040	0.0254	0.1954	5.1183	155.3176	3.9417
14	9.0075	0.1110	47.1027	0.0212	0.1912	5.2293	194.7216	4.1340
15	10.5387	0.0949	56.1101	0.0178	0.1878	5.3242	241.8243	4.3098
16	12.3303	0.0811	66.6488	0.0150	0.1850	5.4053	297.9344	4.4702
17	14.4265	0.0693	78.9792	0.0127	0.1827	5.4746	364.5832	4.6162
18	16.8790	0.0592	93.4056	0.0107	0.1807	5.5339	443.5624	4.7488
19	19.7484	0.0506	110.2846	0.0091	0.1791	5.5845	536.9680	4.8689
20	23.1056	0.0433	130.0329	0.0077	0.1777	5.6278	647.2526	4.9776
21	27.0336	0.0370	153.1385	0.0065	0.1765	5.6648	777.2855	5.0757

续表

n	$(F/P,i,n)$	$(P/F,i,n)$	$(F/A,i,n)$	$(A/F,i,n)$	$(A/P,i,n)$	$(P/A,i,n)$	$(F/G,i,n)$	$(A/G,i,n)$
22	31.6293	0.0316	180.1721	0.0056	0.1756	5.6964	930.4240	5.1641
23	37.0062	0.0270	211.8013	0.0047	0.1747	5.7234	1110.5961	5.2436
24	43.2973	0.0231	248.8076	0.0040	0.1740	5.7465	1322.3975	5.3149
25	50.6578	0.0197	292.1049	0.0034	0.1734	5.7662	1571.2050	5.3789
26	59.2697	0.0169	342.7627	0.0029	0.1729	5.7831	1863.3099	5.4362
27	69.3455	0.0144	402.0323	0.0025	0.1725	5.7975	2206.0726	5.4873
28	81.1342	0.0123	471.3778	0.0021	0.1721	5.8099	2608.1049	5.5329
29	94.9271	0.0105	552.5121	0.0018	0.1718	5.8204	3079.4827	5.5736
30	111.0647	0.0090	647.4391	0.0015	0.1715	5.8294	3631.9948	5.6098
31	129.9456	0.0077	758.5038	0.0013	0.1713	5.8371	4279.4339	5.6419
32	152.0364	0.0066	888.4494	0.0011	0.1711	5.8437	5037.9377	5.6705
33	177.8826	0.0056	1040.4858	0.0010	0.1710	5.8493	5926.3871	5.6958
34	208.1226	0.0048	1218.3684	0.0008	0.1708	5.8541	6966.8729	5.7182
35	243.5035	0.0041	1426.4910	0.0007	0.1707	5.8582	8185.2413	5.7380
36	284.8991	0.0035	1669.9945	0.0006	0.1706	5.8617	9611.7323	5.7555
37	333.3319	0.0030	1954.8936	0.0005	0.1705	5.8647	11281.7268	5.7710
38	389.9983	0.0026	2288.2255	0.0004	0.1704	5.8673	13236.6204	5.7847
39	456.2980	0.0022	2678.2238	0.0004	0.1704	5.8695	15524.8458	5.7967
40	533.8687	0.0019	3134.5218	0.0003	0.1703	5.8713	18203.0696	5.8073
41	624.6264	0.0016	3668.3906	0.0003	0.1703	5.8729	21337.5915	5.8166
42	730.8129	0.0014	4293.0169	0.0002	0.1702	5.8743	25005.9820	5.8248
43	855.0511	0.0012	5023.8298	0.0002	0.1702	5.8755	29298.9990	5.8320
44	1000.4098	0.0010	5878.8809	0.0002	0.1702	5.8765	34322.8288	5.8383
45	1170.4794	0.0009	6879.2907	0.0001	0.1701	5.8773	40201.7097	5.8439
46	1369.4609	0.0007	8049.7701	0.0001	0.1701	5.8781	47081.0004	5.8487
47	1602.2693	0.0006	9419.2310	0.0001	0.1701	5.8787	55130.7704	5.8530
48	1874.6550	0.0005	11021.5002	0.0001	0.1701	5.8792	64550.0014	5.8567
49	2193.3464	0.0005	12896.1553	0.0001	0.1701	5.8797	75571.5016	5.8600
50	2566.2153	0.0004	15089.5017	0.0001	0.1701	5.8801	88467.6569	5.8629

附表 18　　　　　　　　　　复利系数表 （$i=18\%$）

n	$(F/P,i,n)$	$(P/F,i,n)$	$(F/A,i,n)$	$(A/F,i,n)$	$(A/P,i,n)$	$(P/A,i,n)$	$(F/G,i,n)$	$(A/G,i,n)$
1	1.1800	0.8475	1.0000	1.0000	1.1800	0.8475	0.0000	0.0000
2	1.3924	0.7182	2.1800	0.4587	0.6387	1.5656	1.0000	0.4587
3	1.6430	0.6086	3.5724	0.2799	0.4599	2.1743	3.1800	0.8902

续表

n	(F/P,i,n)	(P/F,i,n)	(F/A,i,n)	(A/F,i,n)	(A/P,i,n)	(P/A,i,n)	(F/G,i,n)	(A/G,i,n)
4	1.9388	0.5158	5.2154	0.1917	0.3717	2.6901	6.7524	1.2947
5	2.2878	0.4371	7.1542	0.1398	0.3198	3.1272	11.9678	1.6728
6	2.6996	0.3704	9.4420	0.1059	0.2859	3.4976	19.1220	2.0252
7	3.1855	0.3139	12.1415	0.0824	0.2624	3.8115	28.5640	2.3526
8	3.7589	0.2660	15.3270	0.0652	0.2452	4.0776	40.7055	2.6558
9	4.4355	0.2255	19.0859	0.0524	0.2324	4.3030	56.0325	2.9358
10	5.2338	0.1911	23.5213	0.0425	0.2225	4.4941	75.1184	3.1936
11	6.1759	0.1619	28.7551	0.0348	0.2148	4.6560	98.6397	3.4303
12	7.2876	0.1372	34.9311	0.0286	0.2086	4.7932	127.3948	3.6470
13	8.5994	0.1163	42.2187	0.0237	0.2037	4.9095	162.3259	3.8449
14	10.1472	0.0985	50.8180	0.0197	0.1997	5.0081	204.5446	4.0250
15	11.9737	0.0835	60.9653	0.0164	0.1964	5.0916	255.3626	4.1887
16	14.1290	0.0708	72.9390	0.0137	0.1937	5.1624	316.3279	4.3369
17	16.6722	0.0600	87.0680	0.0115	0.1915	5.2223	389.2669	4.4708
18	19.6733	0.0508	103.7403	0.0096	0.1896	5.2732	476.3349	4.5916
19	23.2144	0.0431	123.4135	0.0081	0.1881	5.3162	580.0752	4.7003
20	27.3930	0.0365	146.6280	0.0068	0.1868	5.3527	703.4887	4.7978
21	32.3238	0.0309	174.0210	0.0057	0.1857	5.3837	850.1167	4.8851
22	38.1421	0.0262	206.3448	0.0048	0.1848	5.4099	1024.1377	4.9632
23	45.0076	0.0222	244.4868	0.0041	0.1841	5.4321	1230.4825	5.0329
24	53.1090	0.0188	289.4945	0.0035	0.1835	5.4509	1474.9693	5.0950
25	62.6686	0.0160	342.6035	0.0029	0.1829	5.4669	1764.4638	5.1502
26	73.9490	0.0135	405.2721	0.0025	0.1825	5.4804	2107.0673	5.1991
27	87.2598	0.0115	479.2211	0.0021	0.1821	5.4919	2512.3394	5.2425
28	102.9666	0.0097	566.4809	0.0018	0.1818	5.5016	2991.5605	5.2810
29	121.5005	0.0082	669.4475	0.0015	0.1815	5.5098	3558.0414	5.3149
30	143.3706	0.0070	790.9480	0.0013	0.1813	5.5168	4227.4888	5.3448
31	169.1774	0.0059	934.3186	0.0011	0.1811	5.5227	5018.4368	5.3712
32	199.6293	0.0050	1103.4960	0.0009	0.1809	5.5277	5952.7555	5.3945
33	235.5625	0.0042	1303.1253	0.0008	0.1808	5.5320	7056.2514	5.4149
34	277.9638	0.0036	1538.6878	0.0006	0.1806	5.5356	8359.3767	5.4328
35	327.9973	0.0030	1816.6516	0.0006	0.1806	5.5386	9898.0645	5.4485
36	387.0368	0.0026	2144.6489	0.0005	0.1805	5.5412	11714.7161	5.4623
37	456.7034	0.0022	2531.6857	0.0004	0.1804	5.5434	13859.3650	5.4744
38	538.9100	0.0019	2988.3891	0.0003	0.1803	5.5452	16391.0507	5.4849

续表

n	$(F/P,i,n)$	$(P/F,i,n)$	$(F/A,i,n)$	$(A/F,i,n)$	$(A/P,i,n)$	$(P/A,i,n)$	$(F/G,i,n)$	$(A/G,i,n)$
39	635.9139	0.0016	3527.2992	0.0003	0.1803	5.5468	19379.4399	5.4941
40	750.3783	0.0013	4163.2130	0.0002	0.1802	5.5482	22906.7390	5.5022
41	885.4464	0.0011	4913.5914	0.0002	0.1802	5.5493	27069.9521	5.5092
42	1044.8268	0.0010	5799.0378	0.0002	0.1802	5.5502	31983.5434	5.5153
43	1232.8956	0.0008	6843.8646	0.0001	0.1801	5.5510	37782.5813	5.5207
44	1454.8168	0.0007	8076.7603	0.0001	0.1801	5.5517	44626.4459	5.5253
45	1716.6839	0.0006	9531.5771	0.0001	0.1801	5.5523	52703.2061	5.5293
46	2025.6870	0.0005	11248.2610	0.0001	0.1801	5.5528	62234.7832	5.5328
47	2390.3106	0.0004	13273.9480	0.0001	0.1801	5.5532	73483.0442	5.5359
48	2820.5665	0.0004	15664.2586	0.0001	0.1801	5.5536	86756.9922	5.5385
49	3328.2685	0.0003	18484.8251	0.0001	0.1801	5.5539	102421.2508	5.5408
50	3927.3569	0.0003	21813.0937	0.0000	0.1800	5.5541	120906.0759	5.5428

附表 19　　　　　　　　　　复利系数表　（$i=19\%$）

n	$(F/P,i,n)$	$(P/F,i,n)$	$(F/A,i,n)$	$(A/F,i,n)$	$(A/P,i,n)$	$(P/A,i,n)$	$(F/G,i,n)$	$(A/G,i,n)$
1	1.1900	0.8403	1.0000	1.0000	1.1900	0.8403	0.0000	0.0000
2	1.4161	0.7062	2.1900	0.4566	0.6466	1.5465	1.0000	0.4566
3	1.6852	0.5934	3.6061	0.2773	0.4673	2.1399	3.1900	0.8846
4	2.0053	0.4987	5.2913	0.1890	0.3790	2.6386	6.7961	1.2844
5	2.3864	0.4190	7.2966	0.1371	0.3271	3.0576	12.0874	1.6566
6	2.8398	0.3521	9.6830	0.1033	0.2933	3.4098	19.3840	2.0019
7	3.3793	0.2959	12.5227	0.0799	0.2699	3.7057	29.0669	2.3211
8	4.0214	0.2487	15.9020	0.0629	0.2529	3.9544	41.5896	2.6154
9	4.7854	0.2090	19.9234	0.0502	0.2402	4.1633	57.4916	2.8856
10	5.6947	0.1756	24.7089	0.0405	0.2305	4.3389	77.4151	3.1331
11	6.7767	0.1476	30.4035	0.0329	0.2229	4.4865	102.1239	3.3589
12	8.0642	0.1240	37.1802	0.0269	0.2169	4.6105	132.5275	3.5645
13	9.5964	0.1042	45.2445	0.0221	0.2121	4.7147	169.7077	3.7509
14	11.4198	0.0876	54.8409	0.0182	0.2082	4.8023	214.9522	3.9196
15	13.5895	0.0736	66.2607	0.0151	0.2051	4.8759	269.7931	4.0717
16	16.1715	0.0618	79.8502	0.0125	0.2025	4.9377	336.0537	4.2086
17	19.2441	0.0520	96.0218	0.0104	0.2004	4.9897	415.9040	4.3314
18	22.9005	0.0437	115.2659	0.0087	0.1987	5.0333	511.9257	4.4413
19	27.2516	0.0367	138.1664	0.0072	0.1972	5.0700	627.1916	4.5394
20	32.4294	0.0308	165.4180	0.0060	0.1960	5.1009	765.3580	4.6268

n	$(F/P,i,n)$	$(P/F,i,n)$	$(F/A,i,n)$	$(A/F,i,n)$	$(A/P,i,n)$	$(P/A,i,n)$	$(F/G,i,n)$	$(A/G,i,n)$
21	38.5910	0.0259	197.8474	0.0051	0.1951	5.1268	930.7760	4.7045
22	45.9233	0.0218	236.4385	0.0042	0.1942	5.1486	1128.6235	4.7734
23	54.6487	0.0183	282.3618	0.0035	0.1935	5.1668	1365.0619	4.8344
24	65.0320	0.0154	337.0105	0.0030	0.1930	5.1822	1647.4237	4.8883
25	77.3881	0.0129	402.0425	0.0025	0.1925	5.1951	1984.4342	4.9359
26	92.0918	0.0109	479.4306	0.0021	0.1921	5.2060	2386.4767	4.9777
27	109.5893	0.0091	571.5224	0.0017	0.1917	5.2151	2865.9072	5.0145
28	130.4112	0.0077	681.1116	0.0015	0.1915	5.2228	3437.4296	5.0468
29	155.1893	0.0064	811.5228	0.0012	0.1912	5.2292	4118.5412	5.0751
30	184.6753	0.0054	966.7122	0.0010	0.1910	5.2347	4930.0640	5.0998
31	219.7636	0.0046	1151.3875	0.0009	0.1909	5.2392	5896.7762	5.1215
32	261.5187	0.0038	1371.1511	0.0007	0.1907	5.2430	7048.1637	5.1403
33	311.2073	0.0032	1632.6698	0.0006	0.1906	5.2462	8419.3148	5.1568
34	370.3366	0.0027	1943.8771	0.0005	0.1905	5.2489	10051.9846	5.1711
35	440.7006	0.0023	2314.2137	0.0004	0.1904	5.2512	11995.8617	5.1836
36	524.4337	0.0019	2754.9143	0.0004	0.1904	5.2531	14310.0754	5.1944
37	624.0761	0.0016	3279.3481	0.0003	0.1903	5.2547	17064.9897	5.2038
38	742.6506	0.0013	3903.4242	0.0003	0.1903	5.2561	20344.3378	5.2119
39	883.7542	0.0011	4646.0748	0.0002	0.1902	5.2572	24247.7620	5.2190
40	1051.6675	0.0010	5529.8290	0.0002	0.1902	5.2582	28893.8367	5.2251
41	1251.4843	0.0008	6581.4965	0.0002	0.1902	5.2590	34423.6657	5.2304
42	1489.2664	0.0007	7832.9808	0.0001	0.1901	5.2596	41005.1622	5.2349
43	1772.2270	0.0006	9322.2472	0.0001	0.1901	5.2602	48838.1430	5.2389
44	2108.9501	0.0005	11094.4741	0.0001	0.1901	5.2607	58160.3902	5.2423
45	2509.6506	0.0004	13203.4242	0.0001	0.1901	5.2611	69254.8644	5.2452
46	2986.4842	0.0003	15713.0748	0.0001	0.1901	5.2614	82458.2886	5.2478
47	3553.9162	0.0003	18699.5590	0.0001	0.1901	5.2617	98171.3634	5.2499
48	4229.1603	0.0002	22253.4753	0.0000	0.1900	5.2619	116870.9225	5.2518
49	5032.7008	0.0002	26482.6356	0.0000	0.1900	5.2621	139124.3977	5.2534
50	5988.9139	0.0002	31515.3363	0.0000	0.1900	5.2623	165607.0333	5.2548

附表 20　　　　　　　复利系数表 ($i=20\%$)

n	$(F/P,i,n)$	$(P/F,i,n)$	$(F/A,i,n)$	$(A/F,i,n)$	$(A/P,i,n)$	$(P/A,i,n)$	$(F/G,i,n)$	$(A/G,i,n)$
1	1.2000	0.8333	1.0000	1.0000	1.2000	0.8333	0.0000	0.0000
2	1.4400	0.6944	2.2000	0.4545	0.6545	1.5278	1.0000	0.4545
3	1.7280	0.5787	3.6400	0.2747	0.4747	2.1065	3.2000	0.8791

n	$(F/P,i,n)$	$(P/F,i,n)$	$(F/A,i,n)$	$(A/F,i,n)$	$(A/P,i,n)$	$(P/A,i,n)$	$(F/G,i,n)$	$(A/G,i,n)$
4	2.0736	0.4823	5.3680	0.1863	0.3863	2.5887	6.8400	1.2742
5	2.4883	0.4019	7.4416	0.1344	0.3344	2.9906	12.2080	1.6405
6	2.9860	0.3349	9.9299	0.1007	0.3007	3.3255	19.6496	1.9788
7	3.5832	0.2791	12.9159	0.0774	0.2774	3.6046	29.5795	2.2902
8	4.2998	0.2326	16.4991	0.0606	0.2606	3.8372	42.4954	2.5756
9	5.1598	0.1938	20.7989	0.0481	0.2481	4.0310	58.9945	2.8364
10	6.1917	0.1615	25.9587	0.0385	0.2385	4.1925	79.7934	3.0739
11	7.4301	0.1346	32.1504	0.0311	0.2311	4.3271	105.7521	3.2893
12	8.9161	0.1122	39.5805	0.0253	0.2253	4.4392	137.9025	3.4841
13	10.6993	0.0935	48.4966	0.0206	0.2206	4.5327	177.4830	3.6597
14	12.8392	0.0779	59.1959	0.0169	0.2169	4.6106	225.9796	3.8175
15	15.4070	0.0649	72.0351	0.0139	0.2139	4.6755	285.1755	3.9588
16	18.4884	0.0541	87.4421	0.0114	0.2114	4.7296	357.2106	4.0851
17	22.1861	0.0451	105.9306	0.0094	0.2094	4.7746	444.6528	4.1976
18	26.6233	0.0376	128.1167	0.0078	0.2078	4.8122	550.5833	4.2975
19	31.9480	0.0313	154.7400	0.0065	0.2065	4.8435	678.7000	4.3861
20	38.3376	0.0261	186.6880	0.0054	0.2054	4.8696	833.4400	4.4643
21	46.0051	0.0217	225.0256	0.0044	0.2044	4.8913	1020.1280	4.5334
22	55.2061	0.0181	271.0307	0.0037	0.2037	4.9094	1245.1536	4.5941
23	66.2474	0.0151	326.2369	0.0031	0.2031	4.9245	1516.1843	4.6475
24	79.4968	0.0126	392.4842	0.0025	0.2025	4.9371	1842.4212	4.6943
25	95.3962	0.0105	471.9811	0.0021	0.2021	4.9476	2234.9054	4.7352
26	114.4755	0.0087	567.3773	0.0018	0.2018	4.9563	2706.8865	4.7709
27	137.3706	0.0073	681.8528	0.0015	0.2015	4.9636	3274.2638	4.8020
28	164.8447	0.0061	819.2233	0.0012	0.2012	4.9697	3956.1166	4.8291
29	197.8136	0.0051	984.0680	0.0010	0.2010	4.9747	4775.3399	4.8527
30	237.3763	0.0042	1181.8816	0.0008	0.2008	4.9789	5759.4078	4.8731
31	284.8516	0.0035	1419.2579	0.0007	0.2007	4.9824	6941.2894	4.8908
32	341.8219	0.0029	1704.1095	0.0006	0.2006	4.9854	8360.5473	4.9061
33	410.1863	0.0024	2045.9314	0.0005	0.2005	4.9878	10064.6568	4.9194
34	492.2235	0.0020	2456.1176	0.0004	0.2004	4.9898	12110.5881	4.9308
35	590.6682	0.0017	2948.3411	0.0003	0.2003	4.9915	14566.7057	4.9406
36	708.8019	0.0014	3539.0094	0.0003	0.2003	4.9929	17515.0469	4.9491
37	850.5622	0.0012	4247.8112	0.0002	0.2002	4.9941	21054.0562	4.9564
38	1020.6747	0.0010	5098.3735	0.0002	0.2002	4.9951	25301.8675	4.9627

续表

n	$(F/P,i,n)$	$(P/F,i,n)$	$(F/A,i,n)$	$(A/F,i,n)$	$(A/P,i,n)$	$(P/A,i,n)$	$(F/G,i,n)$	$(A/G,i,n)$
39	1224.8096	0.0008	6119.0482	0.0002	0.2002	4.9959	30400.2410	4.9681
40	1469.7716	0.0007	7343.8578	0.0001	0.2001	4.9966	36519.2892	4.9728
41	1763.7259	0.0006	8813.6294	0.0001	0.2001	4.9972	43863.1470	4.9767
42	2116.4711	0.0005	10577.3553	0.0001	0.2001	4.9976	52676.7764	4.9801
43	2539.7653	0.0004	12693.8263	0.0001	0.2001	4.9980	63254.1317	4.9831
44	3047.7183	0.0003	15233.5916	0.0001	0.2001	4.9984	75947.9581	4.9856
45	3657.2620	0.0003	18281.3099	0.0001	0.2001	4.9986	91181.5497	4.9877
46	4388.7144	0.0002	21938.5719	0.0000	0.2000	4.9989	109462.8596	4.9895
47	5266.4573	0.0002	26327.2863	0.0000	0.2000	4.9991	131401.4316	4.9911
48	6319.7487	0.0002	31593.7436	0.0000	0.2000	4.9992	157728.7179	4.9924
49	7583.6985	0.0001	37913.4923	0.0000	0.2000	4.9993	189322.4615	4.9935
50	9100.4382	0.0001	45497.1908	0.0000	0.2000	4.9995	227235.9538	4.9945

附表 21　　　　　　　　　　复利系数表（$i=25\%$）

n	$(F/P,i,n)$	$(P/F,i,n)$	$(F/A,i,n)$	$(A/F,i,n)$	$(A/P,i,n)$	$(P/A,i,n)$	$(F/G,i,n)$	$(A/G,i,n)$
1	1.2500	0.8000	1.0000	1.0000	1.2500	0.8000	0.0000	0.0000
2	1.5625	0.6400	2.2500	0.4444	0.6944	1.4400	1.0000	0.4444
3	1.9531	0.5120	3.8125	0.2623	0.5123	1.9520	3.2500	0.8525
4	2.4414	0.4096	5.7656	0.1734	0.4234	2.3616	7.0625	1.2249
5	3.0518	0.3277	8.2070	0.1218	0.3718	2.6893	12.8281	1.5631
6	3.8147	0.2621	11.2588	0.0888	0.3388	2.9514	21.0352	1.8683
7	4.7684	0.2097	15.0735	0.0663	0.3163	3.1611	32.2939	2.1424
8	5.9605	0.1678	19.8419	0.0504	0.3004	3.3289	47.3674	2.3872
9	7.4506	0.1342	25.8023	0.0388	0.2888	3.4631	67.2093	2.6048
10	9.3132	0.1074	33.2529	0.0301	0.2801	3.5705	93.0116	2.7971
11	11.6415	0.0859	42.5661	0.0235	0.2735	3.6564	126.2645	2.9663
12	14.5519	0.0687	54.2077	0.0184	0.2684	3.7251	168.8306	3.1145
13	18.1899	0.0550	68.7596	0.0145	0.2645	3.7801	223.0383	3.2437
14	22.7374	0.0440	86.9495	0.0115	0.2615	3.8241	291.7979	3.3559
15	28.4217	0.0352	109.6868	0.0091	0.2591	3.8593	378.7474	3.4530
16	35.5271	0.0281	138.1085	0.0072	0.2572	3.8874	488.4342	3.5366
17	44.4089	0.0225	173.6357	0.0058	0.2558	3.9099	626.5427	3.6084
18	55.5112	0.0180	218.0446	0.0046	0.2546	3.9279	800.1784	3.6698
19	69.3889	0.0144	273.5558	0.0037	0.2537	3.9424	1018.2230	3.7222
20	86.7362	0.0115	342.9447	0.0029	0.2529	3.9539	1291.7788	3.7667

n	$(F/P,i,n)$	$(P/F,i,n)$	$(F/A,i,n)$	$(A/F,i,n)$	$(A/P,i,n)$	$(P/A,i,n)$	$(F/G,i,n)$	$(A/G,i,n)$
21	108.4202	0.0092	429.6809	0.0023	0.2523	3.9631	1634.7235	3.8045
22	135.5253	0.0074	538.1011	0.0019	0.2519	3.9705	2064.4043	3.8365
23	169.4066	0.0059	673.6264	0.0015	0.2515	3.9764	2602.5054	3.8634
24	211.7582	0.0047	843.0329	0.0012	0.2512	3.9811	3276.1318	3.8861
25	264.6978	0.0038	1054.7912	0.0009	0.2509	3.9849	4119.1647	3.9052
26	330.8722	0.0030	1319.4890	0.0008	0.2508	3.9879	5173.9559	3.9212
27	413.5903	0.0024	1650.3612	0.0006	0.2506	3.9903	6493.4449	3.9346
28	516.9879	0.0019	2063.9515	0.0005	0.2505	3.9923	8143.8061	3.9457
29	646.2349	0.0015	2580.9394	0.0004	0.2504	3.9938	10207.7577	3.9551
30	807.7936	0.0012	3227.1743	0.0003	0.2503	3.9950	12788.6971	3.9628
31	1009.7420	0.0010	4034.9678	0.0002	0.2502	3.9960	16015.8713	3.9693
32	1262.1774	0.0008	5044.7098	0.0002	0.2502	3.9968	20050.8392	3.9746
33	1577.7218	0.0006	6306.8872	0.0002	0.2502	3.9975	25095.5490	3.9791
34	1972.1523	0.0005	7884.6091	0.0001	0.2501	3.9980	31402.4362	3.9828
35	2465.1903	0.0004	9856.7613	0.0001	0.2501	3.9984	39287.0453	3.9858

附表 22　　　　　　　　　　　复利系数表　($i=30\%$)

n	$(F/P,i,n)$	$(P/F,i,n)$	$(F/A,i,n)$	$(A/F,i,n)$	$(A/P,i,n)$	$(P/A,i,n)$	$(F/G,i,n)$	$(A/G,i,n)$
1	1.3000	0.7692	1.0000	1.0000	1.3000	0.7692	0.0000	0.0000
2	1.6900	0.5917	2.3000	0.4348	0.7348	1.3609	1.0000	0.4348
3	2.1970	0.4552	3.9900	0.2506	0.5506	1.8161	3.3000	0.8271
4	2.8561	0.3501	6.1870	0.1616	0.4616	2.1662	7.2900	1.1783
5	3.7129	0.2693	9.0431	0.1106	0.4106	2.4356	13.4770	1.4903
6	4.8268	0.2072	12.7560	0.0784	0.3784	2.6427	22.5201	1.7654
7	6.2749	0.1594	17.5828	0.0569	0.3569	2.8021	35.2761	2.0063
8	8.1573	0.1226	23.8577	0.0419	0.3419	2.9247	52.8590	2.2156
9	10.6045	0.0943	32.0150	0.0312	0.3312	3.0190	76.7167	2.3963
10	13.7858	0.0725	42.6195	0.0235	0.3235	3.0915	108.7317	2.5512
11	17.9216	0.0558	56.4053	0.0177	0.3177	3.1473	151.3512	2.6833
12	23.2981	0.0429	74.3270	0.0135	0.3135	3.1903	207.7565	2.7952
13	30.2875	0.0330	97.6250	0.0102	0.3102	3.2233	282.0835	2.8895
14	39.3738	0.0254	127.9125	0.0078	0.3078	3.2487	379.7085	2.9685
15	51.1859	0.0195	167.2863	0.0060	0.3060	3.2682	507.6210	3.0344
16	66.5417	0.0150	218.4722	0.0046	0.3046	3.2832	674.9073	3.0892
17	86.5042	0.0116	285.0139	0.0035	0.3035	3.2948	893.3795	3.1345

续表

n	$(F/P,i,n)$	$(P/F,i,n)$	$(F/A,i,n)$	$(A/F,i,n)$	$(A/P,i,n)$	$(P/A,i,n)$	$(F/G,i,n)$	$(A/G,i,n)$
18	112.4554	0.0089	371.5180	0.0027	0.3027	3.3037	1178.3934	3.1718
19	146.1920	0.0068	483.9734	0.0021	0.3021	3.3105	1549.9114	3.2025
20	190.0496	0.0053	630.1655	0.0016	0.3016	3.3158	2033.8849	3.2275
21	247.0645	0.0040	820.2151	0.0012	0.3012	3.3198	2664.0503	3.2480
22	321.1839	0.0031	1067.2796	0.0009	0.3009	3.3230	3484.2654	3.2646
23	417.5391	0.0024	1388.4635	0.0007	0.3007	3.3254	4551.5450	3.2781
24	542.8008	0.0018	1806.0026	0.0006	0.3006	3.3272	5940.0086	3.2890
25	705.6410	0.0014	2348.8033	0.0004	0.3004	3.3286	7746.0111	3.2979
26	917.3333	0.0011	3054.4443	0.0003	0.3003	3.3297	10094.8145	3.3050
27	1192.5333	0.0008	3971.7776	0.0003	0.3003	3.3305	13149.2588	3.3107
28	1550.2933	0.0006	5164.3109	0.0002	0.3002	3.3312	17121.0364	3.3153
29	2015.3813	0.0005	6714.6042	0.0001	0.3001	3.3317	22285.3474	3.3189
30	2619.9956	0.0004	8729.9855	0.0001	0.3001	3.3321	28999.9516	3.3219
31	3405.9943	0.0003	11349.9811	0.0001	0.3001	3.3324	37729.9371	3.3242
32	4427.7926	0.0002	14755.9755	0.0001	0.3001	3.3326	49079.9182	3.3261
33	5756.1304	0.0002	19183.7681	0.0001	0.3001	3.3328	63835.8937	3.3276
34	7482.9696	0.0001	24939.8985	0.0000	0.3000	3.3329	83019.6618	3.3288
35	9727.8604	0.0001	32422.8681	0.0000	0.3000	3.3330	107959.5603	3.3297

附表 23　　　　　　　　　　复利系数表（$i=35\%$）

n	$(F/P,i,n)$	$(P/F,i,n)$	$(F/A,i,n)$	$(A/F,i,n)$	$(A/P,i,n)$	$(P/A,i,n)$	$(F/G,i,n)$	$(A/G,i,n)$
1	1.3500	0.7407	1.0000	1.0000	1.3500	0.7407	0.0000	0.0000
2	1.8225	0.5487	2.3500	0.4255	0.7755	1.2894	1.0000	0.4255
3	2.4604	0.4064	4.1725	0.2397	0.5897	1.6959	3.3500	0.8029
4	3.3215	0.3011	6.6329	0.1508	0.5008	1.9969	7.5225	1.1341
5	4.4840	0.2230	9.9544	0.1005	0.4505	2.2200	14.1554	1.4220
6	6.0534	0.1652	14.4384	0.0693	0.4193	2.3852	24.1098	1.6698
7	8.1722	0.1224	20.4919	0.0488	0.3988	2.5075	38.5482	1.8811
8	11.0324	0.0906	28.6640	0.0349	0.3849	2.5982	59.0400	2.0597
9	14.8937	0.0671	39.6964	0.0252	0.3752	2.6653	87.7040	2.2094
10	20.1066	0.0497	54.5902	0.0183	0.3683	2.7150	127.4005	2.3338
11	27.1439	0.0368	74.6967	0.0134	0.3634	2.7519	181.9906	2.4364
12	36.6442	0.0273	101.8406	0.0098	0.3598	2.7792	256.6873	2.5205
13	49.4697	0.0202	138.4848	0.0072	0.3572	2.7994	358.5279	2.5889
14	66.7841	0.0150	187.9544	0.0053	0.3553	2.8144	497.0127	2.6443

n	$(F/P,i,n)$	$(P/F,i,n)$	$(F/A,i,n)$	$(A/F,i,n)$	$(A/P,i,n)$	$(P/A,i,n)$	$(F/G,i,n)$	$(A/G,i,n)$
15	90.1585	0.0111	254.7385	0.0039	0.3539	2.8255	684.9671	2.6889
16	121.7139	0.0082	344.8970	0.0029	0.3529	2.8337	939.7056	2.7246
17	164.3138	0.0061	466.6109	0.0021	0.3521	2.8398	1284.6025	2.7530
18	221.8236	0.0045	630.9247	0.0016	0.3516	2.8443	1751.2134	2.7756
19	299.4619	0.0033	852.7483	0.0012	0.3512	2.8476	2382.1381	2.7935
20	404.2736	0.0025	1152.2103	0.0009	0.3509	2.8501	3234.8864	2.8075
21	545.7693	0.0018	1556.4838	0.0006	0.3506	2.8519	4387.0967	2.8186
22	736.7886	0.0014	2102.2532	0.0005	0.3505	2.8533	5943.5805	2.8272
23	994.6646	0.0010	2839.0418	0.0004	0.3504	2.8543	8045.8337	2.8340
24	1342.7973	0.0007	3833.7064	0.0003	0.3503	2.8550	10884.8755	2.8393
25	1812.7763	0.0006	5176.5037	0.0002	0.3502	2.8556	14718.5820	2.8433
26	2447.2480	0.0004	6989.2800	0.0001	0.3501	2.8560	19895.0857	2.8465
27	3303.7848	0.0003	9436.5280	0.0001	0.3501	2.8563	26884.3656	2.8490
28	4460.1095	0.0002	12740.3128	0.0001	0.3501	2.8565	36320.8936	2.8509
29	6021.1478	0.0002	17200.4222	0.0001	0.3501	2.8567	49061.2064	2.8523
30	8128.5495	0.0001	23221.5700	0.0000	0.3500	2.8568	66261.6286	2.8535
31	10973.5418	0.0001	31350.1195	0.0000	0.3500	2.8569	89483.1986	2.8543
32	14814.2815	0.0001	42323.6613	0.0000	0.3500	2.8569	120833.3181	2.8550
33	19999.2800	0.0001	57137.9428	0.0000	0.3500	2.8570	163156.9794	2.8555
34	26999.0280	0.0000	77137.2228	0.0000	0.3500	2.8570	220294.9222	2.8559
35	36448.6878	0.0000	104136.2508	0.0000	0.3500	2.8571	297432.1450	2.8562

附表 24　　　　　　　复利系数表（$i=40\%$）

n	$(F/P,i,n)$	$(P/F,i,n)$	$(F/A,i,n)$	$(A/F,i,n)$	$(A/P,i,n)$	$(P/A,i,n)$	$(F/G,i,n)$	$(A/G,i,n)$
1	1.4000	0.7143	1.0000	1.0000	1.4000	0.7143	(0.0000)	(0.0000)
2	1.9600	0.5102	2.4000	0.4167	0.8167	1.2245	1.0000	0.4167
3	2.7440	0.3644	4.3600	0.2294	0.6294	1.5889	3.4000	0.7798
4	3.8416	0.2603	7.1040	0.1408	0.5408	1.8492	7.7600	1.0923
5	5.3782	0.1859	10.9456	0.0914	0.4914	2.0352	14.8640	1.3580
6	7.5295	0.1328	16.3238	0.0613	0.4613	2.1680	25.8096	1.5811
7	10.5414	0.0949	23.8534	0.0419	0.4419	2.2628	42.1334	1.7664
8	14.7579	0.0678	34.3947	0.0291	0.4291	2.3306	65.9868	1.9185
9	20.6610	0.0484	49.1526	0.0203	0.4203	2.3790	100.3815	2.0422
10	28.9255	0.0346	69.8137	0.0143	0.4143	2.4136	149.5342	2.1419
11	40.4957	0.0247	98.7391	0.0101	0.4101	2.4383	219.3478	2.2215

续表

n	$(F/P,i,n)$	$(P/F,i,n)$	$(F/A,i,n)$	$(A/F,i,n)$	$(A/P,i,n)$	$(P/A,i,n)$	$(F/G,i,n)$	$(A/G,i,n)$
12	56.6939	0.0176	139.2348	0.0072	0.4072	2.4559	318.0870	2.2845
13	79.3715	0.0126	195.9287	0.0051	0.4051	2.4685	457.3217	2.3341
14	111.1201	0.0090	275.3002	0.0036	0.4036	2.4775	653.2504	2.3729
15	155.5681	0.0064	386.4202	0.0026	0.4026	2.4839	928.5506	2.4030
16	217.7953	0.0046	541.9883	0.0018	0.4018	2.4885	1314.9708	2.4262
17	304.9135	0.0033	759.7837	0.0013	0.4013	2.4918	1856.9592	2.4441
18	426.8789	0.0023	1064.6971	0.0009	0.4009	2.4941	2616.7428	2.4577
19	597.6304	0.0017	1491.5760	0.0007	0.4007	2.4958	3681.4400	2.4682
20	836.6826	0.0012	2089.2064	0.0005	0.4005	2.4970	5173.0160	2.4761
21	1171.3556	0.0009	2925.8889	0.0003	0.4003	2.4979	7262.2223	2.4821
22	1639.8978	0.0006	4097.2445	0.0002	0.4002	2.4985	10188.1113	2.4866
23	2295.8569	0.0004	5737.1423	0.0002	0.4002	2.4989	14285.3558	2.4900
24	3214.1997	0.0003	8032.9993	0.0001	0.4001	2.4992	20022.4981	2.4925
25	4499.8796	0.0002	11247.1990	0.0001	0.4001	2.4994	28055.4974	2.4944
26	6299.8314	0.0002	15747.0785	0.0001	0.4001	2.4996	39302.6963	2.4959
27	8819.7640	0.0001	22046.9099	0.0000	0.4000	2.4997	55049.7749	2.4969
28	12347.6696	0.0001	30866.6739	0.0000	0.4000	2.4998	77096.6848	2.4977
29	17286.7374	0.0001	43214.3435	0.0000	0.4000	2.4999	107963.3587	2.4983
30	24201.4324	0.0000	60501.0809	0.0000	0.4000	2.4999	151177.7022	2.4988
31	33882.0053	0.0000	84702.5132	0.0000	0.4000	2.4999	211678.7831	2.4991
32	47434.8074	0.0000	118584.5185	0.0000	0.4000	2.4999	296381.2964	2.4993
33	66408.7304	0.0000	166019.3260	0.0000	0.4000	2.5000	414965.8149	2.4995
34	92972.2225	0.0000	232428.0563	0.0000	0.4000	2.5000	580985.1409	2.4996
35	130161.1116	0.0000	325400.2789	0.0000	0.4000	2.5000	813413.1972	2.4997

参 考 文 献

［1］ 国家发改委，建设部. 建设项目经济评价方法与参数［M］. 3 版. 北京：中国计划出版社，2006.

［2］ 中华人民共和国水利部（SL 72—2013）. 水利建设项目经济评价规范［S］. 北京：中国水利水电出版社，2013.

［3］ 时思，邢彦茹，郝家龙，等. 工程经济学［M］. 3 版. 北京：科学出版社，2016.

［4］ 李南. 工程经济学［M］. 北京：中国科学出版社，2000.

［5］ 中国水利经济研究会. 水利建设项目社会评价指南［M］. 北京：中国水利水电出版社，1999.

［6］ 陈梦玉，徐明. 水价格学［M］. 北京：中国水利水电出版社，2000.

［7］ 张立中. 水利水电工程造价管理［M］. 北京：中央广播电视大学出版社，2004.

［8］ 中国水利经济研究会. 水利建设项目后评价理论与方法［M］. 北京：中国水利水电出版社，2004.

［9］ 吴恒安. 实用水利经济学［M］. 北京：水利电力出版社，1988.

［10］ 祖济科. 水利经济学［M］. 北京：水利电力出版社，1985.

［11］ 张展羽，蔡守华. 水利工程经济学［M］. 北京：中国水利水电出版社，2005.

［12］ 张占庞. 水利经济学［M］. 北京：中央广播电视大学出版社，2002.

［13］ 施熙灿. 水利工程经济学［M］. 北京：中国水利水电出版社，2016.

［14］ 郑立梅. 水利工程经济［M］. 郑州：黄河水利出版社，2007.

［15］ 袁俊森，潘纯. 水利工程经济［M］. 北京：中国水利水电出版社，2010.

［16］ 肖跃军. 工程经济学［M］. 北京：高等教育出版社，2004.

［17］ 罗高荣. 水利工程经济评价风险分析方法［M］. 杭州：浙江大学出版社，1989.

［18］ 韩慧芳，郑通汉. 水利工程供水价格管理办法讲义［M］. 北京：中国水利水电出版社，2010.

［19］ 住房和城乡建设部. 全国造价工程师执业资格考试大纲（2013 年版）［M］. 北京：中国计划出版社，2013.